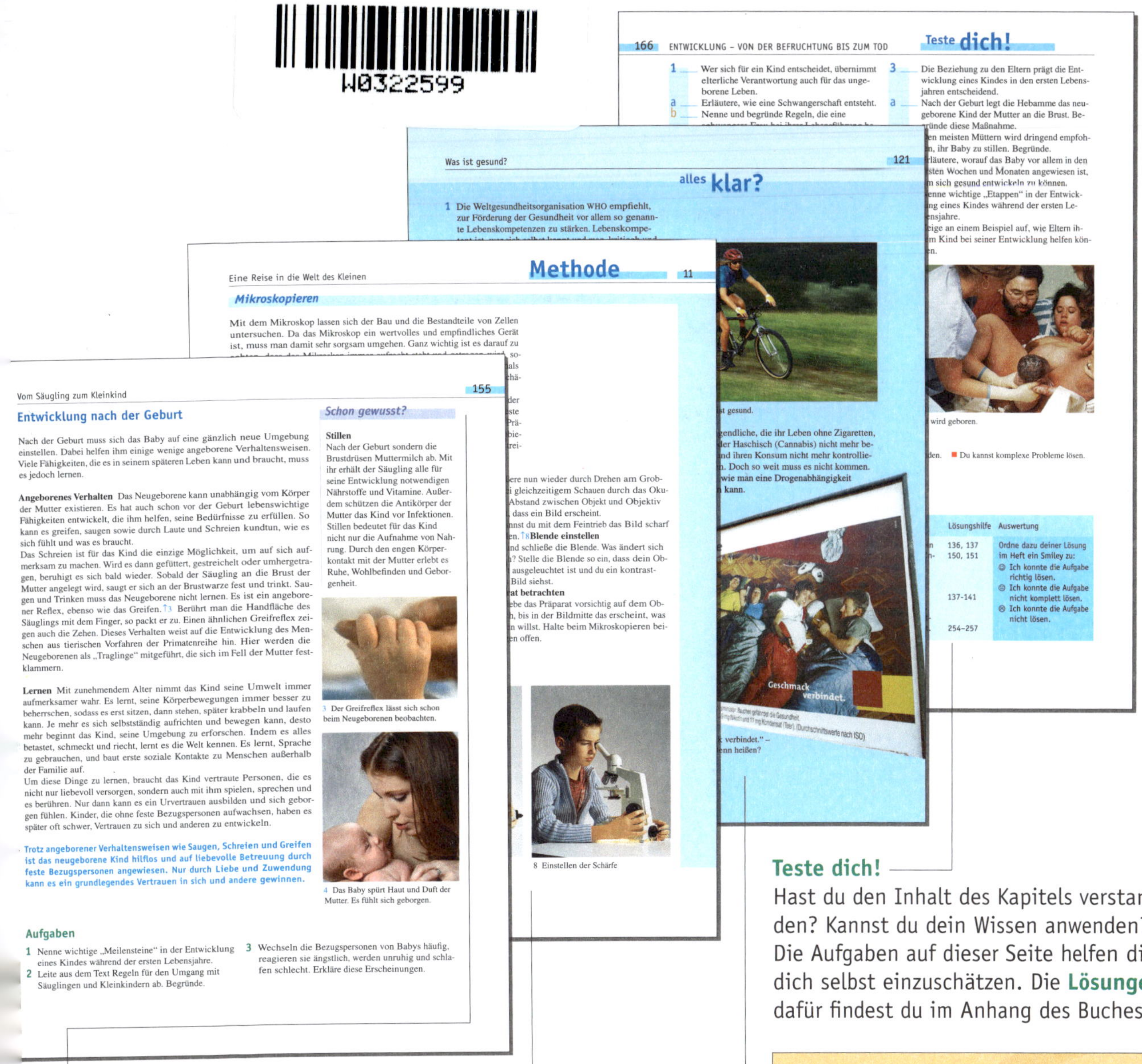

Teste dich!

Hast du den Inhalt des Kapitels verstanden? Kannst du dein Wissen anwenden? Die Aufgaben auf dieser Seite helfen dir, dich selbst einzuschätzen. Die **Lösungen** dafür findest du im Anhang des Buches.

Methoden

Diese Seiten führen dich Schritt für Schritt in wichtige Arbeitsweisen ein.

Alles klar?

enthält übergreifende Aufgaben zum Kapitel. Hier kannst du Gelerntes überprüfen und merkst, ob du im Thema wirklich fit bist.

Ausblick

Auf diesen Seiten findest du interessante Ausblicke auf Themen aus Umwelt, Technik oder Gesundheit, die mit der Biologie in Verbindung stehen. Sie sollen dich zum Weiterlesen und -forschen anregen.

Autorinnen und Autoren: Renate Dorn, Thomas Freiman, Gabriele Gräbe, Dr. Udo Hampl, Dr. Walter Kleesattel, Dr. Gert Klepel, Gabriele Menzel, Dr. Ursula Pälchen, Dr. Peter Pondorf, Ute Püschel, Wolfgang Ruppert, Dirk Schnelle, Harald Seufert, Prof. Dr. Ulrike Spörhase, Birgit Strunk, Dr. Ruth Stützel, Silke Telschow-Malz, Dr. Lore Voesack, Josef-Johannes Zitzmann

Beratung: Renate Dorn, Dr. Anja Grimmer, Michaela Paul, Doris Tuppatsch

Redaktion: Christine Braun, Horst-Dieter Gemeinhardt, Andrea Weber

Bildredaktion: Kathrin Kretschmer

Illustrationen: Günther Biste, digraph, Kurt Krischke, Jörg Mair, Karin Mall, Heike Möller, Lutz-Erich Müller, Michael Schrörs

Umschlaggestaltung: V+I+S+K, Berlin

Layoutkonzept: Wolfgang Lorenz

Layout und technische Umsetzung: Christian Seifert

www.cornelsen.de

1. Auflage, 7. Druck 2022

Druck und Bindung: MohnMedia Mohndruck, Gütersloh

ISBN 978-3-06-014655-0

Inhalt

Lebewesen bestehen aus Zellen

Die Grundbausteine aller Lebewesen sind die Zellen. Die meisten Zellen sind so klein, dass wir sie nur mithilfe von Mikroskopen sichtbar machen und untersuchen können. Schon eine einzige Zelle kann ein vollständiges Lebewesen sein.

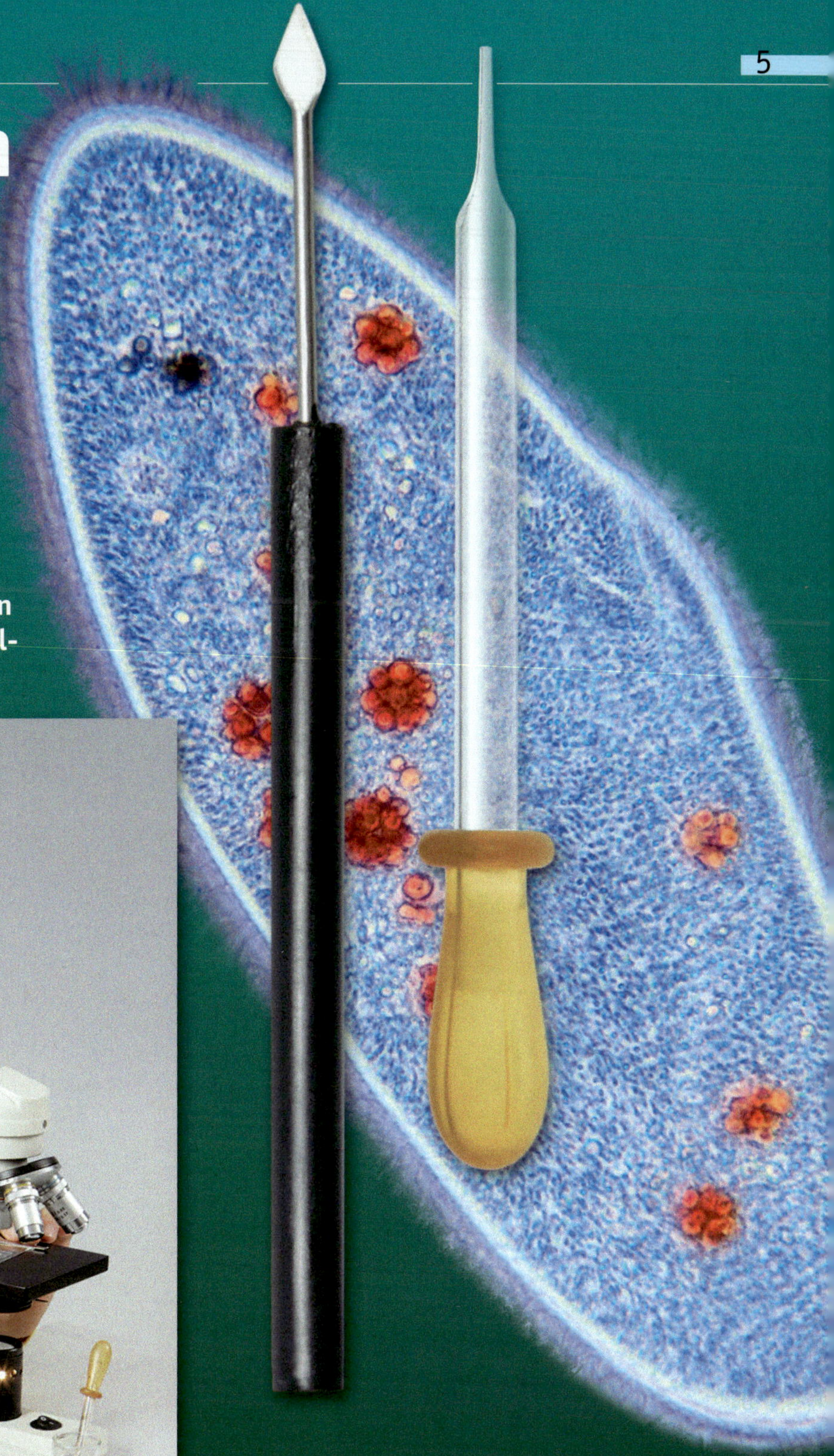

Aspekte

Menschen, Tiere und Pflanzen nehmen wir meist nur als Ganzes wahr. Wir stellen fest, dass ihr Äußeres sehr unterschiedlich gestaltet ist. Und trotzdem haben alle Lebewesen etwas gemeinsam: Sie bestehen aus vielen einzelnen **Zellen**, die das bloße Auge nicht wahrnehmen kann.

Mit dem **Mikroskop** können wir die Zellen betrachten und ihre Unterschiedlichkeit in Form und Gestalt sehen.

1 Sind Zellen von Pflanzen, Tieren und Menschen gleich aufgebaut?

2 Wie arbeitet man mit dem Mikroskop?

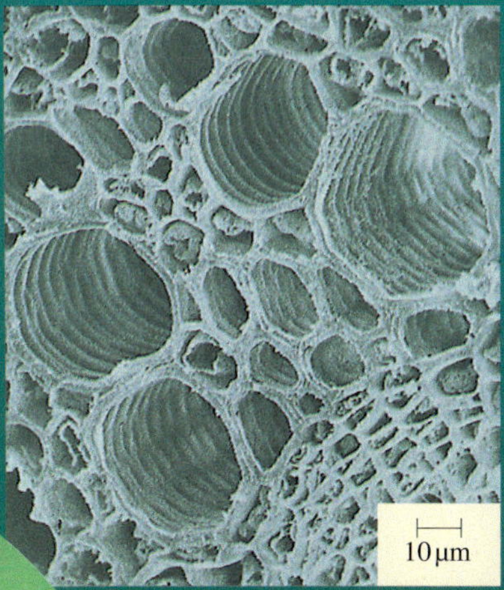

3 Wie groß sind Zellen?

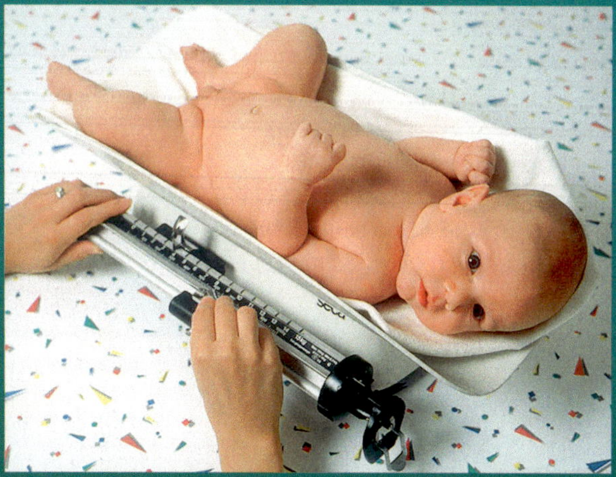

4 Wie wächst ein Lebewesen aus einer einzigen befruchteten Eizelle heran?

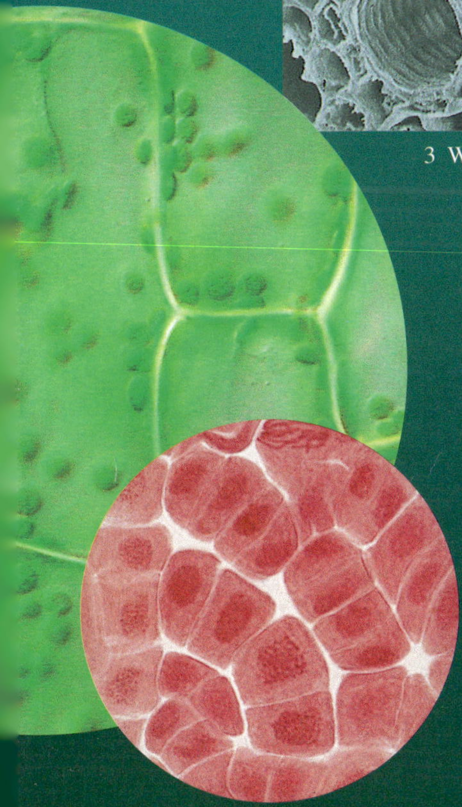

5 Woraus bestehen Zellen?

6 Was ist ein Gewebe?

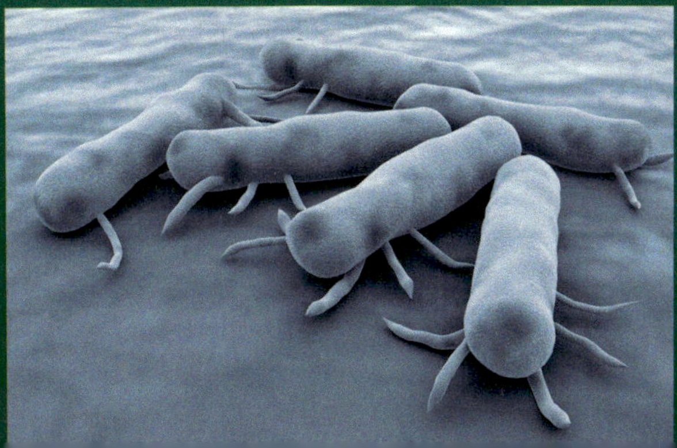

7 Unser Körper kommt im Laufe des Lebens häufig mit Mikroorganismen (im Bild: Salmonellen) in Kontakt, die Infektionskrankheiten verursachen können. Wie gelingt es ihm, sich dagegen zu wehren?

Eine Reise in die Welt des Kleinen

Eine Pflanze von Silvias Mutter hat Blattläuse. Silvia versucht zu erkennen, wie die Tiere genau aussehen. Mit bloßem Auge ist das schwierig. Sylvia holt eine Lupe, um besser sehen zu können.
Was kann man zusätzlich sehen, wenn man eine Lupe benutzt? Was macht das Mikroskop sichtbar?

1 Blattläuse auf einer Pflanze

Beobachten **Untersuchen** Experimentieren

Eigenschaften unserer Augen und von Lupen

1 Betrachte ein Laubblatt einer beliebigen Pflanze mit deinen Augen und einer Lupe.

a Führe es immer näher an dein Auge heran. Was stellst du fest? Wie nahe kannst du das Blatt an dein Auge heranbringen, bis das Bild unscharf wird? Hier liegt der Nahpunkt deiner Augen. Ermittle die Entfernung zum Blatt.

b Beschreibe, wie das Blatt aussieht, wenn du es mit bloßem Auge betrachtest. Betrachte das Blatt anschließend mit einer Lupe. Notiere, was du zusätzlich erkennst. Suche nach einer Erklärung für die Unterschiede.

2 Probiere verschiedene Linsen aus, die unterschiedlich stark vergrößern.

a Finde heraus, wie Form und Dicke der Gläser mit der Vergrößerung zusammenhängen.

b Bild ↑2 zeigt Wassertropfen auf einer laminierten Buchseite. Beschreibe ihre Wirkung.

3 Lass das Licht deiner Arbeitsleuchte durch eine Leselupe so auf deinen Handrücken fallen, dass ein möglichst kleiner Lichtfleck entsteht. Was stellst du fest? Welche Eigenschaft muss die Lupe haben?

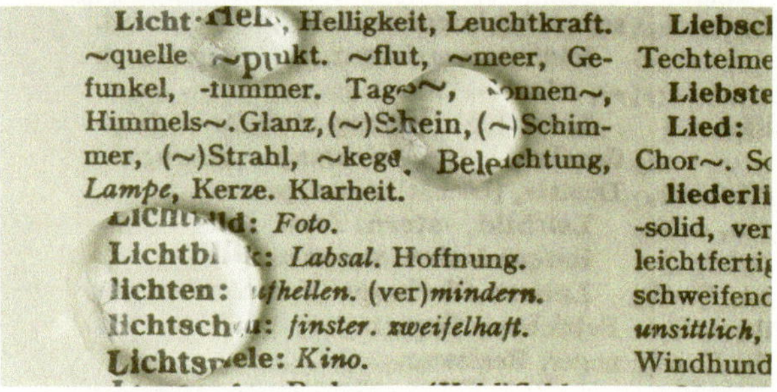

2 Sind Wassertropfen Linsen?

3 Wasserpest mit bloßem Auge betrachtet

Sehen mit Augen, Lupe und Mikroskop

Grenzen unserer Augen Je näher wir einen Gegenstand an unser Auge heranbringen, umso mehr Einzelheiten können wir erkennen. Unterschreitet der Abstand von Gegenstand zum Auge eine bestimmte Grenze, wird das Bild unscharf. Wir können nun keine weiteren Details deutlich sehen. Zwei Punkte, die wir gerade noch getrennt voneinander erkennen können, sind etwa 0,1 Millimeter voneinander entfernt. Dies ist die Auflösungsgrenze unseres Auges. Punkte, die näher beieinander liegen, nehmen wir nicht getrennt, sondern nur als einen Punkt wahr. ↑3

Lupenvergößerung Lupen sind Sammellinsen aus Glas. Je stärker eine Linse gewölbt ist, desto stärker vergrößert sie. Leselupen vergrößern 2- bis 6fach. Detaillupen ermöglichen bis zu 20fache Vergrößerungen. Mit einer Lupe kann man sich einem Gegenstand stärker nähern und ihn größer sehen, ehe das Bild unscharf wird. ↑1

Mikroskope Mithilfe von Lichtmikroskopen lassen sich bis zu 2000fach vergrößerte Bilder eines Gegenstands erzeugen. ↑5 Dies geschieht durch die Kombination mehrerer Linsen. Dabei wird ein Objekt von Licht durchleuchtet. Die Linsen lenken das Licht so, dass es vom Auge aufgenommen werden kann. Elektronenmikroskope verwenden statt Licht Elektronenstrahlen. Damit sind 600 000fache Vergrößerungen möglich.

Berechnung der Vergrößerung Beim Lichtmikroskop gibt die Zahl auf dem Objektiv an, wievielmal das Bild des untersuchten Objekts vergrößert wird. Auch auf dem Okular steht eine Zahl. Das Okular vergrößert das Bild des Objekts zusätzlich. Die Gesamtvergrößerung ergibt sich, wenn man beide Zahlen miteinander multipliziert.

4 Wasserpest mit der Lupe betrachtet

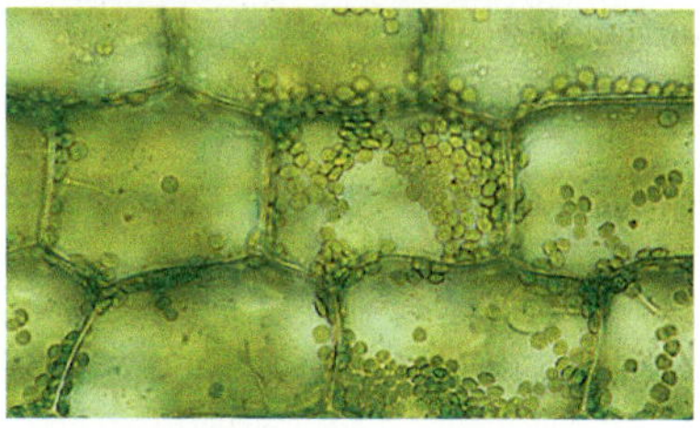
5 Wasserpest im Lichtmikroskop betrachtet

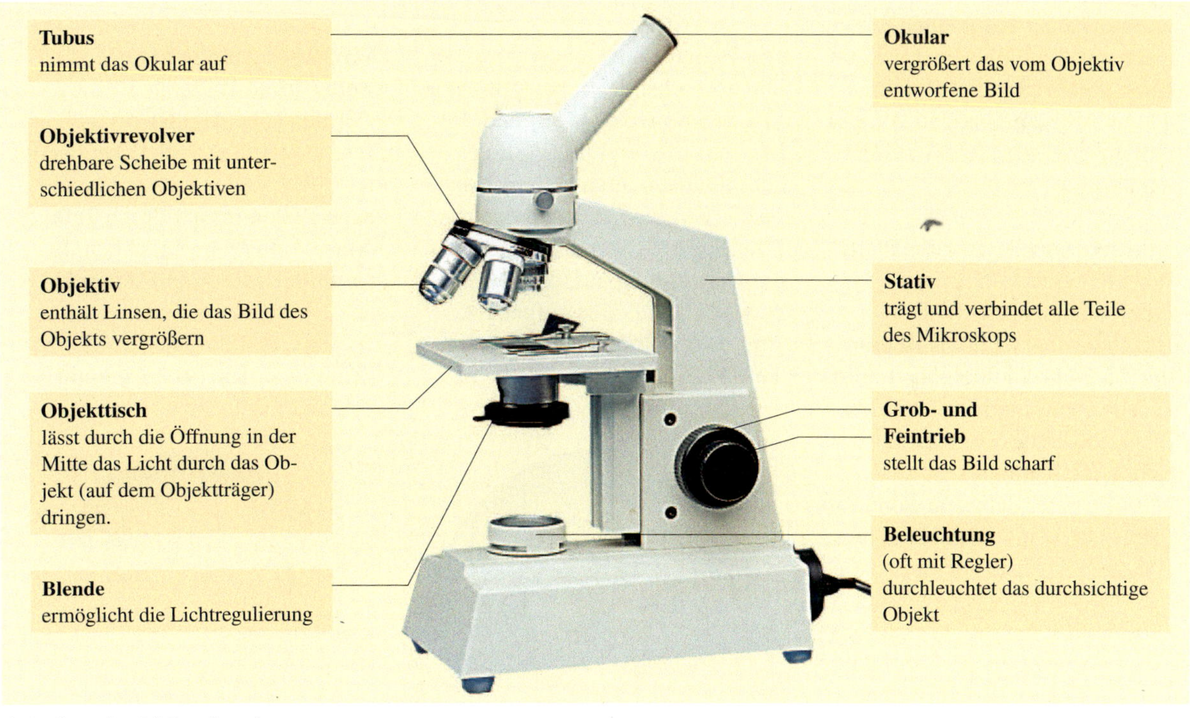

6 Aufbau des Lichtmikroskops

Aufgaben

1 Berechne, wie stark das Lichtmikroskop im Biologieraum ein Objekt maximal vergrößern kann.

2 Die wenigsten Objekte sind durchlässig für Licht. Überlege, wie man sie dennoch mit dem Lichtmikroskop untersuchen kann.

3 Erstelle anhand von Bild ↑6 ein Schema, das den Weg des Lichts durch das Mikroskop verdeutlicht. Schreibe auf, welche Teile dafür notwendig sind, und verbinde die Begriffe mit Pfeilen.

4 Vergleiche die Vergrößerungsleistungen von Lupe, Lichtmikroskop und Elektronenmikroskop.

Historisches Die Entdeckung des Mikrokosmos

Microscopium
Woraus bestehen Lebewesen? Diese Frage bewegt die Naturforscher seit Jahrtausenden.
Um 1600 wurde ein Instrument entwickelt, bei dem mehrere Linsen für eine starke Vergrößerung sorgten. Die mehrlupigen Geräte nannte man „Winzigseher“ oder *microscopium.*

ROBERT HOOKE und die „little boxes or cells“
ROBERT HOOKE (1635–1703), ein englischer Naturforscher, untersuchte mit einfachen mehrlinsigen Mikroskopen Pflanzenteile wie Kork oder Farnblätter.
1665 veröffentlichte er in seinem Buch „Micrographia“ Zeichnungen und Beschreibungen von Zellen, die er „little boxes or cells“ nannte.

LEEUWENHOEK und die Welt der kleinsten Lebewesen
Der Holländer ANTONY VAN LEEUWENHOEK gilt als Begründer der Mikrobiologie. Er schliff Linsen aus Bergkristall und Diamant, die er zwischen zwei Metallplatten klemmte.
Mithilfe einer Schraube konnte er das Untersuchungsobjekt in den richtigen Abstand zur Linse bringen. Mit diesen Vergrößerungsgeräten entdeckte er „little animals“, Kleinstlebewesen wie Einzeller und Bakterien, aber auch Blut- und Spermienzellen. ↑S.29

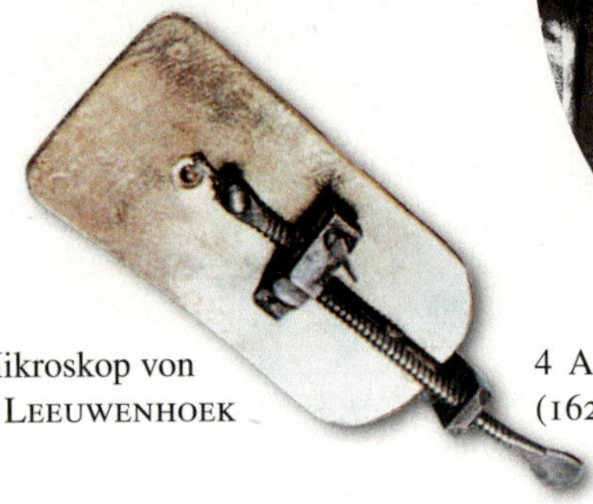
1 Mikroskop von VAN LEEUWENHOEK

2 THEODOR SCHWANN (1810–1882)

3 MATTHIAS SCHLEIDEN (1804–1881)

Die Zellentheorie
Die deutschen Forscher THEODOR SCHWANN (1810–1882) und MATTHIAS SCHLEIDEN (1804–1881) untersuchten die mikroskopische Struktur von zahllosen Pflanzen und Tieren. Sie stellten die Behauptung auf, dass alle Lebewesen aus Zellen aufgebaut sind. Diese Erkenntnis nannten sie Zellentheorie.

Virchow untersuchte die Zellteilung
Der deutsche Arzt RUDOLF VIRCHOW (1821–1902) beobachtete, dass Zellen sich teilen und neue Zellen immer durch Teilung einer Mutterzelle entstehen. Er formulierte aufgrund seiner Untersuchungen den Satz: „Omnis cellula e cellula“, was so viel bedeutet wie: Jede Zelle stammt von einer Zelle ab.

4 ANTONY VAN LEEUWENHOEK (1623–1723)

5 RUDOLF VIRCHOW (1821–1902)

Mikroskopieren

Mit dem Mikroskop lassen sich der Bau und die Bestandteile von Zellen untersuchen. Da das Mikroskop ein wertvolles und empfindliches Gerät ist, muss man damit sehr sorgsam umgehen. Ganz wichtig ist es darauf zu achten, dass das Mikroskop immer aufrecht steht und getragen wird, sodass das Okular nicht heraus fällt. Außerdem darf das Objektiv niemals das Objekt auf dem Objektträger berühren, da das Objektiv dabei beschädigt werden kann.
Mikroskopieren ist eine anspruchsvolle Untersuchungsmethode, bei der man gute Ergebnisse erzielt, wenn man bestimmte Regeln und eine feste Reihenfolge beachtet. Du kannst das Vorgehen mit einem einfachen Präparat, zum Beispiel einem Haar oder einem Stückchen Zeitung, ausprobieren. Lege das Objekt auf einem Objektträger und klebe es mit Klebestreifen fest.

1 Grundeinstellung
Das kleinste Objektiv ist eingeschwenkt. Der Objekttisch ist weit nach unten gedreht. Die Blende ist zu etwa einem Drittel geöffnet.
Schalte die Beleuchtung zu Beginn des Mikroskopierens ein. Bei vielen Mikroskopen kann man die Helligkeit der Lampe einstellen.

2 Präparat auflegen
Lege den Objektträger mit dem Deckglas nach oben auf den Objekttisch und schiebe ihn unter die Halteklammern. Das zu beobachtende Objekt muss über der Tischöffnung liegen. ↑6

3 Vergrößerung und Schärfe einstellen
Wähle zunächst das Objektiv mit der kleinsten Vergrößerung. Drehe den Objekttisch so weit wie möglich nach oben. Kontrolliere von der Seite. Das Objektiv darf das Deckglas nicht berühren. ↑7
Vergrößere nun wieder durch Drehen am Grobtrieb bei gleichzeitigem Schauen durch das Okular den Abstand zwischen Objekt und Objektiv so weit, dass ein Bild erscheint.
Nun kannst du mit dem Feintrieb das Bild scharf einstellen. ↑8

4 Blende einstellen
Öffne und schließe die Blende. Was ändert sich dadurch? Stelle die Blende so ein, dass dein Objekt gut ausgeleuchtet ist und du ein kontrastreiches Bild siehst.

5 Präparat betrachten
Verschiebe das Präparat vorsichtig auf dem Objekttisch, bis in der Bildmitte das erscheint, was du sehen willst. Halte beim Mikroskopieren beide Augen offen.

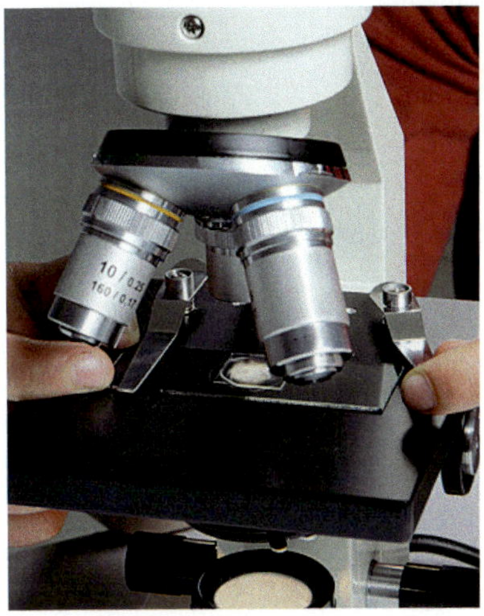
6 Auflegen und Befestigen des Objektträgers

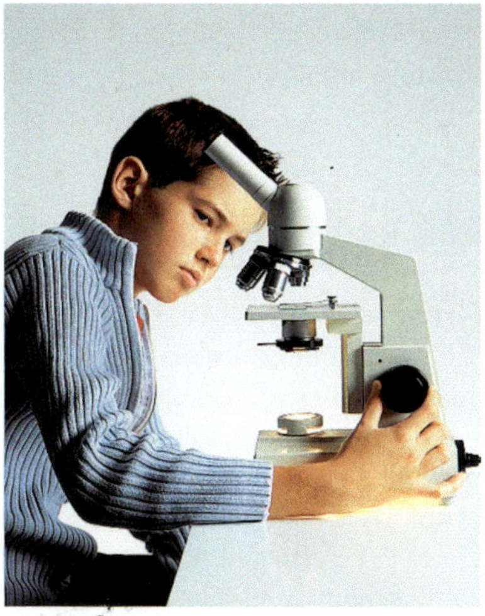
7 Hochdrehen des Objekttischs

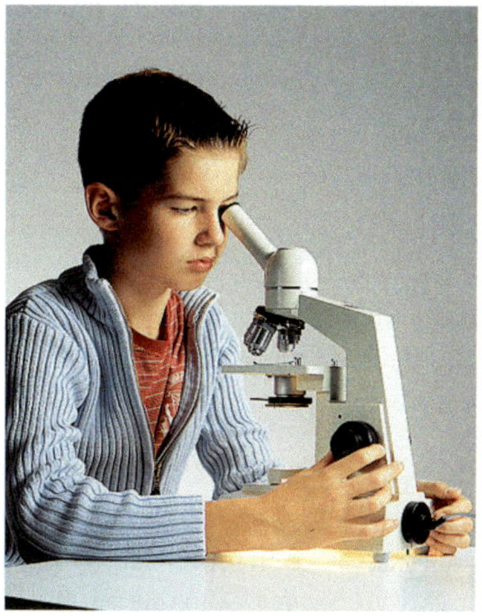
8 Einstellen der Schärfe

Pflanzen bestehen aus Zellen

In der neuen Ausstellung im Naturkundemuseum gibt es ein riesiges Modell einer Pflanzenzelle. Eva und Kathrin bestaunen die leuchtenden Ballons und bunten Kugeln im Innern des dunklen Raums.
Sehen Zellen tatsächlich so aus? Aus welchen Teilen bestehen sie? Welche Funktion haben die Bestandteile?

1 Modell einer Pflanzenzelle im Museum

Beobachten **Untersuchen** Experimentieren

Pflanzenzellen mikroskopieren

Die Wasserpest ist eine Wasserpflanze, die aus Nordamerika stammt. Bei uns kann man sie in Aquariengeschäften kaufen. Ihre zarten Blättchen eignen sich sehr gut zum Mikroskopieren. ↑2
Material: Spross der Wasserpest, Pinzette, Pipette, Objektträger, Deckglas, Mikroskop
Durchführung: Zupfe mit der Pinzette ein Blättchen der Wasserpest ab. Gib es in einen Wassertropfen auf den Objektträger und decke es so mit einem Deckgläschen ab, wie in Bild ↑2 gezeigt.
Stelle zunächst bei der kleinsten Vergrößerung scharf. Vergrößere dann stärker.

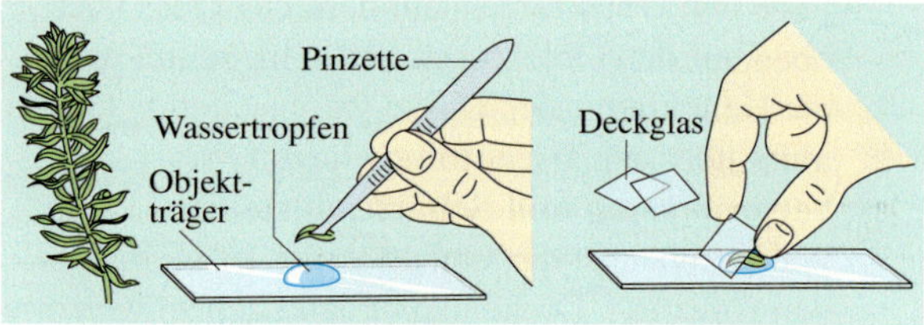

2 Herstellen eines Frischpräparats vom Blättchen

Auswertung: Versuche die Bestandteile (Zellorganellen) der Pflanzenzelle zu erkennen. ↑3
Suche dir in der Blattmitte in der Nähe der Blattadern eine gut erkennbare Zelle aus. Achte auf die Chloroplasten. Beschreibe deine Beobachtung.

Basiskonzept

Zelle als System
Die Bestandteile einer Zelle haben jeweils eine spezielle Funktion.
Alle Bestandteile stehen miteinander in Beziehung.
Die einzelnen Zellorganellen arbeiten so zusammen, dass ein funktionierendes Ganzes entsteht: ein System.

Bau und Funktion pflanzlicher Zellen

Grundbauplan einer Pflanzenzelle Pflanzenzellen haben trotz großer Vielfalt in Funktion, Größe und Form einen typischen Grundaufbau. Die äußere Zellwand verleiht den Zellen und damit der gesamten Pflanze Festigkeit und Schutz. Die Zellwand ist für Wasser und darin gelöste Stoffe durchlässig. Ihr Hauptbestandteil sind Cellulosefasern. Winzige Poren (Tüpfel) ermöglichen den Stoffaustausch zwischen benachbarten Zellen. Unter der Zellwand bildet eine dünne Zellmembran die Grenzschicht des zähflüssigen Zellplasmas, in dem der Zellstoffwechsel abläuft. Im Zellkern befinden sich die Erbanlagen, die den Zellstoffwechsel steuern.

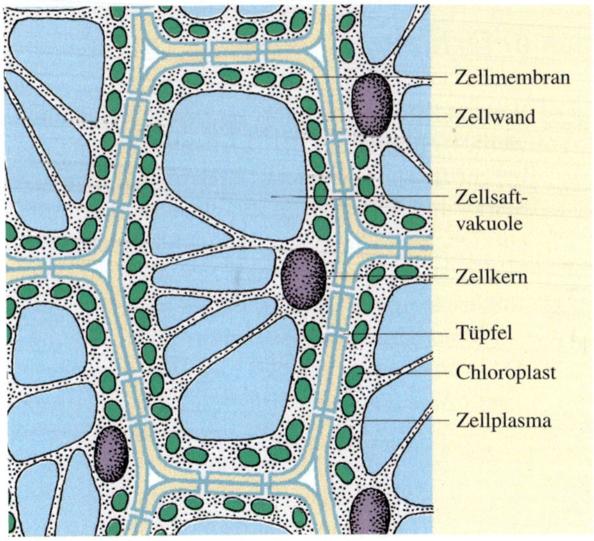

3 Bau von Pflanzenzellen (schematisch)

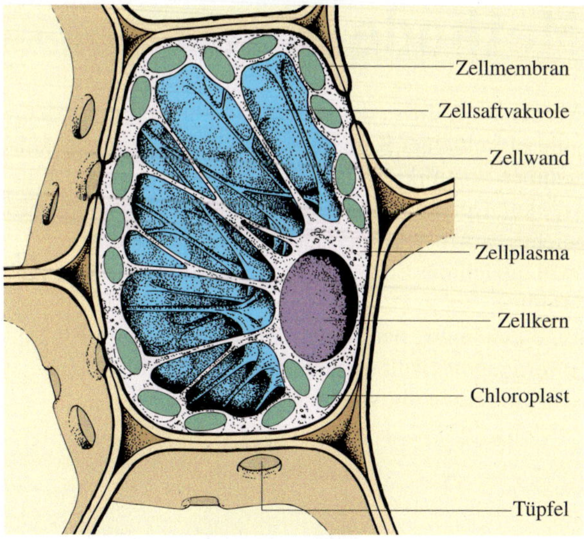

4 Räumliches Schema einer Pflanzenzelle

Die Grünfärbung von Pflanzenteilen wird durch die Chloroplasten verursacht, in denen die Fotosynthese abläuft. Zellsaftvakuolen sind von einer Membran umhüllte Hohlräume. Sie speichern Zellsaft mit darin gelösten Stoffen. Zellen der Speicherorgane von Pflanzen enthalten Nährstoffe, die das Überleben unter ungünstigen Bedingungen (z. B. im Winter) sowie schnelle Keimung und rasches Wachstum ermöglichen. Beispielsweise speichern Zellen in Zuckerrüben Zucker und Zellen in Kartoffelknollen Stärkekörner.
Das Zusammenspiel der Zellorganellen ermöglicht das Leben der Zelle. Isolierte Zellorganellen (z. B. Zellkerne) sind nicht lebensfähig.

Pflanzen bestehen aus Zellen. Der Zellkern enthält Erbanlagen. Durch Zellwand und Zellmembran erfolgt der Stoffaustausch. Im Zellplasma verläuft der Stoffwechsel einer Zelle.

Schon gewusst?

Fotosynthese
Die Chloroplasten („Blattgrünkörnchen") enthalten den grünen Blattfarbstoff, das Chlorophyll. Es kann Lichtenergie aufnehmen, ohne die die Fotosynthese in den Chloroplasten nicht möglich wäre. Bei der Fotosynthese bilden sie mithilfe dieser Energie aus Kohlenstoffdioxid und Wasser den energiereichen Stoff Zucker.

Aufgaben

1 Im mikroskopischen Bild erscheinen uns Zellen oft nur als Flächen, obwohl es beispielsweise kugel- oder quaderförmige Körper sind. Erkläre.

2 Vergleiche die mikroskopische Aufnahme von Pflanzenzellen mit dem Schema. ↑3, 5 Begründe die Unterschiede.

3 Beschreibe die in Bild ↑6 gezeigten Zellen. Stelle Vermutungen über ihre Funktion an. Beachte dabei, aus welchem Teil der Pflanze sie stammen.

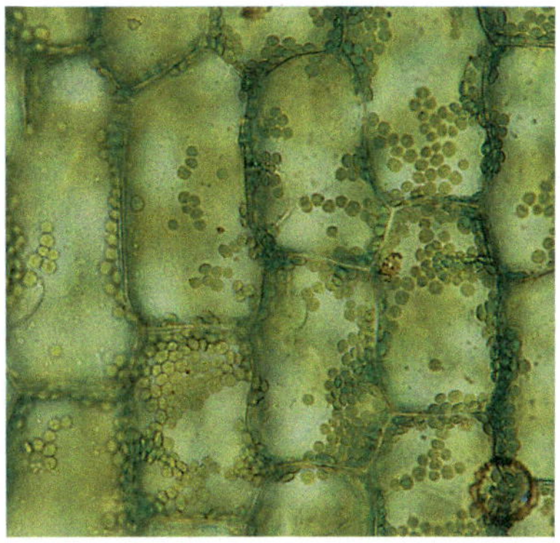

5 Pflanzenzellen (Mikroaufnahme)

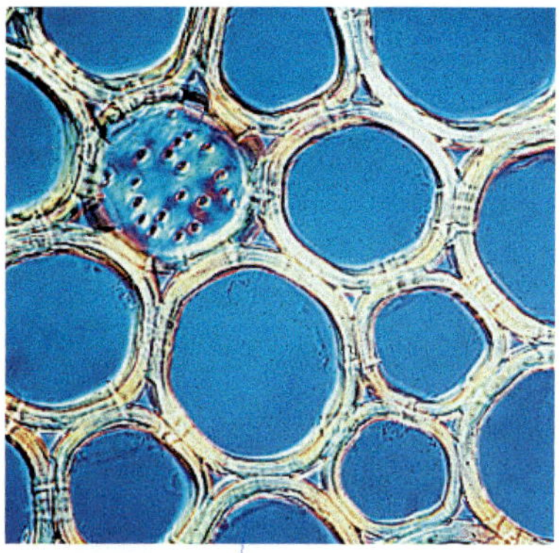

6 Zellen der Sprossachse einer Sonnenblume

Methode *Mikroskopische Zeichnungen anfertigen*

Mikroskope, die in der Forschung eingesetzt werden, sind oft mit einer Kamera verbunden. So können Aufnahmen von mikroskopischen Präparaten angefertigt werden. Dennoch sind Zeichnungen nach wie vor ein wichtiges Arbeitsmittel. Denn beim Zeichnen kann man gezielt die Einzelheiten darstellen, auf die es ankommt.
Eine Zeichnung nach einem mikroskopischen Bild anzufertigen ist nicht einfach. Die folgenden Arbeitsschritte zeigen dir, wie du dabei vorgehst.

1 So wird eine mikroskopische Zeichnung angefertigt.

1 Verwende für deine mikroskopische Zeichnung weißes, unliniertes DIN-A4-Papier. Zeichne und beschrifte stets mit einem Bleistift mittlerer Stärke und drücke beim Zeichnen nicht so fest auf. Deine Zeichnung sollte nicht zu klein sein. Nutze deshalb das gesamte DIN-A4-Blatt.

2 Notiere auf dem DIN-A4-Papier im rechten oberen Rand deinen Namen, Datum, Bezeichnung des Untersuchungsobjekts und die von dir gewählte Vergrößerung.

3 Durchmustere nun dein Präparat und suche nach einem geeigneten Bildausschnitt.

4 Lege das DIN-A4-Blatt direkt neben dein Mikroskop. Halte beim Zeichnen wie beim Mikroskopieren beide Augen geöffnet. Schaue, ohne den Kopf zu drehen, abwechselnd durch das Mikroskop und auf deine Zeichnung. ↑1 Zeichne nur das, was du wirklich siehst.

5 Beschrifte alle gezeichneten Teile deines Untersuchungsobjekts. ↑2

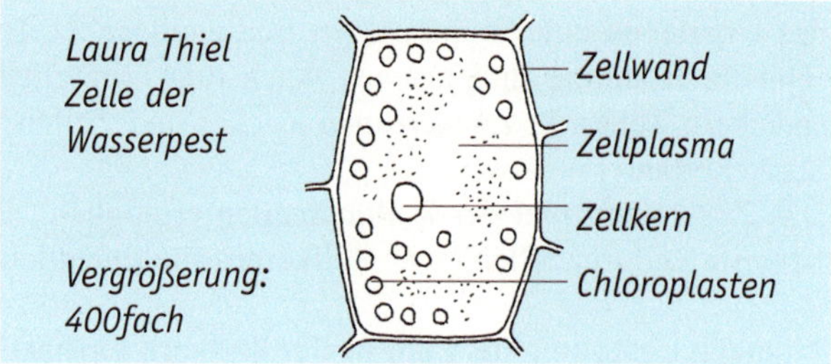

2 So könnte deine mikroskopische Zeichnung aussehen.

Beobachten **Untersuchen** Experimentieren

Eigenschaften von Pflanzenzellen untersuchen

1 Zwiebelhautzellen untersuchen und zeichnen
Material: Küchenzwiebel, Messer, Korken, Rasierklinge, Pinzette, Pipette, Methylenblaulösung, Papiertaschentuch, Mikroskop und Zubehör
Durchführung: Schneide eine Zwiebel mit einem Messer in Viertel und löse eine Zwiebelschuppe ab. Ritze mit einer Ra-

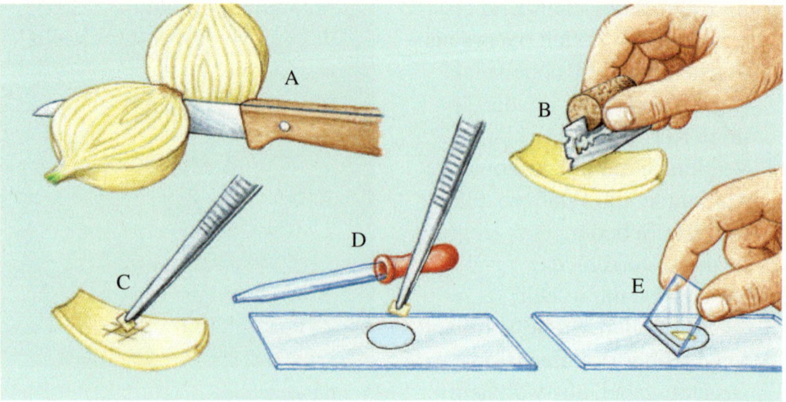

3 Herstellen eines Zwiebelhautpräparats

Beobachten Untersuchen Experimentieren

sierklinge in die nach innen gewölbte Seite kleine Quadrate von etwa 3 mm Seitenlänge ein. ↑3 (Achtung, eine Schneide z. B. mit Kork umgeben!)
Löse mit einer Pinzette ein solches Zwiebelhautstückchen ab. Lege es in einen Wassertropfen auf den Objektträger, decke ab und mikroskopiere zunächst bei 50facher Vergrößerung, dann bei stärkerer Vergrößerung.
Gib einen Tropfen Methylenblau an den Rand des Deckglases und ziehe die Färbelösung mit einem Papiertaschentuch bis zur anderen Seite des Deckglases. ↑4
Auswertung: Zeichne einen Ausschnitt mit wenigen Zellen in dein Heft. Benenne und beschrifte die Zellbestandteile, die du erkennst. Vergleiche gefärbte und ungefärbte Zellen. Worin unterscheiden sie sich?

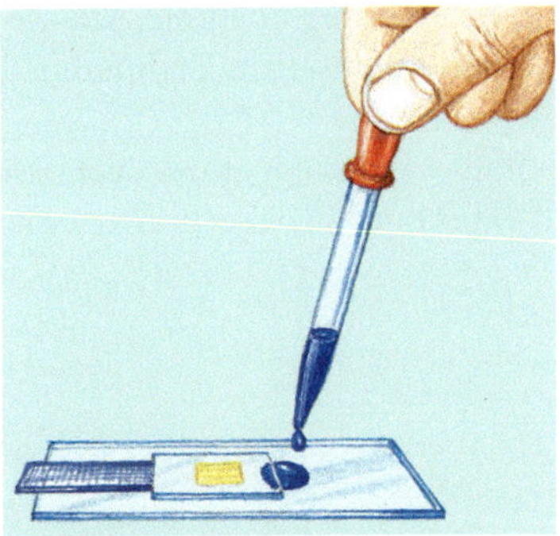

4 Anfärben der Zwiebelhaut

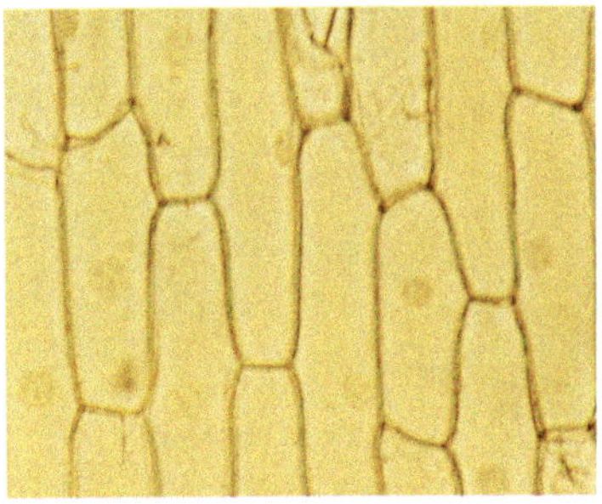

5 Ungefärbte Zwiebelhautzellen, 150fach vergrößert

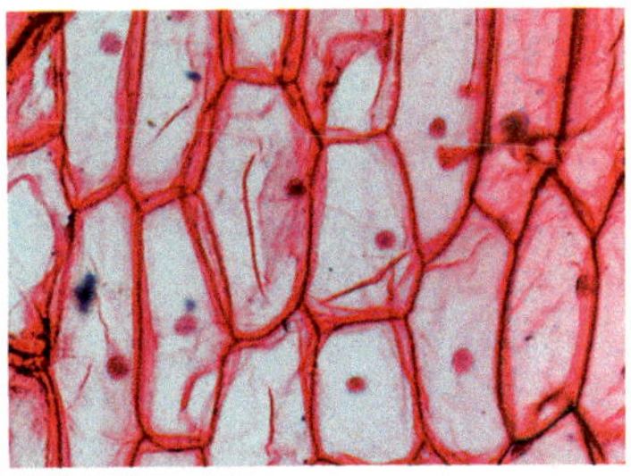

6 Angefärbte Zwiebelhautzellen, 150fach vergrößert

2 Wir bauen ein Zellmodell
Das mikroskopische Bild vermittelt zunächst den Eindruck, die Zellen seien flächige Gebilde. Mithilfe eines Modells lässt sich die räumliche Struktur von Zellen darstellen. Modelle sind Hilfsmittel der Wissenschaft, die dazu dienen, Objekte und Erscheinungen der Natur zu veranschaulichen und besser zu verstehen.

a Überlege, welche Teile ein Zellmodell enthalten muss. Wähle geeignetes Material aus und ordne es so an, dass es den Bau der Zelle veranschaulichen kann. ↑7 Füge dann die Teile zusammen.

b Vergleiche dein Modell mit einer wirklichen Zelle. Welche Eigenschaften der Zelle kannst du mit diesem Modell veranschaulichen, welche nicht?

c Demonstriere die Scharfeinstellung des Mikroskops an einem durchsichtigen Zellmodell, das du auf den Tageslichtprojektor legst. Bilde durch Drehen an der Scharfeinstellung die verschiedenen Teile der „Zelle“ nacheinander scharf ab. Erkläre, warum nie alle Bereiche einer Modellzelle gleichzeitig scharf abgebildet werden.

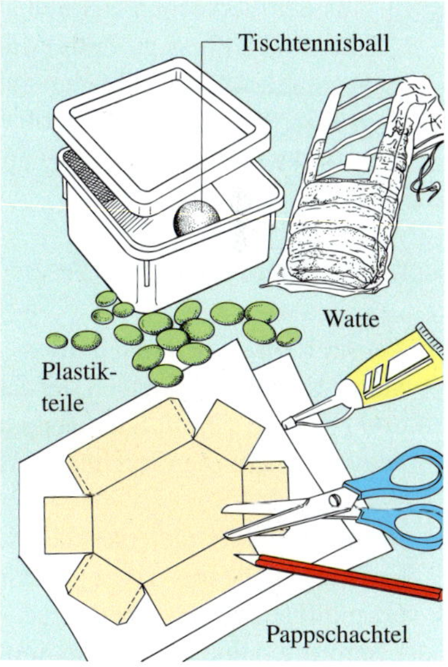

7 Materialien zum Bau von Zellmodellen

8 Modell einer Pflanzenzelle

Methode

Vom Experiment zur Theorie – die Funktionen der Zellmembran

Die Zellmembran schützt das Zellinnere und reguliert die Stoffaufnahme und Stoffabgabe. Da die Zellmembran nur etwa 0,01 µm (10 nm) dick ist, kann man sie im Schülermikroskop nicht sehen. Trotzdem kann man verallgemeinern, dass jede Zelle von einer Zellmembran umgeben ist. Ebenso kann man Angaben über die Funktion der Zellmembran machen.
Um eine biologische Theorie aufzustellen, die eine Modellvorstellung der Wirklichkeit ermöglicht, können wir folgendermaßen vorgehen:

1. Beobachten von Zellen mit dem Lichtmikroskop und Durchführen von Versuchen zur Reaktion von Zellen in verschiedener Umgebung.
2. Aus den Versuchen ergeben sich Fragen: Warum hält das zähflüssige Zellplasma zusammen? Wodurch ist die Zelle gegenüber der Umwelt begrenzt? Wie erfolgt die Stoffaufnahme in die Zelle und wie die Stoffabgabe aus der Zelle?
3. Aus solchen Fragen können Vermutungen (Hypothesen) abgeleitet werden: Die Zellmembran lässt nur „ausgewählte" Stoffe in die Zelle hinein bzw. aus ihr heraus. Die Zellmembran bezeichnet man als halbdurchlässig, wenn sie beispielsweise nur für die Moleküle des Lösemittels Wasser passierbar ist.
4. Ob diese Vermutungen richtig oder falsch sind, kann durch geeignete Versuche, zum Beispiel mit Pflanzenzellen, entschieden werden. Dabei gehen wir davon aus, dass die Zellwand den Stoffaustausch in keiner Weise behindert ↑1, 2
5. Bestätigen die neuen Versuche und Beobachtungen die aufgestellte Hypothese, kann man daraus eine Verallgemeinerung ableiten: Alle Zellen sind von einer halbdurchlässigen Zellmembran umgeben. ↑3
6. Wird eine Hypothese widerlegt, muss eine neue aufgestellt und experimentell überprüft werden.

Beobachten Untersuchen Experimentieren

1 Versuch mit Gurkenscheiben
Schneide einige Scheiben der Salatgurke frisch ab und bestreue sie mit Salz. Bald bedeckt eine dünne Wasserschicht die Oberfläche. Woher stammt das Wasser? ↑1a
Betrachte Form und Aussehen der Gurkenscheiben und vergleiche mit frisch geschnittenen Scheiben. Formuliere eine Hypothese.
Überprüfe deine Hypothese, indem du die Gurkenscheiben abspülst und in destilliertes Wasser legst. Was erwartest du? Notiere deine Erwartung. Vergleiche mit der Wirklichkeit. ↑1b

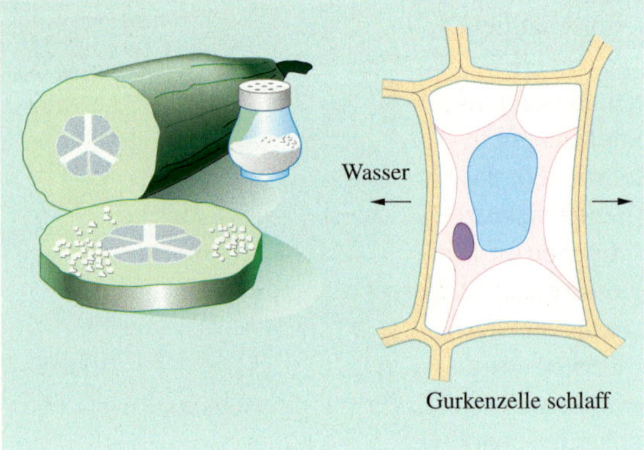

1a Ist die Zellmembran halbdurchlässig?

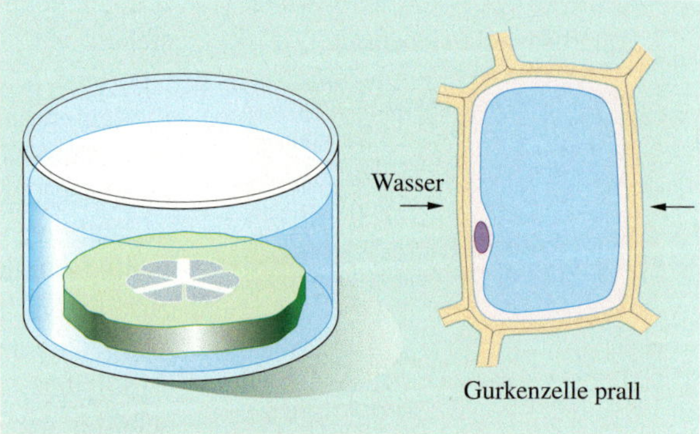

1b Ist die Zellmembran halbdurchlässig?

2 Versuch mit Roten Beten
Schneide von einer Roten Bete drei gleich große Stücke ab. Spüle die Schnittflächen mit Wasser ab. Lege jedes der drei Stücke in ein Becherglas. Fülle Glas 1 mit kaltem Wasser, Glas 2 mit 15%iger Essigsäure und Glas 3 mit siedendem Wasser. ↑2
Überlege, was mit den Zellen der Roten Bete passiert, wenn sie diesen unterschiedlichen Bedingungen ausgesetzt werden. Werte deine Beobachtungen aus. Was beweist dieser Versuch? Formuliere eine Schlussfolgerung.

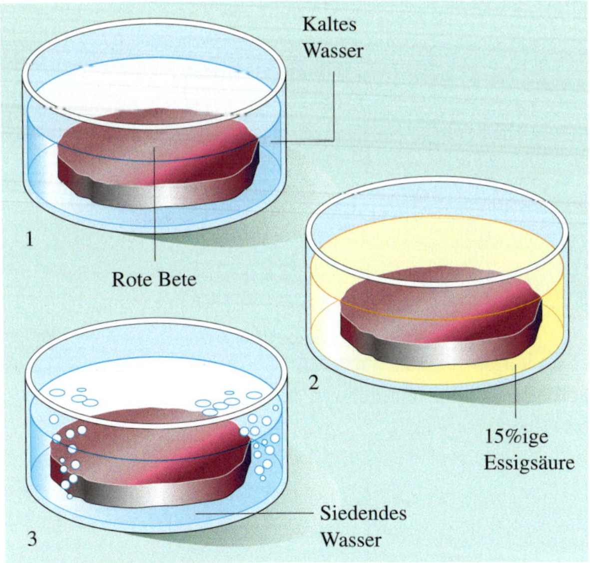

2 Ist nur die lebende Zellmembran halbdurchlässig!

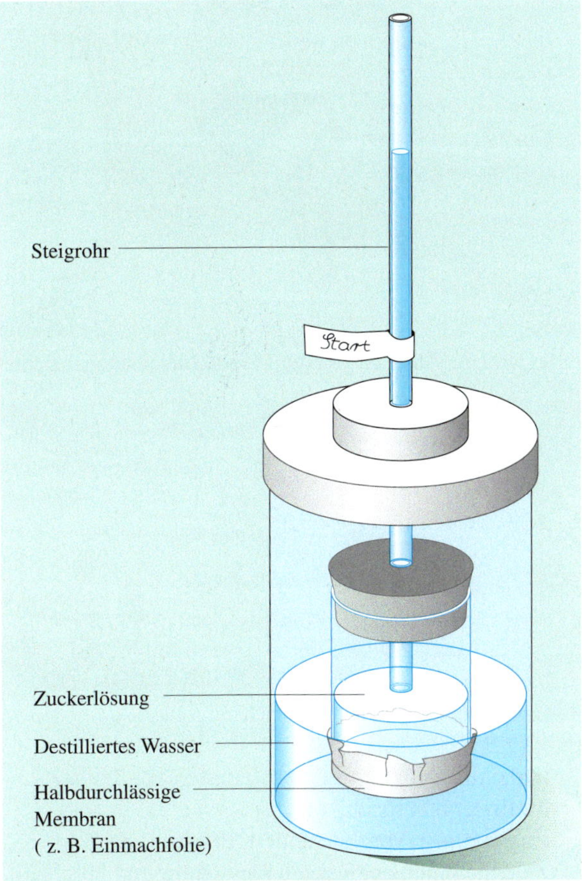

3 Modellversuch zur Osmose

3 Modellversuch zur Osmose

Gieße vorsichtig Wasser in ein Becherglas mit einer konzentrierten Zuckerlösung. Die beiden Flüssigkeiten sind zunächst voneinander getrennt. Allmählich breiten sich die Zuckerteilchen im Lösemittel Wasser aus (Brownsche Molekularbewegung). Diesen physikalischen Vorgang bezeichnet man als Diffusion. Die Diffusion führt dazu, dass die Konzentration gelöster Teilchen in dem Becherglas überall gleich ist.

Zellen und Zellorganellen sind durch Membranen voneinander abgegrenzt. Wenn zwischen zwei Räumen, die durch eine wasserdurchlässige Membran voneinander getrennt sind, ein Konzentrationsgefälle besteht, bezeichnet man den Konzentrationsausgleich der durch die Diffusion von Wassermolekülen möglich ist, als Osmose. Durch Osmose erfolgt auch die Wasseraufnahme bei den Wurzelhaarzellen der Samenpflanzen. ↑4 S.26

Baue dir entsprechend der Abbildung ein Osmometer. ↑3 Fülle das kleine Gefäß bis zum oberen Rand mit angefärbter konzentrierter Zuckerlösung. Gib in das große Gefäß destilliertes Wasser. Setze einen Stopfen mit dem Glasrohr auf das kleine Gefäß. Markiere den Flüssigkeitsstand am Glasrohr. Setze nun das kleine Gefäß in das große. Beobachte und werte den Versuch aus. ↑3

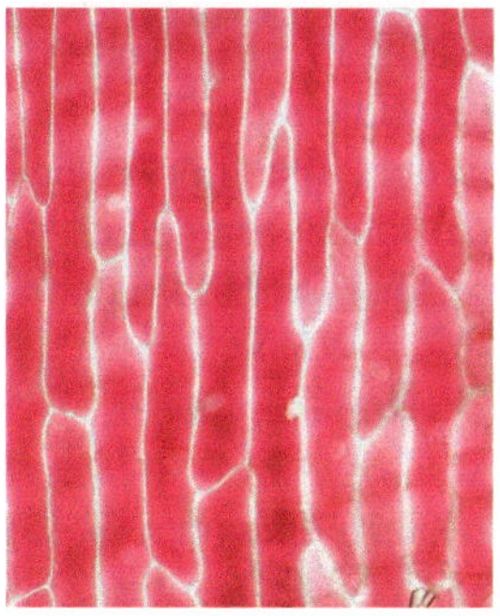

4 Zellen in reinem Wasser (angefärbt)

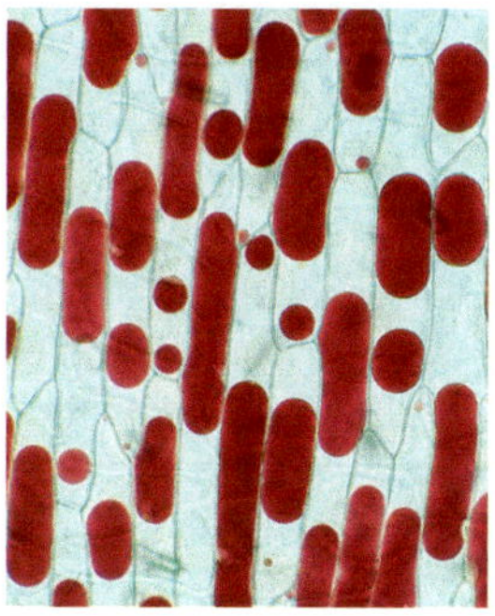

5 Zellen in einer Zuckerlösung (angefärbt)

4 Zellen in unterschiedlichen Lösungen

In konzentrierten Lösungen geben Pflanzenzellen aus ihren Vakuolen Wasser an ihre Umgebung ab, das Zellplasma schrumpft.

Vergleiche die abgebildeten Zellen. Versuche, ihren unterschiedlichen Zustand zu erklären. Benutze dazu die Begriffe halbdurchlässige Membran und Osmose. ↑4, 5

Zellen der Tiere und des Menschen

Deine Haut erneuert sich ständig. Neue Zellen wachsen nach, abgestorbene Zellschichten werden abgestoßen. Das merkt man zum Beispiel daran, dass sich nach dem Baden Hautteilchen ablösen.
Wie sehen diese Zellen aus? Sehen alle Zellen im menschlichen Körper gleich aus? Unterscheiden sich menschliche von pflanzlichen oder tierischen Zellen?

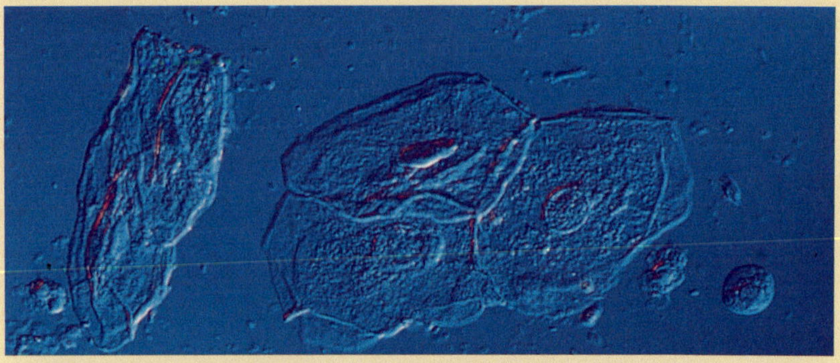
1 Zellen aus der menschlichen Mundschleimhaut, 400fach vergrößert. Auch die Mundschleimhaut erneuert sich ständig

Beobachten Untersuchen Experimentieren

Tierische Zellen mikroskopieren

1 Abstrichpräparat von Zellen der Mundschleimhaut

Die Mundschleimhaut des Menschen kleidet die Mundhöhle aus und schützt die unter ihr liegenden Zellen. Die Lebensdauer der Schleimhautzellen beträgt nur wenige Tage, sodass ständig Zellen abgelöst werden, die man leicht untersuchen kann.
Material: Spatel oder Teelöffel, Pipette, Methylenblaulösung, Mikroskop und Zubehör
Durchführung: Schabe mit dem Spatel oder dem Löffelstiel vorsichtig an der Innenseite deiner Wange entlang. Stelle von dem Abstrich ein Präparat her und mikroskopiere es. ↑2
Färbe es dann an und mikroskopiere wieder.
Auswertung: Versuche jeweils die im Bild ↑1 sichtbaren Bestandteile der Zellen zu erkennen. Fertige bei stärkster Vergrößerung von zwei bis drei Zellen eine Zeichnung an und beschrifte sie.

2 Zupfpräparat von Leberzellen

Material: Skalpell, Präpariernadel, Pinzette, Pipette, Methylenblaulösung, Mikroskop und Zubehör, frische Schweineleber
Durchführung: Schneide mit dem Skalpell ein stecknadelkopfgroßes Stück Leber ab und zerzupfe es mit Präpariernadel und Pinzette im Wassertropfen auf dem Objektträger. Lege ein Deckglas auf und mikroskopiere bei starker Vergrößerung.

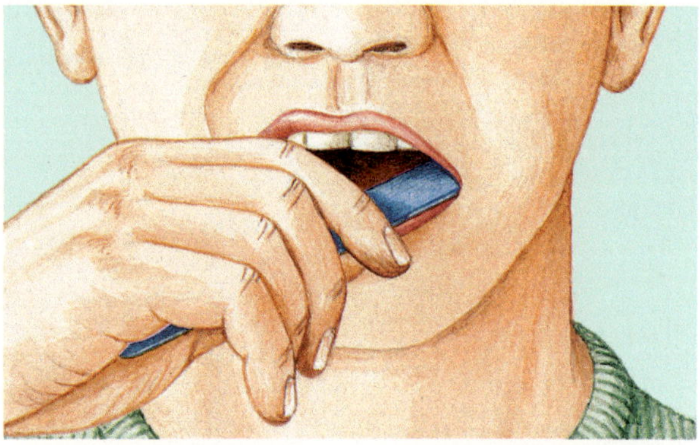
2 So wird ein Abstrich von der Mundschleimhaut gemacht.

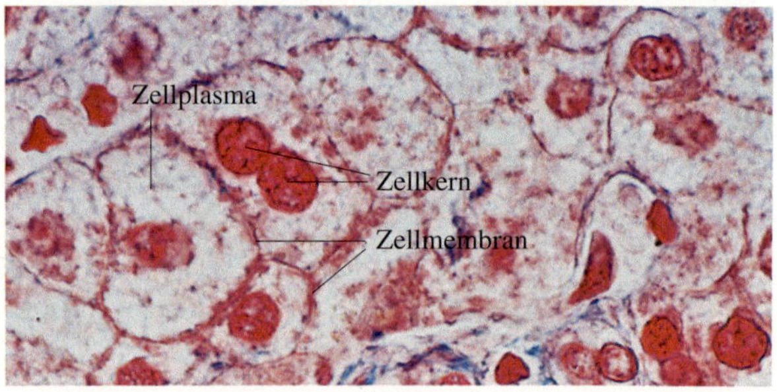

3 Angefärbte Leberzellen, 800fach vergrößert

Färbe die Zellen mit einem Tropfen verdünnter Methylenblaulösung an.
Auswertung: Vergleiche dein Präparat mit Bild ↑3. Zeichne einen geeigneten Ausschnitt und beschrifte die Zeichnung.

Bau und Funktion der Zellen von Tier und Mensch

Bau einer Tierzelle Die Zellen von Tieren und auch die des Menschen haben wie die Pflanzenzellen eine Zellmembran, Zellplasma und einen Zellkern. ↑4, 5 Die Zellmembran kontrolliert den Stoffaustausch mit benachbarten Zellen. Tierische Zellen haben keine Zellwand.
Das Zellplasma als Träger der Lebensvorgänge füllt die Zelle völlig aus. Darin eingebettet liegt der Zellkern. Er enthält wie bei den Pflanzenzellen die Erbinformation und steuert die Lebensvorgänge der Zelle.
Anders als Pflanzenzellen besitzen Zellen von Tier und Mensch auch keine Zellsaftvakuolen. Speicherstoffe werden stattdessen in winzigen, von Membranen umschlossenen Tröpfchen im Zellplasma eingelagert. Sie sind im lichtmikroskopischen Bild nicht zu erkennen.
Tierische Zellen besitzen nie Chloroplasten. Zellen mit Chloroplasten gibt es nur bei pflanzlichen Organismen.

Schon gewusst?

Der Körper eines erwachsenen Menschen besteht aus einer unvorstellbar großen Anzahl von Zellen. Man schätzt, dass es etwa 70 Billionen (70 000 000 000 000) sind.

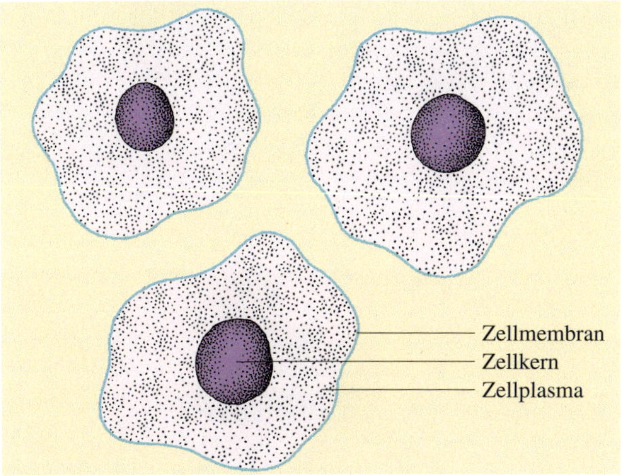

4 Bau von Tierzellen (schematisch)

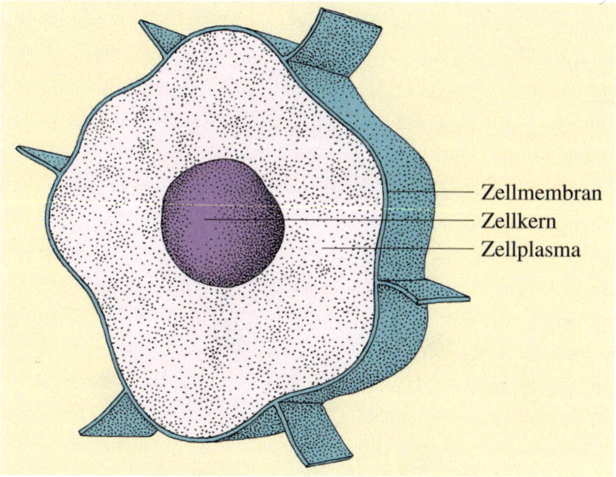

5 Räumliches Schema einer Tierzelle

Größe von Zellen Zellen sind in der Regel so klein, dass wir sie mit bloßem Auge nicht erkennen können. Ihre Größe wird in Millimetern (mm) oder Mikrometern (µm) gemessen. Ein Millimeter entspricht 1000 Mikrometern. Eine Zelle der Mundschleimhaut beispielsweise misst 50 Mikrometer im Durchmesser. ↑6
Die größten Zellen sind Eizellen. Beim Hühnerei ist die Eizelle – der Eidotter – etwa 3 Zentimeter, also 30 Millimeter groß.

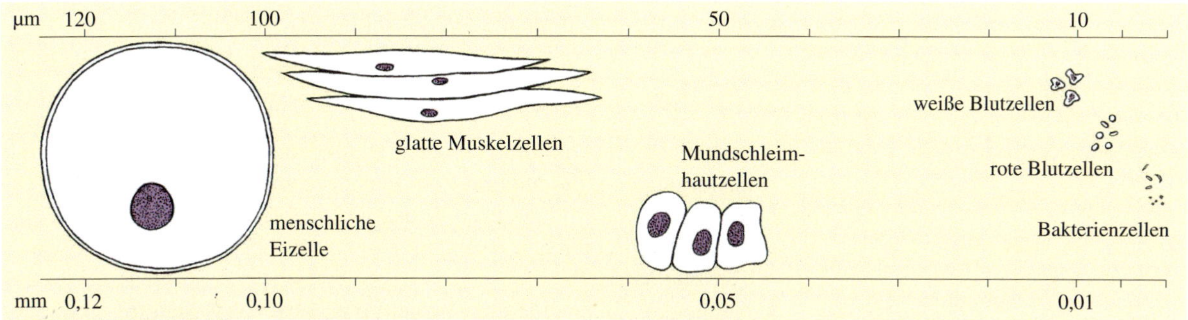

6 Größe von Tierzellen und Bakterienzellen im Vergleich, die Auflösungsgrenze der Lichtmikroskopie liegt bei 0,0005 mm.

Vielfalt der Zellformen bei Tier und Mensch Die Zellen eines tierischen oder menschlichen Organismus sind an unterschiedliche Funktionen angepasst. Neben verzweigten Nervenzellen mit langen, dünnen Fortsätzen gibt es spindelförmige Muskelzellen, fast runde, bauchige Drüsenzellen, dropsförmige rote Blutzellen und viele weitere Zellformen.

Lebensdauer von Zellen Hautzellen werden schon nach wenigen Tagen durch neu gebildete Zellen ersetzt. Abgestorbene Zellen bilden zum Beispiel die Hornhaut an unseren Händen. Rote Blutzellen leben nicht länger als 120 Tage. Die Nervenzellen des Gehirns können so alt werden wie der Mensch selbst.

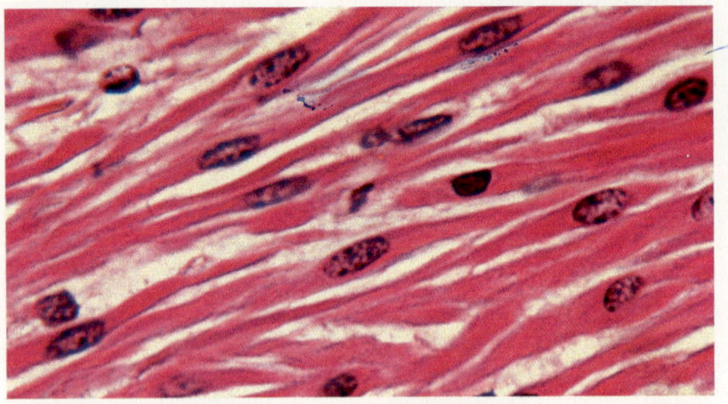
1 Muskelzellen

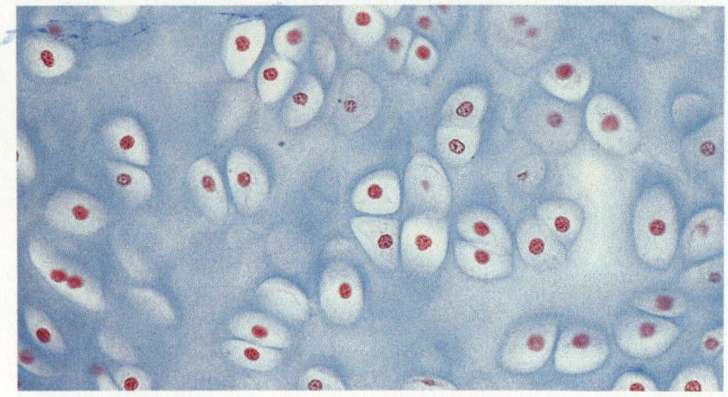
2 Knorpelzellen

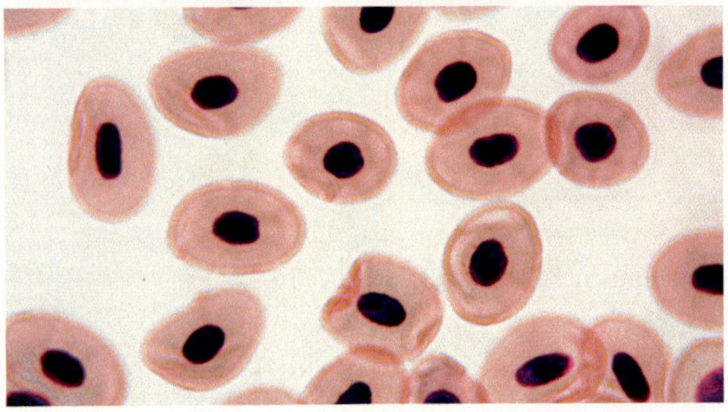
3 Froschblutzellen

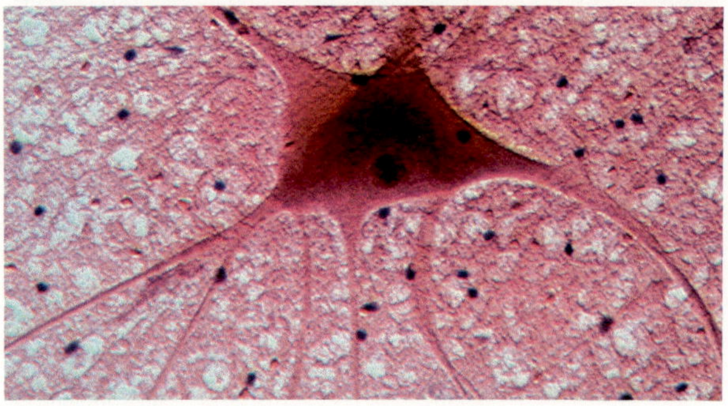
4 Nervenzelle

Zellmenbran, Zellplasma und Zellkern sind Zellorganellen bei tierischen und pflanzlichen Zellen. Der Zellkern ist Träger der Erbanlagen. Die Zellmembran ermöglicht den Austausch von Stoffen. Im Zellplasma läuft der Stoffwechsel ab. Chloroplasten und eine Zellwand werden nur bei Pflanzenzellen ausgebildet.

Aufgaben

1 Vergleiche die Abbildungen der verschiedenen Zellen. ↑1–8 Nenne die Zellorganellen, die man im Foto leicht erkennen kann.

2 Begründe, warum man im mikroskopischen Bild die Umrisse von Pflanzenzellen leichter erkennen kann als die Umrisse der Zellen von Tier und Mensch.

3 Nenne den Unterschied der Ernährungsweise von Zellen mit bzw. ohne Chloroplasten.

Beobachten **Untersuchen** Experimentieren

Tierische und pflanzliche Zellen vergleichen

Die Zellen von Pflanzen und Tieren können sehr unterschiedlich gebaut sein. Sie stimmen aber auch in vielen Merkmalen überein. Durch den Vergleich verschiedener pflanzlicher und tierischer Zellen verschaffen wir uns einen Überblick über deren Bau und Funktion.

1 Vergleiche die mikroskopischen Aufnahmen von pflanzlichen und tierischen oder menschlichen Zellen auf dieser und den vorhergehenden Seiten. ↑5, 6 Lege dazu in deinem Heft eine Tabelle an und trage ein, welche Zellbestandteile jeweils vorhanden sind. Notiere in einer Spalte, welche Funktion die Bestandteile haben.

2 Bild ↑7 zeigt Zellen eines Laubblattes, Bild ↑8 Zellen der Haut des Menschen.
a Betrachte und beschreibe Form und Größe der Zellen in beiden Aufnahmen.
b Ziehe Schlussfolgerungen vom Bau der verschiedenen Zellen auf ihre Funktion.

3 Begründe, warum Zellen als die Grundbaueinheiten aller Organismen bezeichnet werden können.

4 Erläutere folgende Aussage: Gemeinsamkeiten und Unterschiede pflanzlicher und tierischer Zellen sind mit ihrer Angepasstheit verbunden.

5 Pflanzenzellen

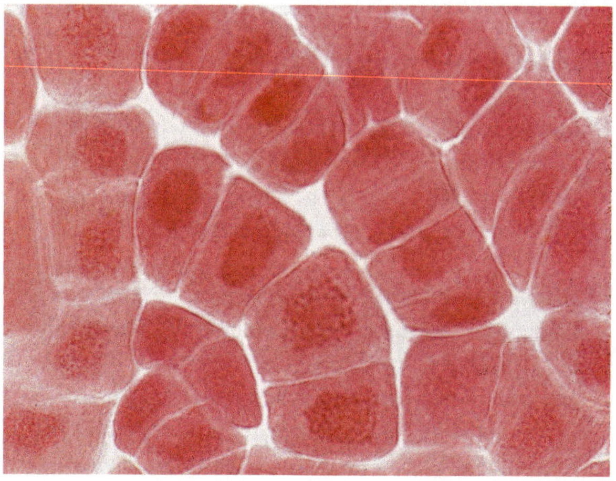

6 Mundschleimhautzellen, angefärbt

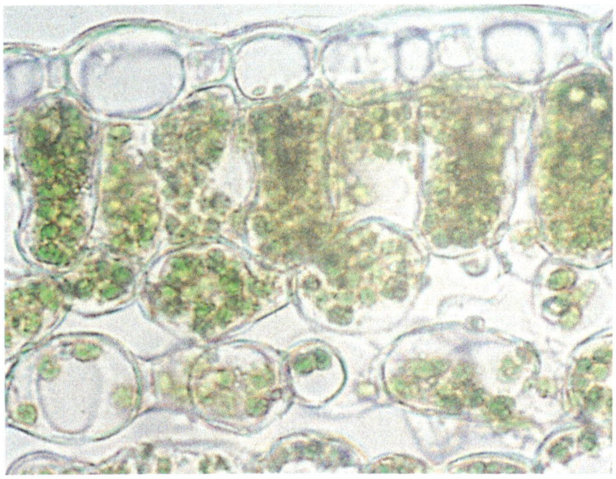

7 Schnitt durch ein Taubnesselblatt

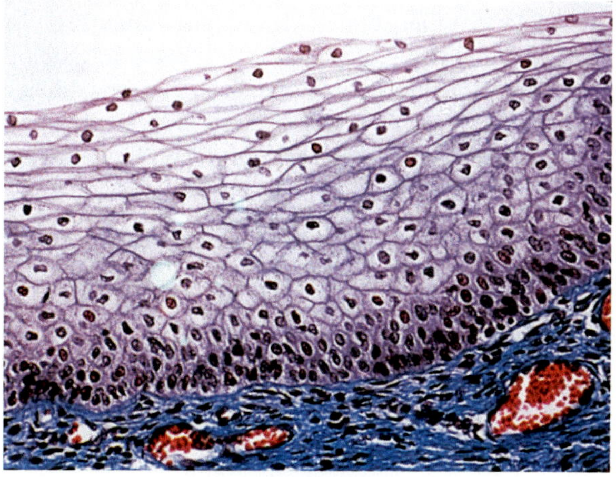

8 Schnitt durch die menschliche Haut

Zellteilung und Wachstum

Die Nachbarin hat Stangenbohnen gepflanzt. Kaum waren die ersten grünen Blättchen zu sehen, steckte sie drei Meter lange Stangen in die Erde, an denen die Pflanzen hoch ranken sollten. Werden Bohnenpflanzen tatsächlich so hoch? Wie lange dauert es, bis sie so groß gewachsen sind? Was passiert mit den Zellen, wenn die Pflanzen wachsen?

1 Bohnenkeimlinge (Nahaufnahme)

Beobachten **Untersuchen** Experimentieren

Wachstum untersuchen

Untersuche anhand von Abbildungen, wie sich die Anzahl und die Größe von Zellen verändern, wenn Pflanzen und Tiere wachsen. Diese Vorgänge liegen dem Wachstum aller Lebewesen zugrunde.

1 Die Sprossspitze ist einer der Bereiche, in der eine Blütenpflanze am stärksten wächst. ↑2 Beschreibe die Gestalt der Zellen in diesem Bereich. Vergleiche mit älteren Zellen der Sprossachse, weiter unten im Bild. Halte das Ergebnis in einem Satz fest. Beginne beispielsweise so: „Eine Pflanze wächst dadurch, dass …“

2 Die meisten Tiere entwickeln sich aus einer befruchteten Eizelle. Beschreibe die ersten Schritte dieser Entwicklung. ↑3 Achte auch hier besonders auf Veränderungen von Zellanzahl und -größe. Leite daraus ab, welcher Vorgang bewirkt, dass der Embryo wächst.

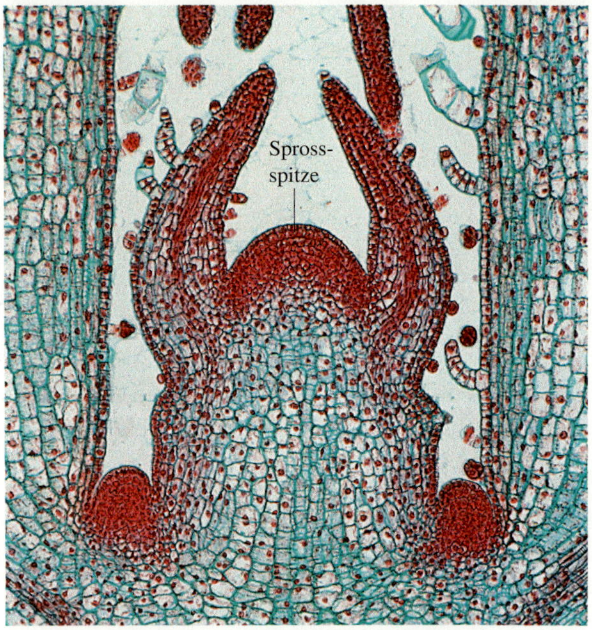

2 Sprossspitze der Buntnessel (Längsschnitt)

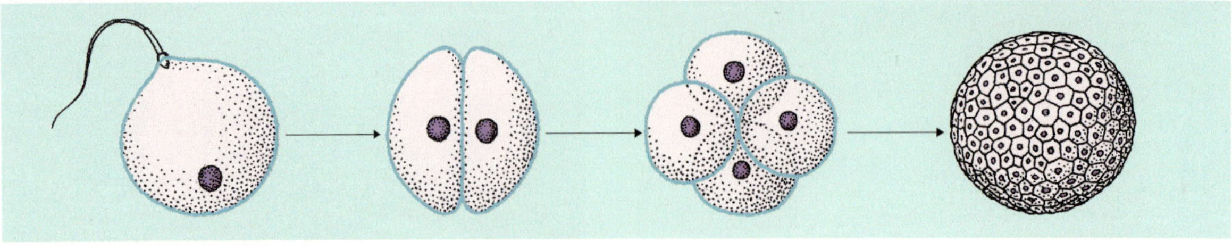

3 Die ersten aufeinander folgenden Teilungen der befruchteten Eizelle

Zellteilung und Differenzierung

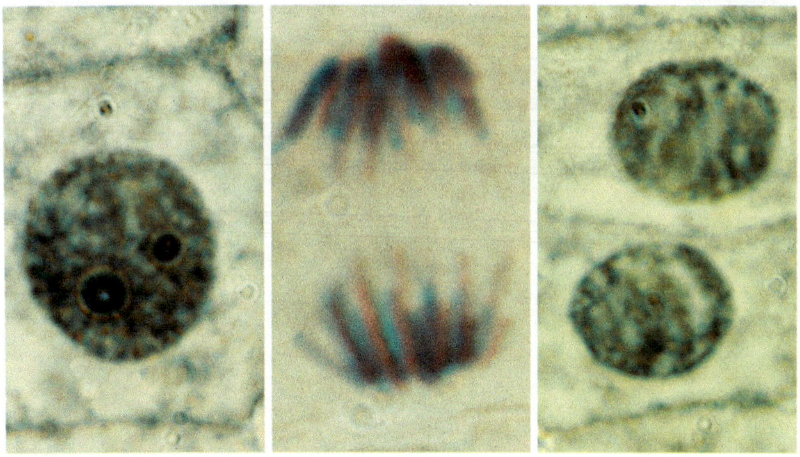

4 Pflanzenzelle vor einer Teilung (links), während der Kernteilung (Mitte); aus der Mutterzelle haben sich zwei Tochterzellen gebildet (rechts). ↑5

Wachstum Lebewesen, die sich geschlechtlich fortpflanzen, gehen aus einer einzigen Zelle hervor, der befruchteten Eizelle. Die Entwicklung zum fertigen Organismus beruht darauf, dass sich die Zellen vermehren, größer werden und sich spezialisieren.

Zellteilung Zellen vermehren sich durch Zellteilung. Dabei bilden sich aus einer Zelle, der Mutterzelle, zwei identische Tochterzellen. ↑5 Bei der Zellteilung teilt sich zuerst der Zellkern, alle anderen Bestandteile der Zelle werden mit dem Zellplasma gleichmäßig auf die Tochterzellen verteilt. Die Zellteilung läuft bei Pflanze, Tier und Mensch weitgehend gleich ab.
Die Tochterzellen wachsen nach der Zellteilung bis zur Größe der Mutterzelle heran. Das geschieht vor allem dadurch, dass sich die Menge des Zellplasmas erhöht. Zwischen den Tochterzellen bildet sich eine neue Zellmembran. Bei Pflanzenzellen entsteht zunächst eine dünne Zellwand, die Primärwand. Später werden vom Zellplasma aus neue Zellwandlagen abgeschieden.
Teilungsfähige Zellen befinden sich bei Pflanzen vor allem in der Sprossspitze und in der Wurzelspitze. Im Körper der Tiere und des Menschen bleiben in allen Organen teilungsfähige Zellen erhalten. Ständig werden abgestorbene Zellen durch neue ersetzt (z. B. bei der Heilung von Wunden nach Hautverletzungen).

Differenzierung Aus den ursprünglich gleich gestalteten Zellen entwickeln sich unterschiedliche Zellformen, die im Organismus verschiedene Funktionen übernehmen. Welcher Zelltyp jeweils entsteht, hängt von der Lage der Zelle im Organismus ab. Man nennt die verschiedenartige Entwicklung der Zellen Zelldifferenzierung.

Zellen vermehren sich durch Teilung. Vor der Zellteilung erfolgt die Teilung des Zellkerns. Aus einer Mutterzelle werden zwei Tochterzellen. Durch Differenzierung werden Zellen an unterschiedliche Funktionen im Organismus angepasst.

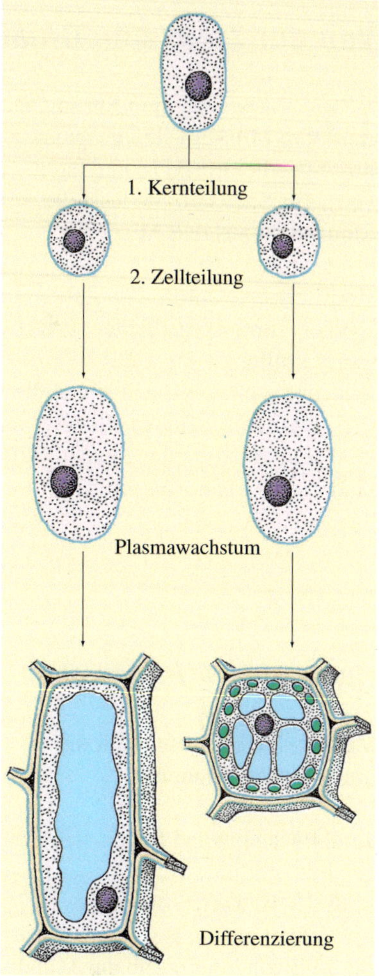

5 Teilung, Wachstum und Differenzierung bei Pflanzenzellen

Aufgaben

1 Beschreibe die in den Bildern ↑4, 5 dargestellten Vorgänge mit eigenen Worten.
2 Vergleiche Zellteilung und Zelldifferenzierung.
3 Erläutere den Zusammenhang zwischen den Teilungen einer befruchteten Eizelle ↑3 und dem Wachstum eines menschlichen Embryos.

Von der Zelle zum Organismus

Die Katze setzt zum Sprung an. Ihre Muskeln sind gespannt, ihre Speicheldrüsen produzieren vermehrt Speichel. Sie lässt die Maus nicht aus den Augen. Sinnesorgane, Muskeln und Drüsen sind Beispiele dafür, dass Zellen im Körper unterschiedliche Funktionen erfüllen.
Wie unterscheiden sich die Zellen dieser Organe? Haben alle Zellen eines Organs dieselbe Gestalt? Wie sind diese Organe aufgebaut?

1 Die Zellen der verschiedenen Organe der Katze unterscheiden sich. a: Netzhaut; b: Muskel; c: Bauchspeicheldrüse

Beobachten ***Untersuchen*** *Experimentieren*

Zellen sind an unterschiedliche Funktionen angepaßt

In der Magenwand finden sich Zellen mit sehr unterschiedlicher Gestalt. ↑2 Betrachte die dargestellten Zellen genau. Beschreibe, wie sie sich von einer Zelle der Mundschleimhaut unterscheiden. ↑4 oder ↑5 S.19 Stelle einen Zusammenhang zwischen dem Bau der Zellen und ihrer Funktion her.

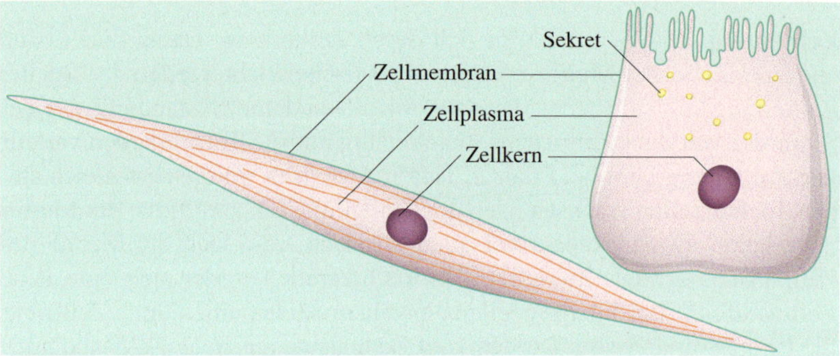

2 Muskelzelle (links) und Drüsenzelle (rechts) aus der Magenwand

Zellen als Spezialisten und Teamarbeiter

Arbeitsteilung und Leistungsfähigkeit In einer sehr frühen Phase der Entwicklung, wenn der Keim erst aus wenigen Zellen besteht, sind alle Zellen gleichartig. Im fertigen Organismus hingegen unterscheiden sich die Zellen: Sie sind auf bestimmte Aufgaben spezialisiert. Dadurch wächst die Leistungsfähigkeit des Organismus.

Gewebe Gleichzeitig arbeiten die vielen spezialisierten Zellen sehr eng zusammen. Sie sind jeweils zu „Arbeitsgruppen" zusammengefasst. In der Netzhaut im Innern unseres Auges befinden sich beispielsweise Zellen, die auf Licht reagieren. Diese Lichtsinneszellen bilden eine Arbeitsgruppe Sinnesgewebe. Zellen, die im Körper die gleiche Funktion haben – die Arbeitsgruppen –, sind also in Geweben vereint.

Organe Mehrere verschiedene Gewebe bilden ein Organ. Dabei stellt meist ein Gewebetyp den Hauptanteil. Im Organ Herz findet man z. B. Muskelgewebe, Nervengewebe und ein Deckgewebe, das das Herz umgibt. Beim Gehirn überwiegt das Nervengewebe, bei der Bauchspeicheldrüse das Drüsengewebe und bei den Knochen das Stützgewebe.

Organsysteme Der Magen ist ein Verdauungsorgan. An der Verdauung der Nahrung sind aber noch weitere Organe wie die Mundhöhle mit den Speicheldrüsen, der Dünndarm, die Leber, die Bauchspeicheldrüse und der Dickdarm beteiligt. Alle diese Organe bilden das Verdauungssystem, eines der Organsysteme des Menschen.

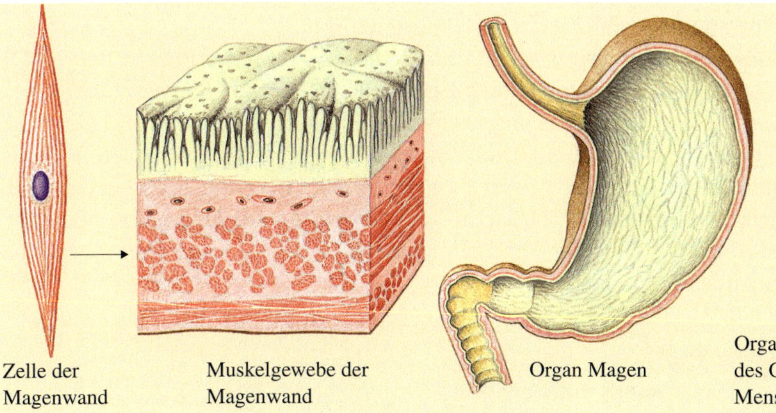

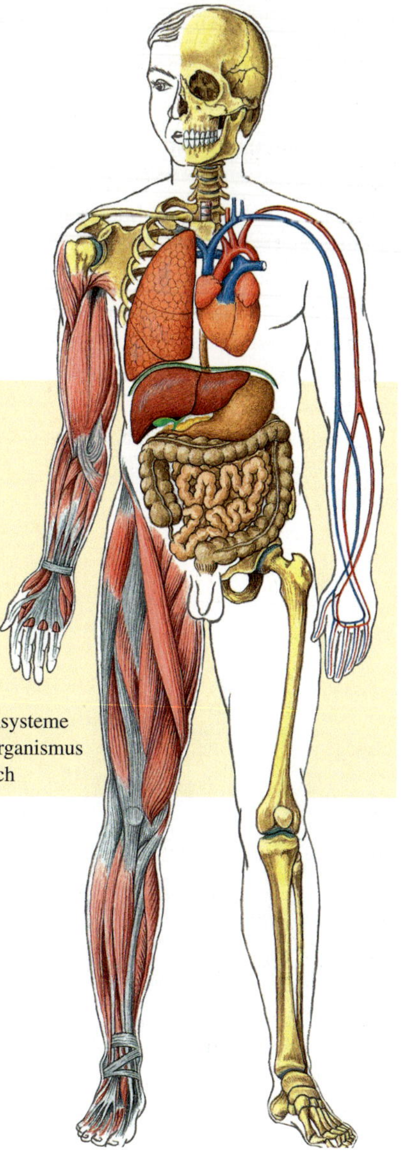

3 Von der Zelle zum Organismus Mensch

Organismus Das Leben von Tieren und Menschen ist erst durch das Zusammenwirken aller Organe bzw. Organsysteme möglich. Jedes Organ trägt durch seine Aufgabe zum Funktionieren des gesamten Körpers bei. So sondern beim Schwitzen die Schweißdrüsen Schweiß ab und die Blutgefäße der Haut erweitern sich. Die Befehle dazu kommen vom Nervensystem. Die Information über die Körpertemperatur liefern Sinneszellen im Körperinnern. Damit die Schweißdrüsen arbeiten können, werden über den Blutkreislauf energiereiche Stoffe und Sauerstoff zugeführt. Alle Organsysteme zusammen bilden den menschlichen Körper. Man nennt ihn deshalb auch Organismus.

Aufgaben

1 Stelle an einem Beispiel den Zusammenhang zwischen Bau und Funktion von Geweben und Organen dar.

2 Blut kann man als „flüssiges" Gewebe ansehen. Dafür spricht, dass alle Blutzellen auf die gleichen Stammzellen im roten Knochenmark zurückgehen. Was spricht dagegen, Blut als Gewebe zu bezeichnen? Begründe.

3 Beschreibe, welche Organe der Sportler bei einem Volleyballspiel zusammenwirken müssen. ↑4 Erläutere deine Vorstellungen.

4 Jugendliche beim Volleyballspiel

Auch Pflanzenzellen arbeiten in Teams

Basiskonzept

Funktionsteilung im Organismus

Alle Teile einer Pflanze haben eine spezielle Funktion. Unterschiedliche Funktionen wie Wasseraufnahme oder Fortpflanzung sind zwischen Zellen, Geweben und Organen des Organismus aufgeteilt.
Die Funktionsteilung im System Organismus ist bei allen Lebewesen zu finden.

Zelldifferenzierung bei Pflanzen Während des Wachstums der Pflanze finden in bestimmten Bereichen Zellteilungen statt, unter anderem an den Wurzelspitzen und in den Knospen an der Sprossachse. Dort entstehen fortwährend neue Zellen, die alle gleich aussehen.
Im Lauf ihrer weiteren Entwicklung spezialisieren sich die Zellen.

Pflanzliche Gewebe Der größte Teil des Pflanzenkörpers besteht aus Grundgewebe. Seine Zellen bauen bauen durch Fotosynthese energiereiche Stoffe auf oder sind für die Stoffspeicherung zuständig. Manche bilden Anlockungs- oder Abwehrstoffe. Spezielle Zellen mit verdickten Zellwänden stabilisieren den Pflanzenkörper.
Das Abschlussgewebe stellt die äußere Bedeckung der Pflanze dar. ↑1 Dessen äußerste Zellschicht heißt Epidermis. Sie umgibt den gesamten Körper der Pflanze. Der Transport von Wasser, Mineralstoffen und energiereichen Stoffen findet im Leitgewebe statt. ↑2 So wird beispielsweise in den so genannten Gefäßen Wasser von der Wurzel über die Sprossachse in die Blätter transportiert. Diese „Röhren" bestehen aus lang gestreckten abgestorbenen Zellen, die kein Zellplasma mehr besitzen und ohne Querwände aneinander grenzen.

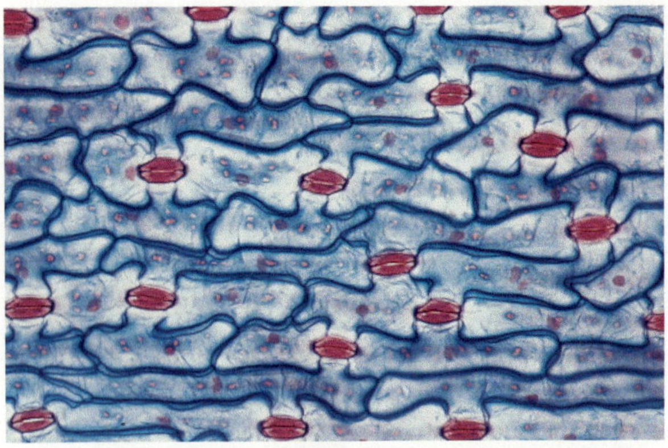

1 Untere Blattepidermis der Tulpe mit Spaltöffnungen, Aufsicht

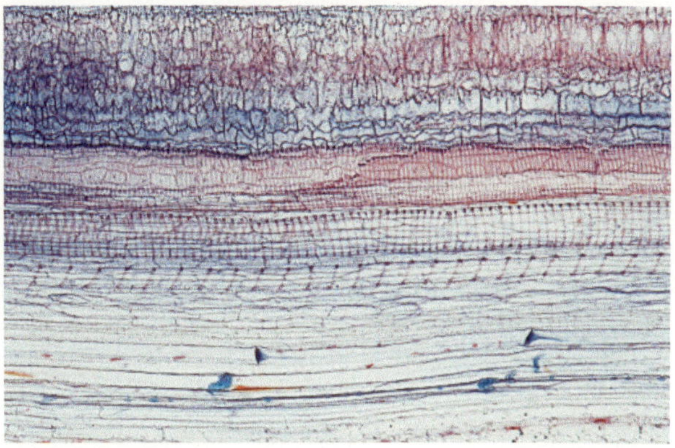

2 Leitgewebe aus der Sprossachse des Kürbis im Längsschnitt

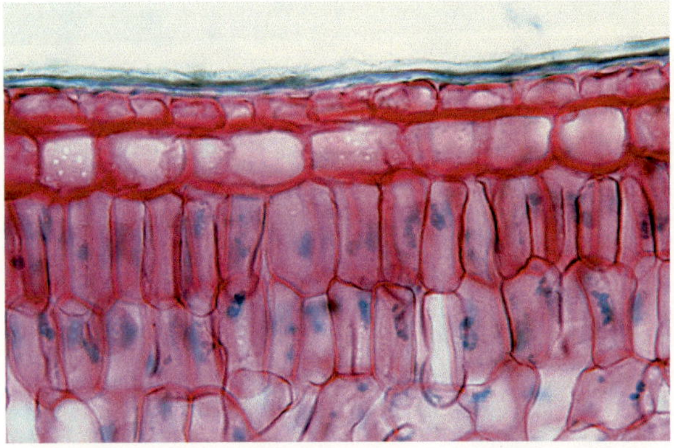

3 Laubblatt im Querschnitt. Das Grundgewebe und die obere Epidermis mit der Cuticula sind zu erkennen.

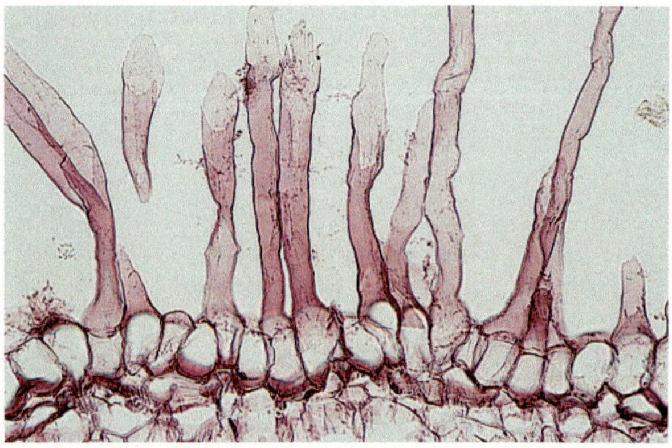

4 Wurzelhaut (Epidermis) mit Wurzelhaarzellen

Organe Im Unterschied zu den Tieren ziehen sich bei Pflanzen diese Gewebearten durch alle Organe: die Wurzel, den Spross und die Blätter. Dabei können die verschiedenen Gewebe je nach der Funktion des Organs unterschiedlich zusammengesetzt sein. Die Epidermis der Laubblätter und der Sprossachse sondert nach außen eine Schutzschicht ab, die Cuticula. Sie sorgt dafür, dass die Pflanze nur wenig Wasser abgibt. ↑3 Die Epidermis der Wurzel ist für die Stoffaufnahme spezialisiert. Über die Wurzelhaarzellen nimmt sie Wasser und darin gelöste Mineralsalze auf. ↑4, ↑S.17
In der Blüte findet man verschieden gestaltete Blätter (z. B. Staubblätter, Kronblätter). Sie dienen gemeinsam der Fortpflanzung.

Organismus Erst das Zusammenwirken von Zellen, Geweben und Organen ermöglicht das Leben der Pflanze. Sie bilden zusammen den pflanzlichen Organismus.

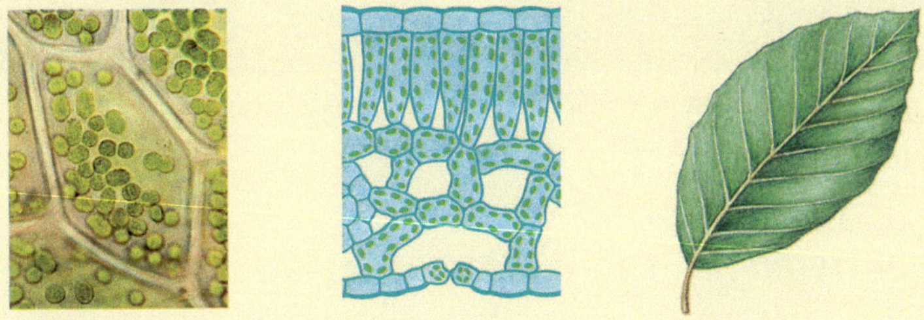

5 Von der Zelle zum Organismus Pflanze

Auch die Pflanzenteile bestehen also aus Zellen und Geweben, die an bestimmte Funktionen angepasst sind. Die Laubblätter sind die Hauptorgane der Fotosynthese. Wurzel und Sprossachse erfüllen Stütz- , Speicher- und Transportfunktionen. Die Funktionsteilung ermöglicht die Lebensvorgänge des pflanzlichen Organismus.

Die Entwicklung vieler Tiere und Pflanzen geht von einer befruchteten Eizelle aus. Durch die Teilung, das Wachstum sowie die Differenzierung von Zellen entwickelt sich ein Organismus, dessen unzählig viele Zellen unterschiedliche Gewebe, Organe bzw. Organsysteme bilden.

Aufgaben

1 In Pflanzenorganen gibt es verschiedene Gewebe. Erstelle dazu eine Tabelle, in die du die Gewebearten und ihre Funktion einträgst.
Versuche die einzelnen Gewebetypen im Querschnitt des Sprosses wieder zu finden. ↑6

2 Nenne die verschiedenen Blattformen, die in der Blüte zu finden sind, und erläutere ihre jeweilige Funktion für die Fortpflanzung.

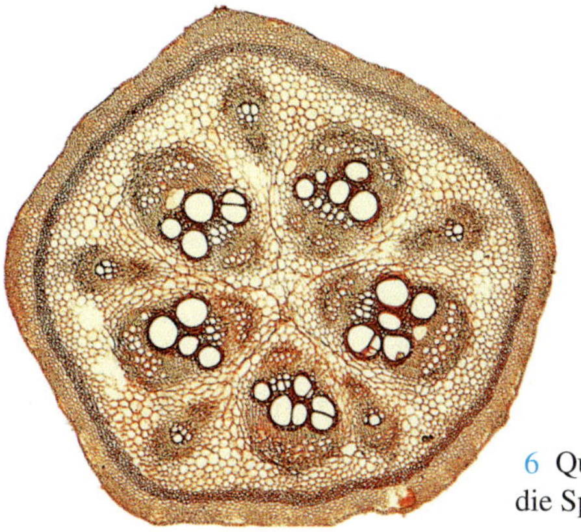

6 Querschnitt durch die Sprossachse

Mikroorganismen – riesig in der Wirkung

Es ist Juni und die erste Heuernte wurde bereits eingefahren. Der Landwirt freut sich, dass dieser Teil der Arbeit geschafft ist. Aber plötzlich steht die Scheune mit dem frisch eingelagerten Heu in Flammen! Schon bald finden Fachleute der Feuerwehr die Brandursache: Das Heu wurde zu feucht eingelagert. Die Temperatur im Heuhaufen stieg deshalb so hoch an, dass es sich selbst entzündete.
Was ist genau geschehen und wer ist der eigentliche Brandstifter?

1 Überprüfung der Heutemperatur

2 Brennende Scheune

Beobachten Untersuchen Experimentieren

„Wärmefabrik" im gemähten Gras Mit einem Versuch kannst du herausfinden, was in einem Haufen aus frisch gemähtem, feuchtem Gras geschieht.
Material: frisch geschnittenes, feuchtes Gras, Schere, Becherglas, Watte, 2 Thermometer, Mikroskop und Zubehör
Durchführung: Mikroskopiere das nasse Gras zu Beginn und am Ende des Versuchs. Du brauchst dazu eine Vergrößerung zwischen 400 und 600. Fertige jeweils eine Zeichnung an.
Zerschneide das Gras mit der Schere in etwa 5 cm lange Stücke. Fülle das Becherglas zu drei Viertel mit dem geschnittenen Gras. Drücke es fest und bedecke es dick mit der Watte. Stecke nun ein Thermometer in die Mitte der Grasfüllung. Das zweite Thermometer legst du neben das Becherglas. Es dient zur Messung der Außentemperatur.
Lege in deinem Heft eine Tabelle nach dem Muster von Bild ↑3 an.
Miss über 2 Tage alle 2 Stunden die Temperatur im Gras sowie außerhalb des Becherglases und trage die Messwerte in die Tabelle ein.
Auswertung: Vergleiche die zu Beginn und am Ende des Versuchs betrachteten mikroskopischen Präparate.
Begründe, weshalb man auch die Temperatur außerhalb des Becherglases misst.
Werte die Messergebnisse grafisch aus. Beschreibe die Verläufe beider Temperaturmessungen.
Überlege, wie man aufgrund dieses Versuchs eine umweltfreundliche, energiesparende Warmwasserheizung bauen könnte. Stelle dein Ergebnis als Zeichnung dar.

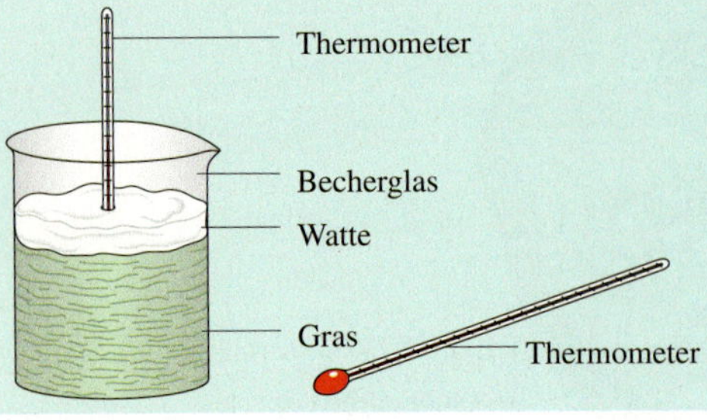

Datum	Uhrzeit	Temperatur in °C	
		Gras	Luft
10.07.06	10 Uhr	....	....
10.07.06	12 Uhr	....	....
....	....	....	....

3 Versuchsaufbau und Tabelle für Messwerte

Mikroorganismen

Als Mikroorganismen fasst man Lebewesen zusammen, die mikroskopisch klein sind. Eine weitere Eigenschaft ist, dass sie sich unter günstigen Bedingungen sehr schnell vermehren. Die Wissenschaft, die sich mit diesen „Winzlingen" befasst, ist die Mikrobiologie. Auch die nicht zu den Lebewesen zählenden Viren werden von der Mikrobiologie erforscht.

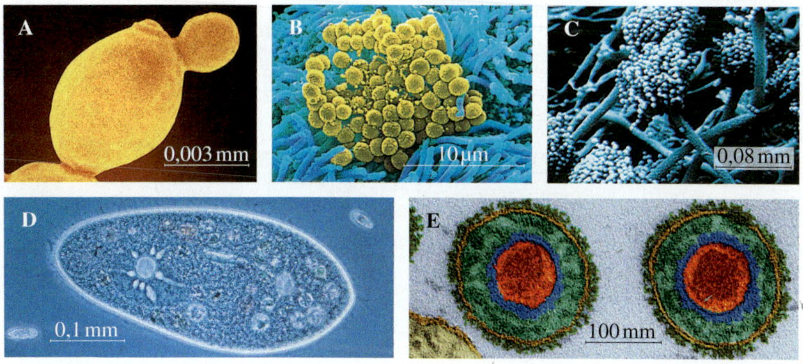

4 A Hefepilz, B Bakterien, C Schimmelpilz, D Pantoffeltier, E Herpesviren

Vorkommen Mikroorganismen oder Mikroben sind allgegenwärtig. Selbst in so lebensfeindlichen Gebieten wie den trockenen Wüsten, den eisigen Polarregionen und sogar in kochend heißen Vulkanquellen leben Spezialisten von ihnen.
Auch der menschliche Körper dient einigen Mikroorganismen als Lebensraum, zum Beispiel den Verursachern der Zahnkaries oder Darmbakterien, die pflanzliche Nahrung für uns erst „verdaulich" machen.

Bedeutung Von der Existenz der Mikroorganismen merkt man meistens nur dann etwas, wenn sie in Massen auftreten. Oft hat das unangenehme Folgen: verdorbene, übel riechende Lebensmittel, ein Loch im Zahn, Krankheiten oder durch Pilzbefall entstellte Zehennägel.
Aber nicht alle Mikroben sind gefährlich. Als Zersetzer halten sie den ständigen Kreislauf der Stoffe aufrecht. Bestimmte Arten werden gezielt in der Lebensmittelproduktion eingesetzt. Und dass es heute Erdöl gibt, dafür waren auch Mikroorganismen verantwortlich.
In der Biotechnologie macht sich der Mensch – früher unbewusst, heute gezielt mit modernen Produktionsmethoden – die Tätigkeit bestimmter Mikroorganismen zunutze.

Die Mikrobiologie erforscht Bakterien, Hefepilze, weitere Einzeller sowie Schimmelpilze und Viren. Mikroorganismen sind allgegenwärtig. Sie können in vielen Lebensräumen existieren und haben große Bedeutung in der Natur und für den Menschen.

Historisches

Erster Blick in eine neue Welt
Einer der Ersten, die einen Blick in die Welt des „Verborgenen" warfen, war der Holländer ANTONY VAN LEEUWENHOEK. Mit seinem Einlinsenmikroskop untersuchte er den Belag, den er zwischen seinen Zähnen herausgekratzt hatte. ↑S. 10 In einem Brief schreibt er 1683:
„*... Wir hatten eine starke und schnelle Bewegung vor uns, und sie schossen durch die Flüssigkeit wie ein Hecht durchs Wasser. Sie waren so zahlreich, dass ich glaubte, einige Tausend zu sehen ...*"

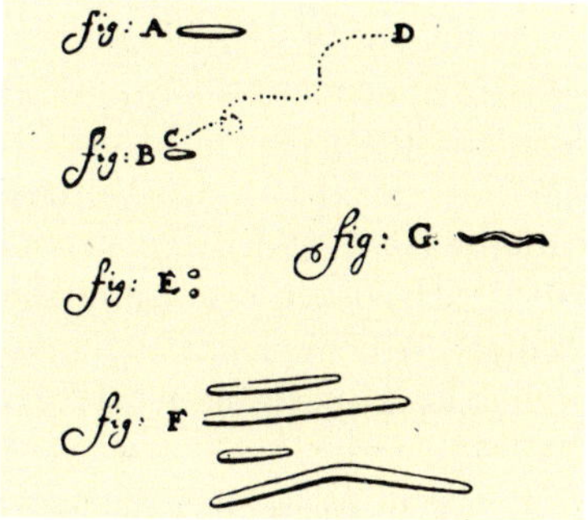

5 LEEUWENHOEKS Zeichnung der „Tierchen" im Zahnbelag

Aufgaben

1 Fasse in einer Liste alles zusammen, was du über Mikroorganismen bis jetzt weißt.

2 Informiere dich darüber, was man unter dem Begriff „Biotechnologie" versteht. Nenne deine Informationsquellen.

Projekt

Leben in der Pfütze?

1 Sammelgeräte

2 Gefäße mit Wasserproben

Mikroskopische Untersuchung von Wasserproben

Wenn sich Fußstapfen oder Wagenspuren auf feuchten Waldwegen mit Wasser füllen, wenn sich nach kräftigem Regen für einige Tage oder Wochen flache Pfützen bilden oder Schmelzwassertümpel fast bis zum Sommer stehen bleiben, dann sind Lebensräume für unzählig viele Kleinstlebewesen entstanden.
Mithilfe eines Mikroskops könnt ihr in Wasserproben aus verschiedenen Kleingewässern (z. B. Pfützen, Tümpel, Teiche) vielleicht einige einzellige oder mehrzellige Kleinstlebewesen entdecken.

1. Entnimm Wasser aus Kleingewässern. Hast du keinen Wasserschöpfer und kein Planktonnetz, dann binde einen Plastikbecher zum Schöpfen an einen Stock. Mit einer Edelstahlschöpfkelle kannst du Holzpfähle oder Bodengrund abkratzen und mit einem Nylonkaffeefilter im Wasser schwebende Kleinstlebewesen herausfischen.

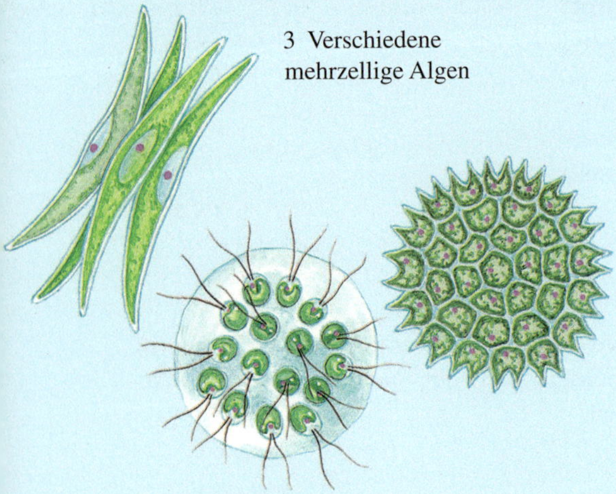

3 Verschiedene mehrzellige Algen

2. Fülle die Proben mit etwas Bodengrund in dicht schließende Schraubgläser. Beschrifte (Datum, Fundort)! Stelle die Gefäße an einem Nordfenster auf (keine Sonne!). Lege die Deckel lose auf!
3. Untersuche die Wasserproben mithilfe des Mikroskops. Entnimm mit einer Plastikpipette etwas Wasser aus einem Sammelgefäß. Gib einen großen Tropfen auf einen Objektträger und lege ein Deckglas auf.
4. Suche zuerst nach grün gefärbten Lebewesen. Das sind Grünalgen, ihre Zellen enthalten Chloroplasten mit Chlorophyll. Solltest du welche entdecken, dann erkunde sie bei stärkerer Vergrößerung. Zeichne einige Algen.
5. Suche bei geringer Vergrößerung nach Einzellern, die sich selbstständig im Wassertropfen fortbewegen und keine Chloroplasten enthalten. Dabei handelt es sich um winzig kleine tierische Einzeller. Versuche, einige dieser Einzeller trotz ihrer schnellen Bewegung zu zeichnen. Achte dabei auf die Körperformen und Besonderheiten wie Fortsätze oder Anhänge. Beschreibe die Bewegungen.

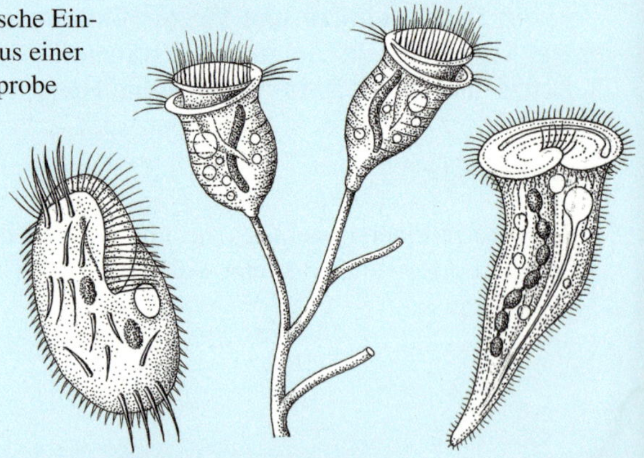

4 Tierische Einzeller aus einer Wasserprobe

Leben in Kleingewässern Pfützen und Tümpel führen nur zeitweise Wasser. Je länger das Wasser steht, desto vielfältiger können sich in ihm Gemeinschaften von Lebewesen entwickeln. Neben nur wenige Millimeter großen Fadenwürmern, Schlammröhrenwürmern und kleinen Krebstieren findet man oft eine Vielzahl noch viel kleinerer Lebewesen, die meist einzellig sind. Über 40 000 Arten solcher nur mithilfe von Mikroskopen sichtbarer Einzeller sind heute bekannt. Ihr Körper ist nur Bruchteile von Millimetern groß. Trotz ihrer Winzigkeit können sich diese Einzeller ernähren, fortbewegen und fortpflanzen. Sie reagieren auch auf Reize. Trocknen Pfützen und Tümpel aus, dann können viele von ihnen in nassem Gras, in Moospolstern oder in feuchter Erde überdauern.

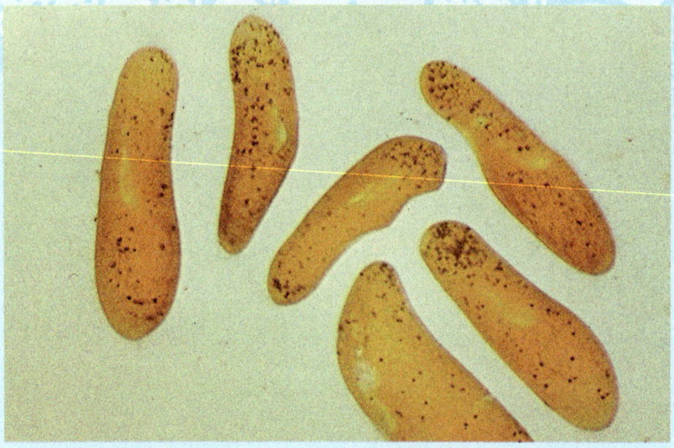
5 Pantoffeltierchen

Pantoffeltierchen Die Körperform erklärt den Namen. Pantoffeltierchen gehören zu den tierischen Einzellern. Sie leben in verschmutztem, nährstoffreichem Wasser. Durch den Ruderschlag so genannter Wimpern, die wie winzige Härchen ihren Körper bedecken, können sie sehr schnell schwimmen. Mehr als 100 000 der viel kleineren Heubazillen kann ein Pantoffeltierchen in einer Stunde mithilfe von Wimpern durch ein Mundfeld in sich hineinstrudeln. Im Pantoffeltierchen wird diese Nahrung verdaut. So können Pantoffeltierchen zur Reinigung von Gewässern beitragen.

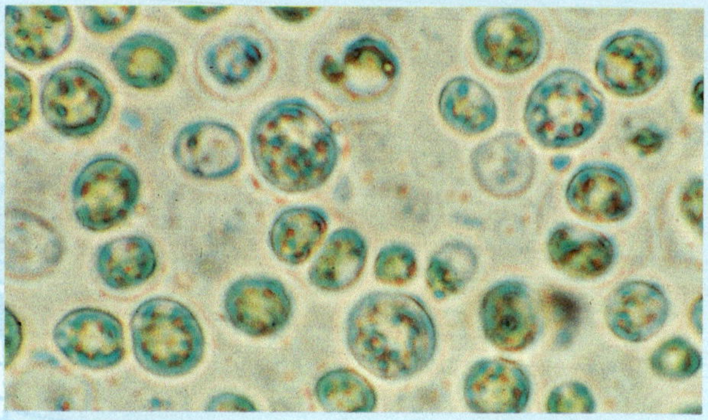
6 Chlorella-Algen

Chlorella Die Chlorella-Alge ist ein winzig kleiner pflanzlicher Einzeller mit einem kugelförmigen Zellkörper. Mithilfe des in ihrem Chloroplasten enthaltenen grünen Blattfarbstoffs (Chlorophyll) zur Ausnutzung von Sonnenlicht können Chlorella-Algen wie alle Pflanzen durch Fotosynthese aus Kohlenstoffdioxid und Wasser Traubenzucker und andere Nährstoffe bilden. Bei der Fotosynthese geben sie gleichzeitig Sauerstoff an das Wasser ab.
Chlorella ist Nahrung für viele kleine Tiere in den Gewässern.

Ein Heuaufguss als „künstliche Pfütze"

Zu einer Handvoll Heu gibt man in ein Becherglas einen Liter Tümpel- oder Aquarienwasser. Schon bei Raumtemperatur vermehren sich die im Heu lebenden Heubazillen. Sie sind Nahrung für Pantoffeltierchen, die sich im Heuaufguss schon in wenigen Tagen durch Zellteilungen stark vermehren können. In Frischpräparaten des Aufgusswassers kann man sie und andere Mikroorganismen mikroskopisch gut beobachten.

7 Heuaufguss

Aufgaben

1 Lass den Heuaufguss 8 Wochen stehen. Untersuche wöchentlich mit dem Mikroskop, welche Einzeller darin leben.

2 Bestimme die Einzeller. Vergleiche dazu das mikroskopische Bild mit Abbildungen in Bestimmungstafeln. Protokolliere Datum, Namen und Häufigkeit der Einzeller.

3 Erarbeite einen Vortrag über die „Lebensgemeinschaft" in einem Heuaufguss. Nutze zur Vorbereitung Schulbibliothek und Internet.
Illustriere diesen Vortrag mit vergrößerten Abbildungen der tierischen Einzeller.

Bakterien und ihre Bedeutung

In den meisten Gärten wird im Herbst das abgefallene Laub zusammengeharkt, in Säcke gepackt und dann später vom Müllbetrieb abgeholt. Vielleicht hast du selbst schon unter dieser Arbeit gestöhnt! Warum verzichtet man nicht einfach auf das Laubsammeln? In der freien Landschaft, zum Beispiel im Wald, harkt doch auch niemand die zahllosen Blätter zusammen und dennoch versinken die Bäume nicht in meterhohen Laubbergen. Was geschieht dort ohne jeglichen Einfluss des Menschen?

1 Frühlings- und Herbstwald

Beobachten Untersuchen **Experimentieren**

Wohin verschwindet das herbstliche Laub? Die folgende Untersuchung eignet sich besonders zur Teamarbeit.

Material: Becherglas, Haushaltsfolie, Klebestreifen, Laubblatt, Plastiktüte, Filterpapier, Gartenerde

Durchführung: Befestigt das Laubblatt und jeweils einen Streifen des Filterpapiers sowie der Plastiktüte mit Klebestreifen an der Innenseite des Glases. Das untere Drittel der Untersuchungsobjekte darf nicht angeklebt werden.

Füllt nun das Becherglas vorsichtig mit Gartenerde. Biegt dabei das untere Drittel jedes Untersuchungsobjekts rechtwinklig ins Innere des Glases, sodass es von allen Seiten mit Gartenerde umhüllt ist. Abschließend wird die Erde angefeuchtet und das Glas mit Haushaltsfolie verschlossen.

Dann wird es für 3 Wochen an einen warmen Ort (mindestens 22 °C) gestellt. Achtet darauf, dass die Erde stets feucht ist.

Auswertung: Kontrolliert einmal wöchentlich von außen das Aussehen der Untersuchungsobjekte.

Entwerft ein eigenes Beobachtungsprotokoll, in dem ihr eure Ergebnisse notiert. Das Protokoll rechts soll als Anregung dienen. ↑2

Nach 3 Wochen ist die Untersuchung beendet. Jetzt könnt ihr auch den Zustand der ins Innere gebogenen Gegenstände kontrollieren, miteinander vergleichen und die Versuchsergebnisse protokollieren.

Wertet das Protokoll aus. Sucht nach einer Begründung für das Versuchsergebnis. Dabei solltet ihr euer bisher erworbenes Wissen über Mikroorganismen anwenden.

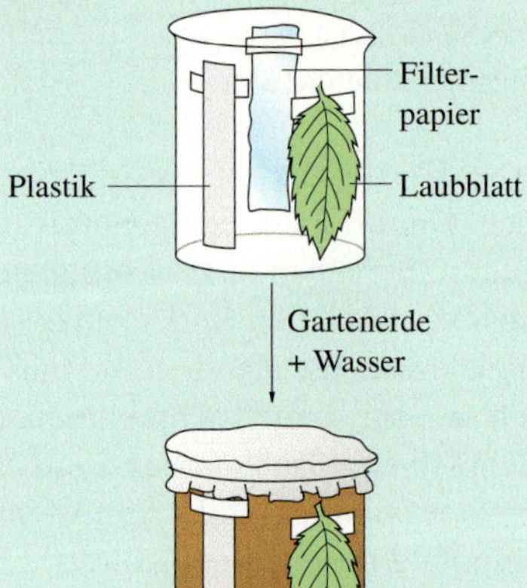

Beobachtungsprotokoll

Datum	Material	Beobachtung
21.06. 2006	Filterpapier	....
	Plastik	....
	Laubblatt	....
....	....	....
	....	....

2 Versuchsaufbau/Tabellenformular

Bakterien

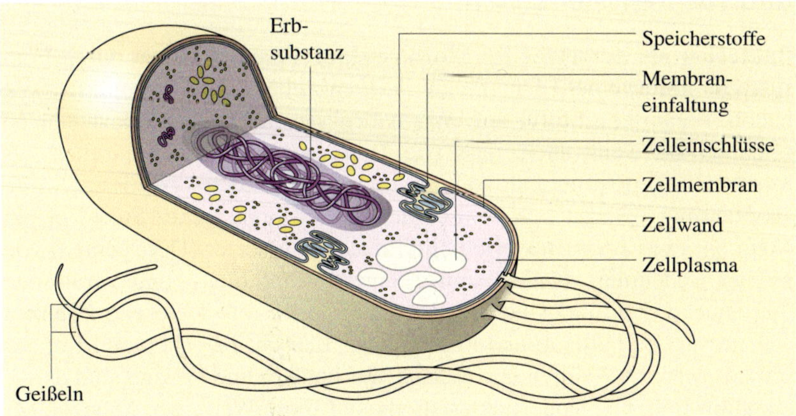

3 Schematischer Aufbau einer Bakterienzelle

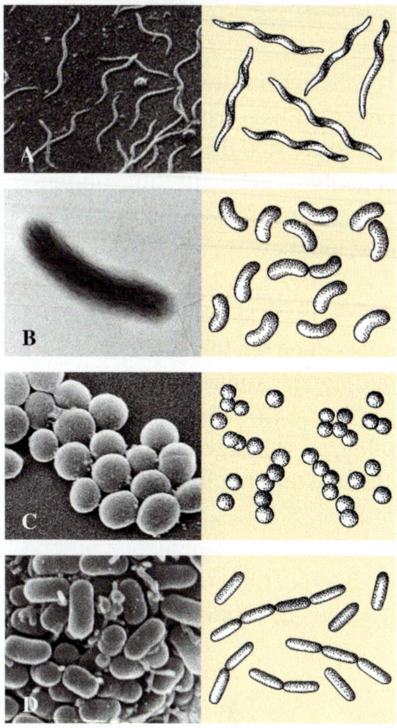

4 A Spirillen, B Vibrionen, C Kokken, D Bazillen

Bau Bakterien sind einzellig und viel kleiner als Tier- oder Pflanzenzellen. In einer Bakterienzelle ist das Erbmaterial nicht durch eine Hülle (Membran) vom Zellplasma abgegrenzt. Die Bakterien werden deshalb als „Kernlose" den Lebewesen mit Zellkern gegenübergestellt. Einstülpungen der Zellmembran ins Zellinnere können Farbstoffe enthalten. Im Zellplasma kommen als Speicherstoffe Stärke und Fette vor. Bei manchen Bakterien sind in der Zellmembran Geißeln verankert. Sie wirken im Wasser wie Schiffsschrauben. Die Zellwand ist bei vielen Formen zusätzlich von einer Schleimhülle oder Kapsel umgeben.

Lebensbedingungen Bakterien benötigen Nährstoffe, Wasser und bestimmte Temperaturen. Der Bereich zwischen 20 °C und 40 °C ist für viele Bakterien optimal. Während Heubazillen Sauerstoff benötigen, können sich Milchsäurebakterien unter Sauerstoffabschluss vermehren. Manche Bakterien schädigen als Parasiten andere Lebewesen. Andere leben als Fäulniserreger von organischen Stoffen abgestorbener Lebewesen.

Vermehrung durch Spaltung Die Teilung einer Bakterienzelle bezeichnet man als Spaltung. Nach der Verdopplung des Erbmaterials streckt sich die Zelle. Von außen beginnend bildet sich eine Trennwand. Damit sind zwei neue Zellen entstanden. Unter günstigen Bedingungen können im Abstand von je 20 bis 30 Minuten viele Spaltungen aufeinander folgen. Oft bleiben dabei so viele Bakterien durch Schleimhüllen verbunden, dass Kolonien entstehen, die mit bloßem Auge sichtbar sind.

Dauersporen Stäbchenförmige Bakterien bilden bei Nährstoffmangel Dauersporen aus. Dabei wird der Wassergehalt des Zellplasmas stark verringert, es wird eine Sporenwand aus mehreren Hüllen gebildet. Nach dem Auskeimen einer Spore setzen die Lebensvorgänge der Bakterienzelle wieder in vollem Umfang ein.

Bakterien bestehen nur aus einer einzigen kernlosen Zelle. Ihre rasche Vermehrung ermöglicht ihnen eine sehr schnelle Anpassung an veränderte Umweltbedingungen.

Aufgaben

1 Bakterien sind Lebewesen. Begründe.

2 Vergleiche Bakterienzellen mit Pflanzen- und Tierzellen.

3 Fertige ein Modell einer Bakterienzelle an.

4 Bakterien können kugel-, stäbchen-, komma- oder korkenzieherförmig sein. Ordne jeder Form jeweils die Fachbezeichnung zu. ↑4

5 Vergleiche das Bakterium in Bild ↑3 mit den Formen in Bild ↑4. Kannst du das Bakterium einer Form zuordnen?

Schon gewusst?

Knöllchenbakterien
Die im Boden lebenden Knöllchenbakterien dringen in Wurzelzellen von Schmetterlingsblütengewächsen ein, vermehren sich dort und bewirken die Bildung von Wurzelknöllchen. Sie wandeln Luftstickstoff so um, dass diese Pflanzen ihn aufnehmen und nutzen können. Die Klee-, Lupinen-, Erbsen- oder Bohnenpflanzen versorgen die Knöllchenbakterien mit organischen Stoffen. Solches gegenseitig nützliche Zusammenleben unterschiedlicher Organismen bezeichnet man als Symbiose.

Bedeutung der Bakterien in der Natur und für den Menschen

Bakterien als Zersetzer im Stoffkreislauf Pflanzen bauen durch Fotosynthese mithilfe der Lichtenergie in ihren Zellen, die Chloroplasten enthalten, organische Stoffe auf. Wir haben sie daher als Produzenten bezeichnet. Du weißt auch, dass alle Tiere, wie auch die Menschen, als Konsumenten ursprünglich von den Pflanzen gebildete organische Stoffe als Nahrung verbrauchen. ↑1 Für den Abbau organischer Stoffe in der Natur sind vor allem Bakterien und Pilze als Zersetzer (Destruenten) von größter Bedeutung. Fäulnis (unter Sauerstoffabschluss) und Verwesung (bei Sauerstoffzufuhr) sind Vorgänge, bei denen tote Tiere und Pflanzen oder Reste wie Falllaub und Früchte oder Fleisch, Knochen und Kot zersetzt werden. In Wäldern und Gärten, auf Feldern und Wiesen sind es vor allem im Boden lebende Bakterien, die auf diese Weise den Pflanzen Mineralsalze, Kohlenstoffdioxid und Wasser zugänglich machen. Bei der Kompostierung von Gartenabfällen, organischem Hausmüll und Klärschlamm, bei der Sanierung von verunreinigtem Erdboden und bei der biologischen Abwasserreinigung wird der Abbau organischer Stoffe durch Bakterien gezielt genutzt. ↑2

1 Kompostbereitung im Garten

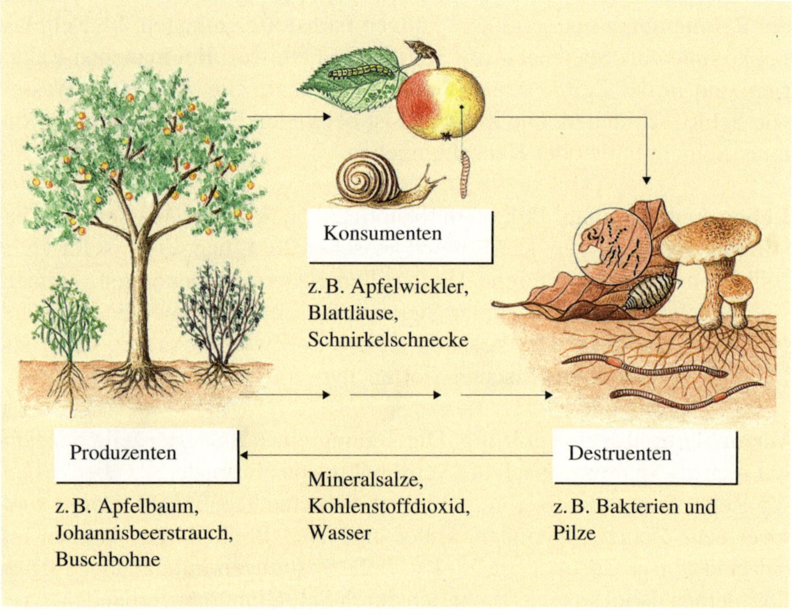

2 Produzenten, Konsumenten und Destruenten in einem Garten

Nahrungsmittelherstellung mit Bakterien Schon seit Jahrtausenden nutzt man Bakterien zur Herstellung von Nahrungsmitteln. Aus Milch gewonnene Sauermilchprodukte stehen regelmäßig auf unserem Speiseplan. Dazu gehören beispielsweise Sauermilch, saure Sahne, Buttermilch, Quark, Jogurt, Biogurt, Kefir und alle Sauermilchkäsesorten. Auch im Sauerteig, aus dem dunkles Brot gebacken wird, wirken Milchsäurebakterien. Schließlich werden auch Sauerkraut, saure Gurken und Silofutter für die Tierhaltung mithilfe der Milchsäuregärung gewonnen. Dabei wandeln Milchsäurebakterien die in den Ausgangsprodukten enthaltenen Zucker in

Milchsäure um. Die Nahrungsmittel erhalten dabei nicht nur einen anderen Geschmack, sie werden durch die Milchsäure auch vor dem Verderben geschützt.

Nahrungsmittelverderb durch Bakterien Fäulnisbakterien können auch Nahrungsmittel befallen. Häufig werden bei den Abbauvorgängen gesundheitsschädliche Giftstoffe (Toxine) freigesetzt. Das reichliche Angebot organischer Stoffe in Nahrungsmitteln, Feuchtigkeit und eine für Bakterien optimale Temperatur begünstigen die Massenvermehrung von Erregern. So werden immer wieder „Lebensmittelvergiftungen", die sich z. B. durch Brechdurchfall, Fieber und Kreislaufbeschwerden äußern, vor allem durch Salmonellen ausgelöst.

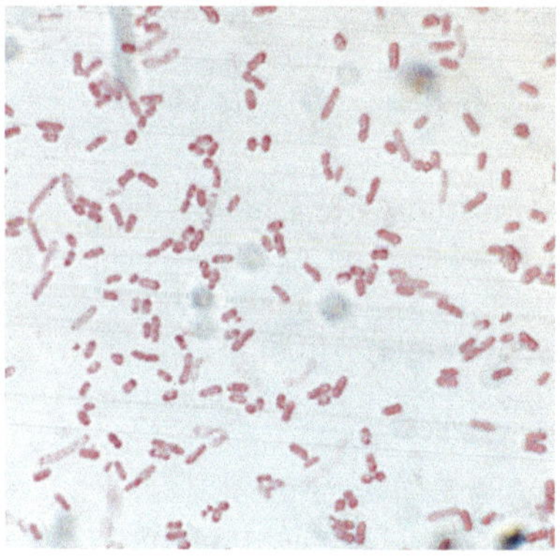

3 Milchsäurebakterien im mikroskopischen Bild

Pasteurisieren Louis Pasteur entwickelte dieses Verfahren zum Abtöten lebender Bakterien, das noch heute angewandt wird: Durch kurzzeitiges Erhitzen (bei Milch nur wenige Sekunden) auf Temperaturen zwischen +70 °C und +87 °C werden Lebensmittel begrenzt haltbar gemacht. Da Bakteriensporen dabei nicht abgetötet werden, sind die Lebensmittel nur kurzzeitig haltbar (z. B. pasteurisierte Milch).

Sterilisieren Beim Sterilisieren werden die Bakterien und ihre Dauersporen abgetötet. Es ist eine vollständige Entkeimung. Das Sterilisieren kann beispielsweise durch hohe Temperaturen, ultraviolette Strahlen und Chemikalien erfolgen. Beispielsweise sind ultrahocherhitzte Milch und viele Dosenkonserven sterilisierte Lebensmittel.

4 Beispiele für sterilisierte Lebensmittel

Schon gewusst?

Kühlketten nicht unterbrechen
Die Vermehrung von Mikroorganismen wie z. B. Bakterien wird unter –12 °C gehemmt. Allerdings werden die Mikroorganismen nicht abgetötet und ihre Giftstoffe werden nicht zerstört. Es ist daher sehr gefährlich, aufgetaute Kühlkost wieder einzufrieren. Bis zum Erreichen der tiefen Temperaturen können sich Toxin bildende Bakterien stark vermehrt haben. Die Kühlkette vom Einfrieren bis zum Verbrauch darf deshalb auf keinen Fall unterbrochen werden.

Aufgaben

1 Welche Abfälle gehören in eine Biotonne und welche nicht? Begründe jeweils.
2 Begründe, wie ein Komposthaufen angelegt werden muss, damit die Biomasse möglichst schnell abgebaut wird.
3 Erläutere, was auf einem Feld mit den als Gründüngung untergepflügten Pflanzen geschieht.
4 Suche im Lebensmittelhandel nach Jogurt, Biogurt und Kefir. Vergleiche diese Sauermilchprodukte miteinander.
5 Nenne Maßnahmen zum Schutz vor Salmonellen-Vergiftungen.
6 Erläutere die Unterschiede zwischen dem Pasteurisieren und Sterilisieren von Milch.

Bakterien als Krankheitserreger

Schon gewusst?

Symptome der Cholera
Choleraerreger werden vorwiegend in warmen Gebieten durch verunreinigtes Trinkwasser übertragen. Nach einer Inkubationszeit zwischen wenigen Stunden und 5 Tagen werden beim Zerfall dieser Bakterien Gifte freigesetzt, die krampfartige Bauchschmerzen, Erbrechen und Durchfall verursachen. Der hohe Wasserverlust trocknet den Körper aus. Kreislauf- und Nierenversagen führen ohne ärztliche Hilfe meist zum Tode.
Gründliches Abkochen des Trinkwassers ist eine der wichtigsten hygienischen Maßnahmen.

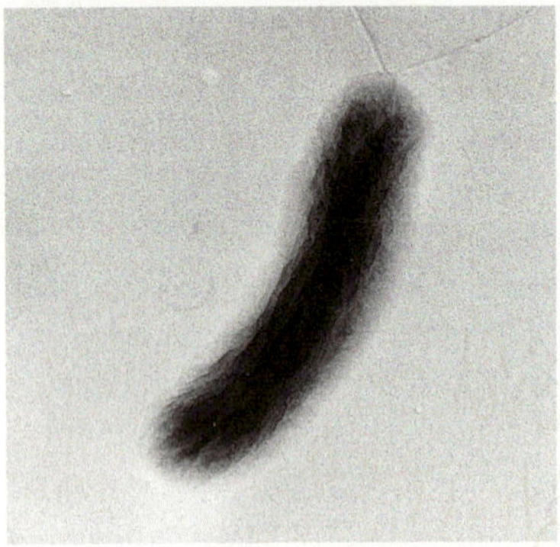

1 Cholerabakterium (200fach)

Aktuelle Gefahren Auch in der Gegenwart gefährden durch Bakterien (oder Viren!) ausgelöste Infektionskrankheiten die menschliche Gesundheit. Sie sind vor allem in vielen Entwicklungsländern auf dem Vormarsch. Schätzungen der Weltgesundheitsorganisation besagen beispielsweise, dass jährlich weltweit etwa 3 Millionen Menschen an Tuberkulose sterben. Auch Cholera, Typhus und Diphtherie treten jetzt wieder gehäuft auf. Regionale Kriege, zerstörte Wohnstätten und große Flüchtlingsströme sind Ursachen dafür. In der Folge führt der Mangel an Nahrung, Trinkwasser, Heizmaterial und Bekleidung zu einem schlechten körperlichen Allgemeinzustand der betroffenen Menschen. Unzureichende hygienische Bedingungen und ungenügende medizinische Versorgung begünstigen die Seuchenausbreitung.
Eine weitere Ursache wieder zunehmender Infektionen ist die so genannte Impfmüdigkeit der Bevölkerung. ↑S.43 Ein ungenügender Impfschutz und der zunehmende Massentourismus fördern die Verbreitung der Erreger. Auch das Auftreten von Bakterienstämmen, die gegen bestimmte Medikamente widerstandsfähig (resistent) sind, erschwert die Bekämpfung der Infektionskrankheiten. Durchfallerkrankungen auf Fernreisen haben meist nichts mit Erschöpfung oder mit dem Verzehr ungewohnter Speisen zu tun. Die Vorbeugung ist relativ einfach:
- Nur starkes Erhitzen (Kochen, Braten) der Speisen schützt!
- Kein Leitungswasser, sondern Mineralwasser trinken!
- Die Zähne mit Mineralwasser putzen!

Cholera – eine weltweit verbreitete Infektionskrankheit Eine Infektion mit Cholerabakterien erfolgt meist über verunreinigtes Trinkwasser. Naturkatastrophen können durch Wasserverseuchung und Trinkwassermangel Choleraepidemien auslösen. Trinkwasseraufbereitung, Abwasserklärung und gründliches Abkochen von Speisen und Getränken können Cholerainfektionen verhindern. Die wichtigsten Maßnahmen zur Behandlung von Cholerakranken sind reichliches Trinken und das Einflößen großer Mengen zucker- und mineralsalzhaltigen Wassers sowie Antibiotikagaben zur Bekämpfung der Choleraerreger im Körper.

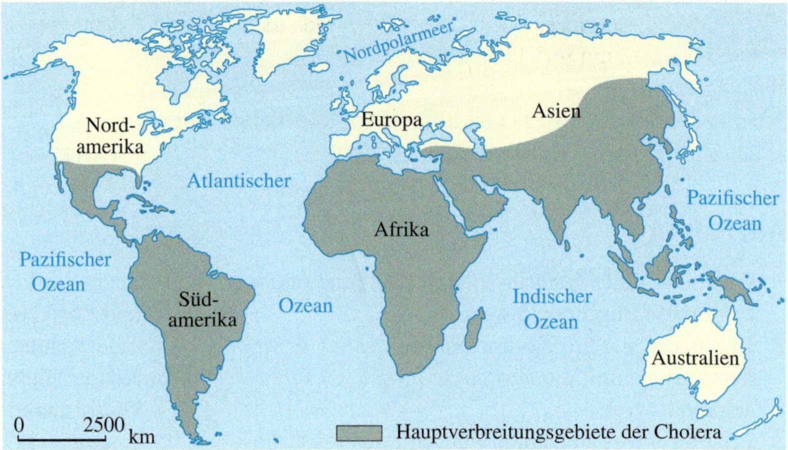

2 Infektionen mit Cholera-Erregern erfolgen meist durch verseuchtes Trinkwasser.

Tuberkulose (Tbk) Der Erreger dieser Krankheit ist das etwa 3 µm bis 5 µm große stäbchenförmige Tuberkelbakterium. Diese Bakterien können in unterschiedlichen Typen auftreten und Haut und Knochen, aber auch die Atmungs-, Harn- und Geschlechtsorgane befallen. Eine Knötchenbildung (lat. Tuberkulum – Knötchen), das Auftreten von Geschwüren und die Zerstörung der befallenen Gewebe kennzeichnen das Krankheitsbild. Mit dem Speichel, dem Stuhl und dem Urin erkrankter Menschen können die Tuberkelbakterien bei einer so genannten offenen Tuberkulose übertragen werden. Auch über Nahrungsmittel, wie beispielsweise Produkte erkrankter Hühner, Rinder, Ziegen oder Schweine kann Tuberkulose auf den Menschen übertragen werden. Mit der Tuberkulinprobe (z. B. Spritzen einer kleinen Dosis ungiftiger Stoffwechselprodukte von zerstörten Bakterien unter die Haut) wird getestet, ob ein Mensch Abwehrstoffe gegen Tuberkulose hat. Nach einigen Tagen zeigt eine Hautrötung an, dass sich der Körper mit diesen Erregern auseinandergesetzt hat. Verläuft die Probe negativ, ist eine BCG-Schutzimpfung möglich. Sie erfolgt mit einer ungefährlichen Form des Tuberkelbakteriums. ↑S.40

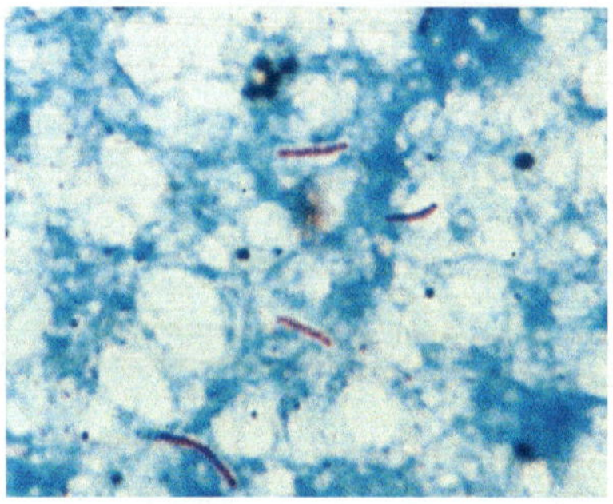
3 Tuberkelbakterien (blau angefärbt)

Diphtherie Das Diphtheriebakterium wird über die Atmungsorgane durch Tröpfcheninfektion übertragen. Schon nach einer kurzen Inkubationszeit von einem Tag bis zu einer Woche bricht die Krankheit mit Fieber, Halsschmerzen und Atembeschwerden aus. Ursache sind fest haftende grauweiße Bakterienbeläge am Gaumen und an den Mandeln, die sogar zur Erstickungsgefahr führen. Die Bakteriengifte können auch den Herzmuskel und das Nervensystem schädigen. Eine Impfung bietet gegen diese Krankheit wirksamen Schutz.

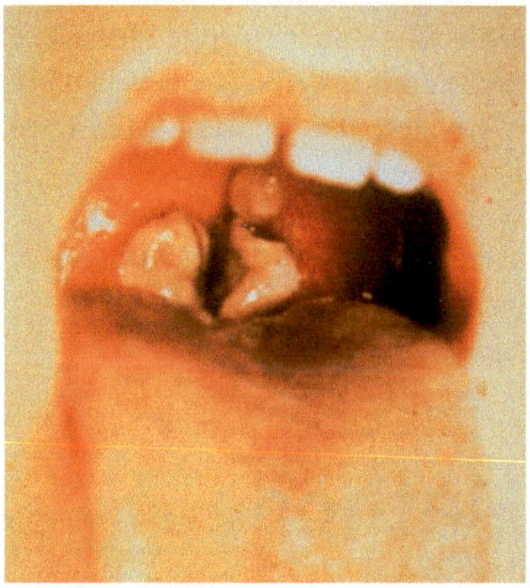
4 Diphtherie: Beläge auf den Mandeln

Tetanus (Wundstarrkrampf) Die Erreger können mit Erde oder Straßenstaub in offene Wunden gelangen. Hier vermehren sie sich und produzieren ein starkes Nervengift.
Die Inkubationszeit beträgt 2 Wochen bis mehrere Monate. Eine Impfung gegen Tetanus sollte spätestens nach 10 Jahren aufgefrischt werden. ↑S.42

Typhus Die Infektion erfolgt durch Nahrungsmittel, die mit Fäkalien Erkrankter verunreinigt sind. Die Inkubationszeit beträgt von einer Woche bis zu 3 Wochen. Schüttelfrost, sehr hohes Fieber und Durchfall sind Symptome dieser Infektionskrankheit. Unbehandelt endet Typhus durch Lungenentzündung und Darmbluten tödlich.

Bakterien ermöglichen als Zersetzer organischer Stoffe die natürlichen Stoffkreisläufe. Darüber hinaus sind Bakterien als Verursacher von Infektionskrankheiten von großer Bedeutung für den Menschen.

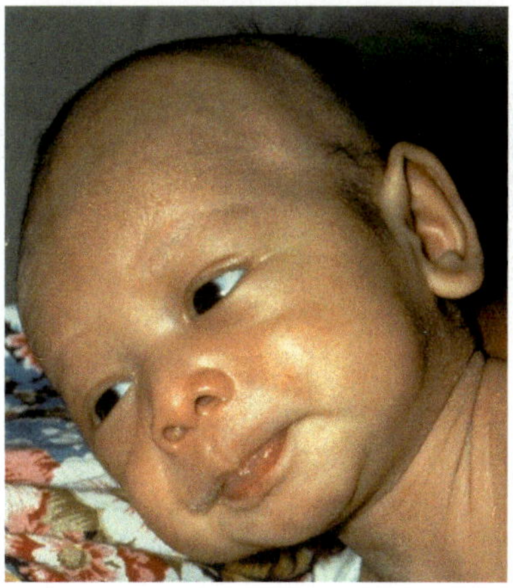
5 Muskelkrämpfe bei Tetanus

Aufgaben

1 Erläutere an selbst gewählten Beispielen die Bedeutung von Bakterien in der Natur und für den Menschen.

2 Sammle aus Zeitungen und Zeitschriften Nachrichten über das Auftreten von Infektionskrankheiten. Berichte darüber in einem Kurzvortrag.

3 Leite aus den geschilderten Infektionsmöglichkeiten vorbeugende Maßnahmen zum Schutz vor Krankheitserregern ab.

4 „Impfen nützt – Impfen schützt.“ Begründe, weshalb dieses Motto der Weltgesundheitsorganisation (WHO) nach wie vor große Bedeutung hat. ↑S.43

Der Körper wehrt sich gegen Krankheitserreger

Die Gladiatoren im Bild ↑1 bereiten sich darauf vor, den Angriff des Tigers abzuwehren. Auch wir sind jeden Tag von Angreifern, nämlich den verschiedensten Krankheitserregern, umgeben. Gelingt es uns nicht, sie abzuwehren oder zu bekämpfen, ist unsere Gesundheit bedroht. Obwohl dies eine große Herausforderung für unseren Körper darstellt, erkranken die meisten Menschen nur selten.
Wie funktioniert das Abwehrsystem unseres Körpers? Welche Zellen sind an der biologischen Abwehr beteiligt?

1 Der Kampf zweier Gladiatoren im alten Rom (Szene des Films „Gladiator“)

Methode *Wir recherchieren im Internet*

Das Stöbern im Internet, also im World Wide Web (www), kann viel Spaß machen. Ein bewusstes Surfen ist zudem eine sehr anspruchsvolle und interessante Beschäftigung. Damit man sich in der riesigen Informationsflut des Internets nicht verirrt, sollte man sich ein bestimmtes Schema zurechtlegen, nach dem man bei der Recherche vorgeht.

Recherchieren im Internet

1 Problemstellung: Am Anfang jeder Suche muss eine genau formulierte Frage oder Aufgabe stehen.

2 Suche: Am einfachsten ist die Recherche mithilfe einer Suchmaschine, wie etwa „Fireball“, „Google“ oder „Lycos“.
Eine Auswahl von speziellen Suchmaschinen zum Thema Krankheiten erhältst du zum Beispiel bei der Eingabe von „Suchmaschinen + Krankheiten“ unter www.google.de.
Durch die Eingabe eines gut ausgewählten Suchbegriffs und die Zugabe von „+“ bei mehreren Begriffen kannst du deine Recherche immer genauer gestalten. So würdest du beispielsweise bei der Suche nach Informationen über Masernerreger „Masern+Erreger“ in das Suchfeld eintragen.

3 Bewertung: Stets solltest du die gefundenen Materialien auf ihre Verwendbarkeit und Verlässlichkeit überprüfen. Die folgenden Fragen helfen dir dabei:
- Von wem wurde das Material erstellt?
- Helfen mir die angebotenen Texte, Tabellen oder Bilder, die gestellte Aufgabe zu lösen?
- Welche speziellen Daten bzw. Informationen kann ich direkt übernehmen?
- Welche Links liefern zusätzliche Informationen oder helfen weiter?
- Kann man zum Beispiel in einem „Forum“ auch Fragen an Experten richten?

4 Auswertung: Schließlich kannst du die gefundenen Informationen auswerten und anhand deiner Ergebnisse die gestellte Aufgabe lösen.

Entwerft mithilfe des Internets einen Steckbrief über eine Infektionskrankheit, zum Beispiel Windpocken. Stellt dabei die folgenden Inhalte vor:
- Erreger in Text und Bild,
- Infektionsweg,
- Inkubationszeit,
- Krankheitssymptome und mögliche Spätfolgen,
- Behandlungsmethoden,
- Gesundung.

Biologische Abwehr von Krankheitserregern

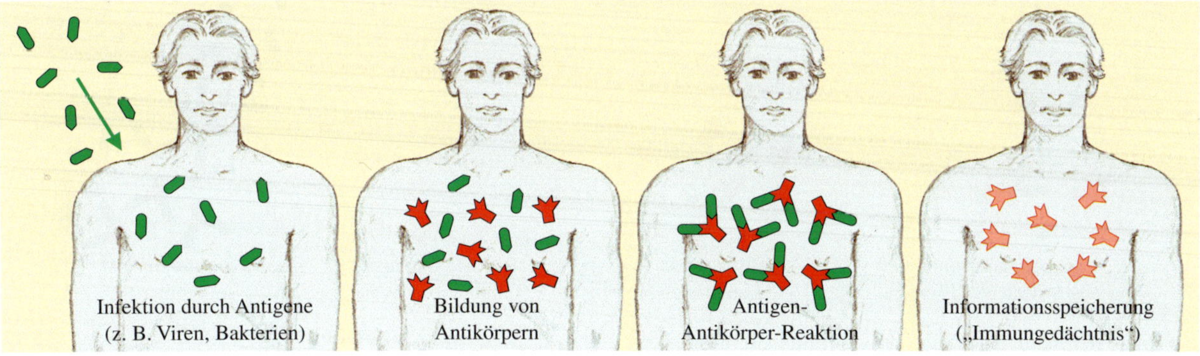

2 Mit dem Überstehen mancher Infektionskrankheiten wird der Körper langfristig immun (unempfindlich) gegen den Erreger.

Infektion und Abwehr Wenn Krankheitserreger (z. B. Bakterien) in den Körper eindringen, dann kann es wenige Tage bis mehrere Wochen dauern, bis es zum Ausbruch der Krankheit kommt (Inkubationszeit). ↑2, 4 Spezielle weiße Blutzellen bilden zu den Erregern „passende“ Antikörper. Diese lagern sich mit den Erregern oder deren Ausscheidungsprodukten zu unschädlichen Verbindungen zusammen. Infolgedessen werden auch weitere Abwehrzellen wirksam. So werden Fresszellen alarmiert, welche Erreger aufnehmen und verdauen können.

Immunität Die Bildung von Antikörpern geht nach überstandener Krankheit zurück. Es bleiben aber weiße Blutzellen erhalten, die weiterhin Antikörper bilden können. Diese „Gedächtniszellen“ erkennen bei einer Neuinfektion den Erreger. Sie vermehren sich in kurzer Zeit und bilden massenhaft den passenden Antikörper. Deshalb erkrankt der Mensch nicht noch einmal. Er ist gegen den Krankheitserreger unempfindlich (immun). Beispielsweise ist ein Mensch praktisch lebenslänglich vor einer Neuerkrankung geschützt, wenn er – meist schon im Kleinkindalter – eine Masern-Infektion überstanden hat. ↑3

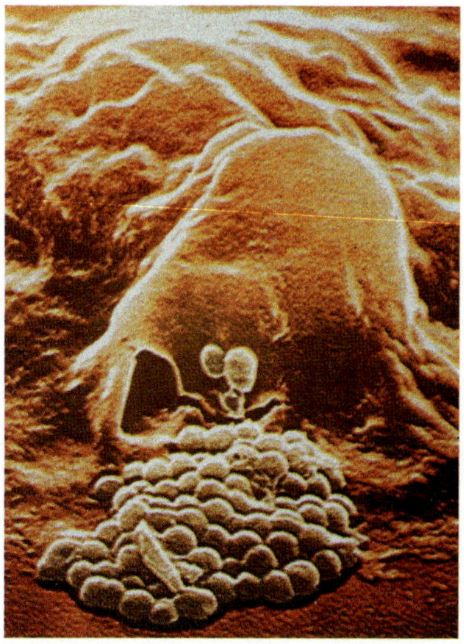

3 Eine Fresszelle nimmt Bakterien auf.

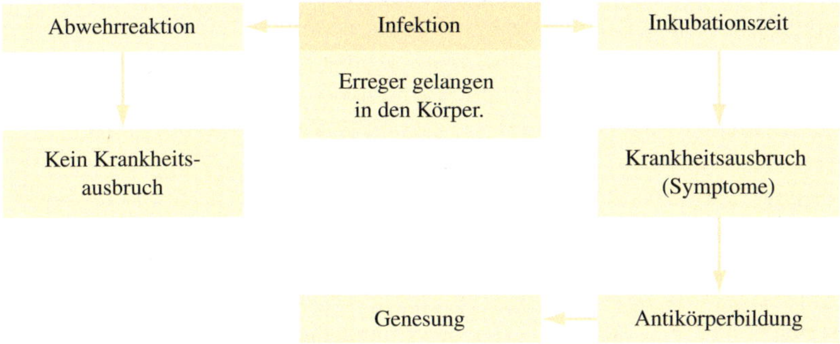

4 Biologische Abwehr von Krankheitserregern

Aufgaben

1 Erläutere den Verlauf einer Infektionskrankheit.

2 Erkläre, warum man an manchen Infektionskrankheiten nicht erneut erkranken kann.

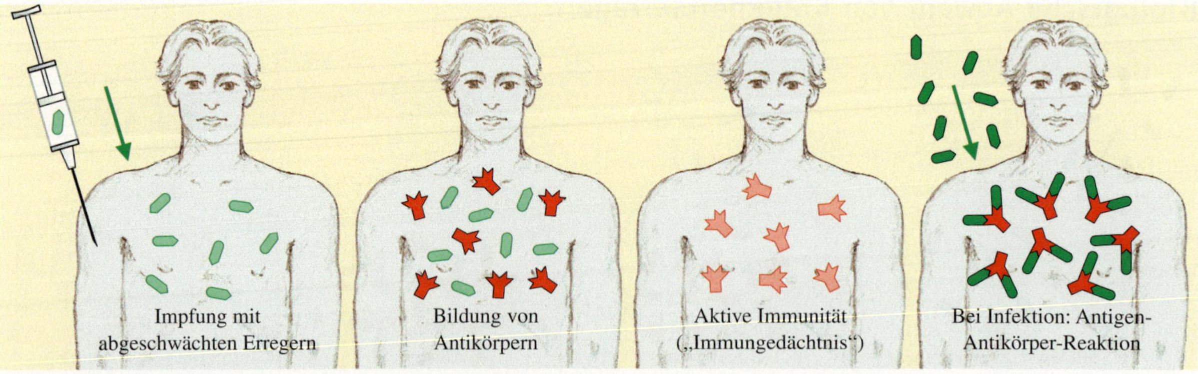

1 Prinzip der Schutzimpfung (aktive Immunisierung)

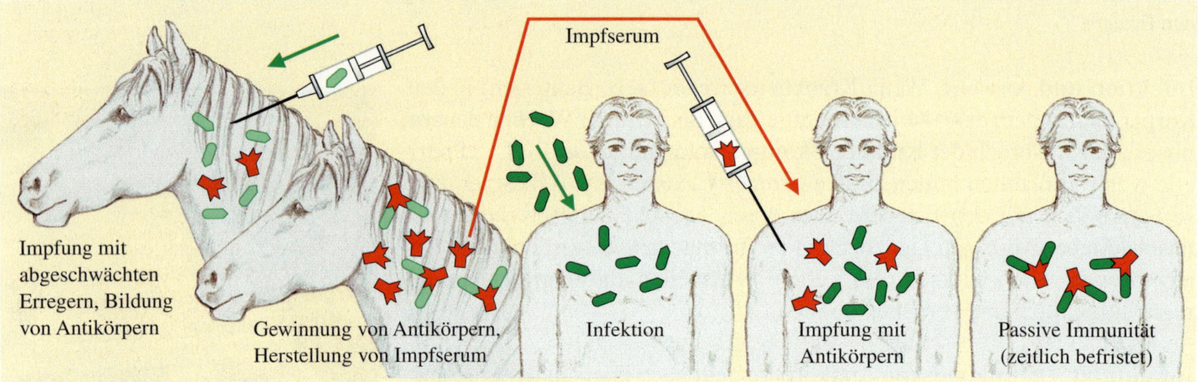

2 Prinzip der Heilimpfung (passive Immunisierung)

Schon gewusst?

Schutzbarrieren des Körpers
Augen und Mund: Schleimhautzellen bilden Abwehrstoffe gegen Krankheitserreger.
Atemwege: Flimmerhaare befördern Fremdkörper aus dem Körper heraus.
Haut: Sie bildet einen Säureschutzmantel, auf dem sich Krankheitserreger schwer ansiedeln können.
Magen: Magensäure tötet Krankheitserreger in der Nahrung.
Darmkanal: „Normale" Darmbakterien hemmen die Vermehrung von Krankheitserregern.
Scheide: Milchsäure bildende Bakterien verhindern die Ansiedlung von Krankheitserregern.

Aktive Immunisierung durch Schutzimpfung Wir haben erwähnt, dass ein Mensch, der bestimmte Infektionskrankheiten überlebte, diese normalerweise nicht erneut bekommen kann. Eine solche aktive Immunität kann man auch durch vorbeugende Schutzimpfungen erwerben. Dabei wird mit geringen Mengen abgetöteter oder abgeschwächter Erreger eine „künstliche" Infektion ausgelöst. Weiße Blutzellen bilden passende Antikörper und Gedächtniszellen. Kommt eine geimpfte Person mit den gefährlichen Erregern in Kontakt, zeigt sie – meist ohne Krankheitserscheinungen – dieselbe rasche Abwehrreaktion wie jemand, der eine Immunität durch das Überstehen der Krankheit auf natürlichem Wege erworben hat.

Passive Immunisierung durch Heilimpfung Ist eine schwere Infektionskrankheit schon ausgebrochen, muss schnell mit fertigen Antikörpern geimpft werden, die meist aus Tieren (z. B. Pferdeblutplasma) gewonnen werden. Eine solche Heilimpfung ermöglicht eine passive Immunität. Allerdings nur für wenige Wochen, aber bis dahin können weiße Blutzellen auch Antikörper gegen die Krankheitserreger produziert haben.

Eine aktive Immunisierung ist durch das Überstehen einer Krankheit oder durch Schutzimpfung mit abgeschwächten Erregern möglich. Ist eine Infektionskrankheit schon ausgebrochen, kann durch eine Heilimpfung mit Antikörpern eine passive Immunisierung erfolgen.

Nachgehakt Antibiotika

Eine bahnbrechende Entdeckung Im September 1928 war ein Schimmelpilz in die Bakterienkulturen des im Londoner St. Mary's Hospital arbeitenden Bakteriologen ALEXANDER FLEMING geraten. ↑3 Das war ungezählten Bakteriologen zuvor ebenso passiert. Sie hatten die „verdorbenen" Kulturen aber einfach weggeworfen. FLEMING bemerkte, dass rund um den Pilz der Bakterienrasen verschwunden war. ↑4 Er vermutete, dass Schimmelpilze Stoffe abgeben, die Bakterien töten oder in ihrer Vermehrung hemmen. Seine Forschungen bestätigten diese Annahme. Er identifizierte den Schimmelpilz in seinen Bakterienkulturen als *Penicillium notatum* und nannte die von ihm gebildeten antibakteriellen Substanzen Penicillin. Später beschrieb FLEMING, dass Penicillin auf bestimmte eitererregende Bakterien wachstumshemmend wirkt und somit ein Heilmittel gegen viele Infektionen wie Eiterungen, Lungen- und Hirnhautentzündung darstellt.

3 ALEXANDER FLEMING (1881–1955)

Herstellung Heute kennen wir neben dem Penicillin viele weitere antibakterielle Mittel, die in großem Umfang industriell produziert werden. Neben den natürlichen Antibiotika, deren Wirkstoffe zum Beispiel aus Schimmelpilzen oder aus Bodenbakterien hergestellt werden, gibt es eine Reihe weiterer künstlich erzeugter Stoffe, die Bakterien bekämpfen. Ein Beispiel sind die Sulfonamide.

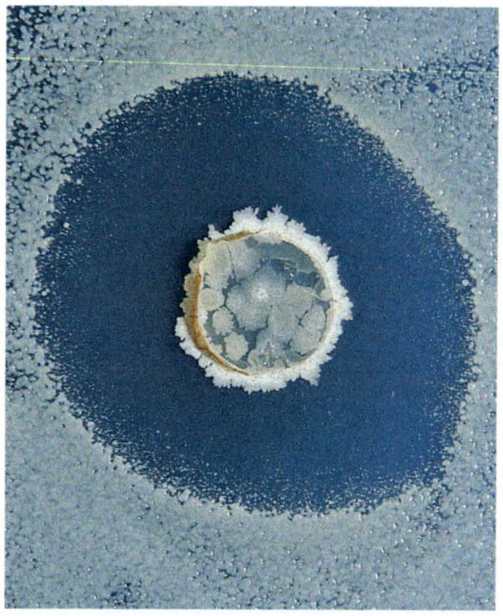

4 Bakterienkultur mit Schimmelpilz

Wirkungsweise Antibiotika schädigen zwar die Zellen von Bakterien, nicht aber Körperzellen. Sie nutzen die Unterschiede der Zellen aus. Unter anderem wird die Zellwand zerstört, die Erbsubstanz geschädigt, der Eiweißaufbau verhindert oder die Bewegungsfähigkeit der Geißel gehemmt. Bei der Einnahme von Antibiotika sollte man bedenken, dass sie auch die Bakterien unserer Darmflora bekämpfen.

Resistenzen Allerdings müssen solche Medikamente genau nach Vorschrift eingenommen werden. Dosiert man sie zu niedrig oder setzt man sie zu früh ab, können Resistenzen entstehen. Darunter versteht man, dass Bakterien gegen ein Antibiotikum unempfindlich werden. Dies geschieht zum Beispiel dadurch, dass die Zellwand so verändert wird, dass das Antibiotikum nicht mehr in das Zellinnere gelangen kann, oder dass das Antibiotikum in der Bakterienzelle rasch chemisch verändert und somit unwirksam gemacht wird.

Späte Anerkennung FLEMINGS Entdeckung wurde von der Fachwelt zunächst kaum zur Kenntnis genommen. Erst während des Zweiten Weltkriegs, als eine fieberhafte Suche nach Medikamenten gegen Infektionskrankheiten begann, wurden seine Ergebnisse wieder aufgegriffen. Im Jahre 1946 wurde ihm der Nobelpreis verliehen. ↑5

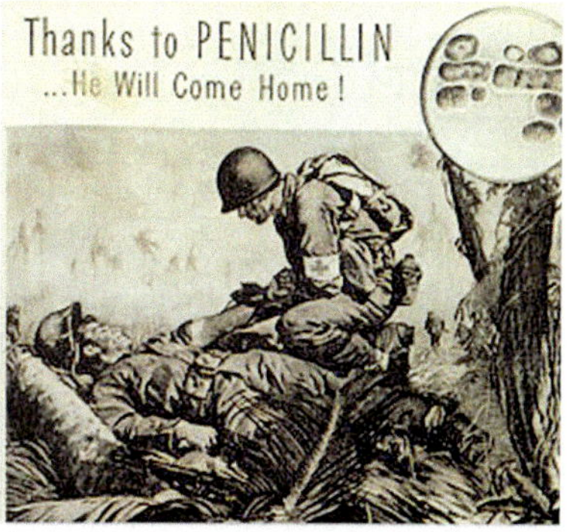

5 Rettung von Verwundeten im Zweiten Weltkrieg durch Penicillin

Aufgaben

1 Beschreibe die Entdeckung des Penicillins.
2 Informiere dich über resistente Erreger und diskutiere, warum diese für den Menschen so gefährlich sind.

Der Kampf gegen Seuchen

Der Wundstarrkrampf (Tetanus) wird durch Bakterien ausgelöst, die in unserer Umwelt weit verbreitet und sehr resistent sind. Das Gift der Erreger führt zur Verkrampfung der Muskeln und hat oft tödliche Auswirkungen. Heute erkranken in Deutschland jährlich etwa 10 Personen an dieser schweren Krankheit, 1970 waren es noch über 100! Wie ist dieser starke Rückgang zu erklären?

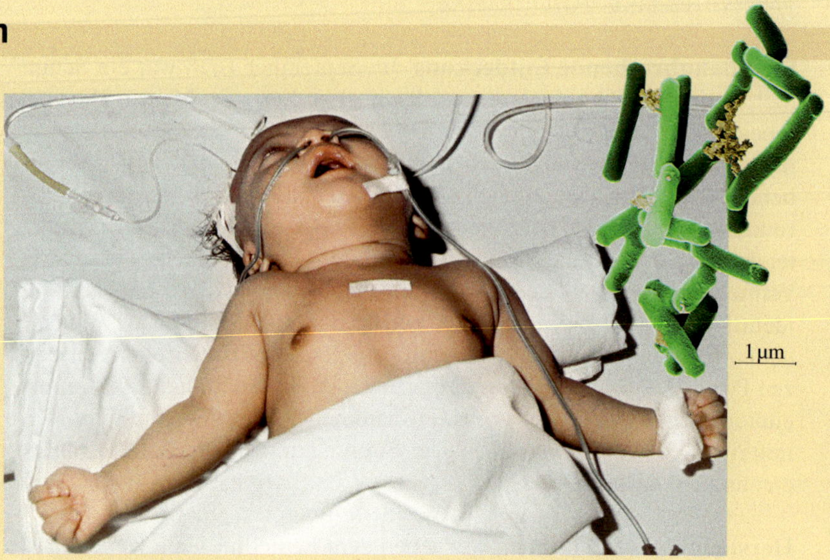

1 Erreger *(Clostridium tetani)* und typisches Krankheitsbild des Tetanus

Beobachten **Untersuchen** Experimentieren

Impfen ist wichtig!

1 Recherchiert im Internet, bei einem Arzt oder Apotheker, was sich hinter den Krankheiten bzw. Erregern im Impfkalender verbirgt. Erstellt Plakate.

2 Im Impfpass wird festgehalten, wann gegen welche Krankheit geimpft wurde. Überprüfe mithilfe deines Impfpasses deinen Impfschutz.

3 Vermute, warum die Zahl der an Diphtherie und Typhus Erkrankten von 1930 bis 1946 stark zunahm, sich danach jedoch erheblich verringerte. ↑3

	Alter in vollendeten Monaten					in Jahren		
Impfung	2	3	4	11–14	15–23	5–6	9–17	ab 18
Diphtherie	1.	2.	3.	4.		A5	A5	A10
Tetanus	1.	2.	3.	4.		A5	A5	A10
Pertussis	1.	2.	3.	4.			A	
Haemophilus Influenza Typ b	1.	2.	3.	4.				
Poliomyelitis	1.	2.	3.	4.			A	
Hepatitis B	1.*	2.	3.	4.			G	
Masern, Mumps, Röteln				1.	2.			
Windpocken				1.			G	
Influenza	jährliche Impfung ab 60 Jahren empfohlen							
Pneumokokken	Impfrhythmus: alle 6 Jahre ab 60 Jahren empfohlen							

2 Impfkalender (aktueller Impfplan unter www.rki.de):
* Grundimmunisierung bei der Geburt; A: Auffrischungsimpfung, A5: frühestens 5 Jahre nach der letzten Dosis; A10: alle 10 Jahre; G: Grundimmunisierung aller noch nicht Geimpften bzw. Komplettierung eines unvollständigen Impfschutzes

Jahr	Diphtherie	Typhus
1930	70552	4856
1938	148676	2957
1946	142788	22406
1954	12236	2788
1962	813	1157
1970	57	477
1978	20	242
1986	6	230
1994	8	172
2000	0	72
2001	0	88
2002	1	59
2003	0	65

3 Anzahl von Erkrankungen in Deutschland (Diphtherie, Typhus)

Weltgesundheit und Impfen

Verbreitung von Infektionskrankheiten Oft verbreitet sich eine Krankheit nur lokal. Man bezeichnet sie als Endemie. Manche Krankheiten verbreiten sich als Epidemien über weite Landstriche oder ganze Länder. Ist die ganze Welt betroffen, spricht man von einer Pandemie.

Impfungen bieten Schutz Vor vielen Krankheiten kann man sich durch eine Impfung zu schützen. ↑4 Man geht davon aus, dass sich eine Krankheit nicht epidemisch ausbreitet, wenn bei mindestens 90 Prozent der Bevölkerung ein entsprechender Impfschutz besteht. Aufgrund des hohen Durchimpfungsgrads sind zumindest in Europa einige Krankheiten ganz verschwunden. Die Pocken gelten seit 1980 als ausgerottet, da seit drei Jahren weltweit kein Krankheitsfall bekannt wurde. Seit im Jahr 1961 die Impfung gegen die Kinderlähmung eingeführt wurde, sank die Zahl der Erkrankten stetig. Man hofft, mithilfe von Impfungen auch den endgültigen Sieg über diese Krankheit erringen zu können.

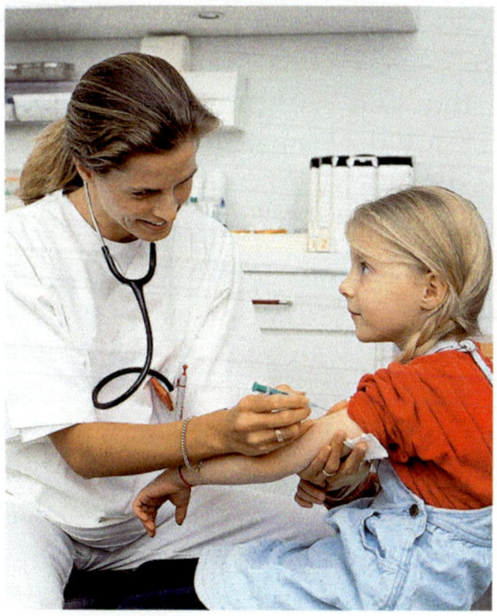

4 Die Ärztin impft ihre kleine Patientin.

Impfen ist ein geringes Risiko Da oftmals abgeschwächte Erreger verwendet werden, besteht – insbesondere bei Personen, die zum Zeitpunkt der Impfung nicht ganz gesund sind – das Risiko, dass man durch die Impfung erkrankt. Das Risiko ist aber sehr gering. In Deutschland gibt es etwa 170 Impfschadensfälle pro Jahr.

Aufklärungspflicht In Deutschland besteht kein Impfzwang. Allerdings sind bestimmte Impfungen zum Beispiel Voraussetzung für eine Aufnahme in den Kindergarten. Vor dem Impfen muss der Arzt über das Verhalten nach der Impfung, die Notwendigkeit von Auffrischimpfungen sowie über mögliche Komplikationen aufklären.

Reise – Risiko Die Welt wird kleiner: Globalisierung heißt für viele Menschen, dass sie häufig in ferne Länder reisen, um dort ihren Urlaub zu verbringen oder beruflich tätig zu sein. Dies hat Konsequenzen:
- Unser Immunsystem ist zwar an zahlreiche bei uns vorkommende Erreger angepasst, nicht aber an die ferner Länder. Während Einheimische immun sind, erkranken wir.
- Fremde Erreger können bei der Rückfahrt in die eigene Heimat eingeschleppt werden und dort Epidemien auslösen.
- Umgekehrt können die Einheimischen an fremden Erregern erkranken, die mit Besuchern in ihr Land gelangen.

5 Impfungen schützen, aber nicht vor allen Krankheiten!

Mithilfe von flächendeckend durchgeführten Impfungen konnten in den letzten Jahrzehnten bei uns viele Krankheiten zurückgedrängt, einige sogar weltweit ausgerottet werden. Durch die zunehmende Häufigkeit von Fernreisen steigt die Gefahr der Ausbreitung tropischer Infektionskrankheiten.

Aufgaben

1 Erläutere den Zusammenhang von Durchimpfungsgrad und möglicher Ausrottung einer Krankheit.

2 Bewerte dein eigenes Verhalten hinsichtlich der Vorbeugung von Infektionskrankheiten.

Nachgehakt Viren als Krankheitserreger

Bau und Wirkungsweise

Ein Virus kann sich nicht selbst bewegen, atmet nicht und hat keinen Stoffwechsel. Damit gehört es nicht zur lebenden Natur. Andererseits haben Viren aber auch Merkmale von Lebewesen. Sie verfügen über Erbsubstanz, die von einem Eiweißmantel umhüllt ist. ↑1 Damit sich ein Virus vermehren kann, benötigt es aber immer eine Zelle eines Lebewesens. Es schleust seine Erbsubstanz in diese Wirtszelle ein. Dieses verursacht eine Veränderung des Stoffwechsels, sodass die Zelle in großer Anzahl neue Viren produziert. ↑3–5 Je nach der Virusform reagiert unser Körper mit unterschiedlichen Krankheitssymptomen. ↑2

Es gibt eine Vielzahl verschiedener Viren, die Pflanzen, Tiere oder Menschen befallen. Manche Viren dringen in Bakterien ein.

1 Modell des HI-Virus

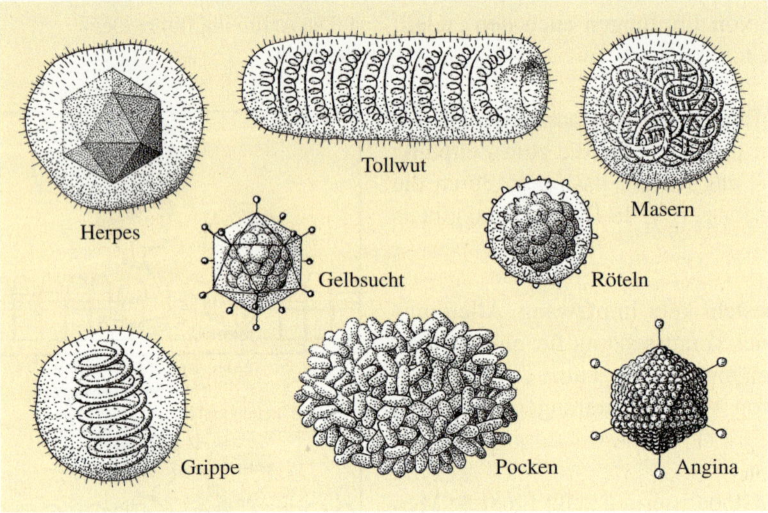

2 Verschiedene Viren und die von ihnen verursachten Krankheiten

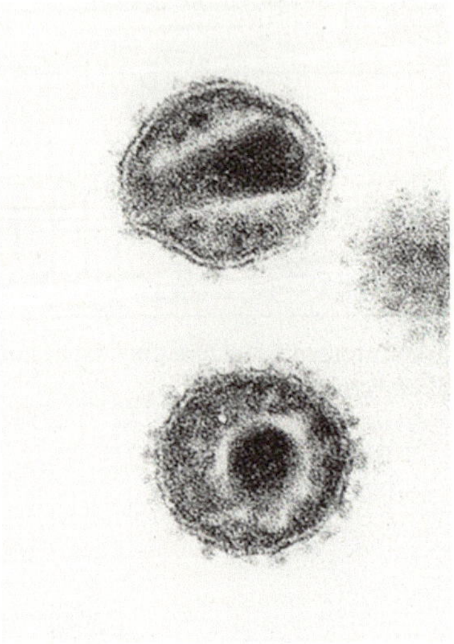

3 HI-Viren verursachen Aids. ↑1

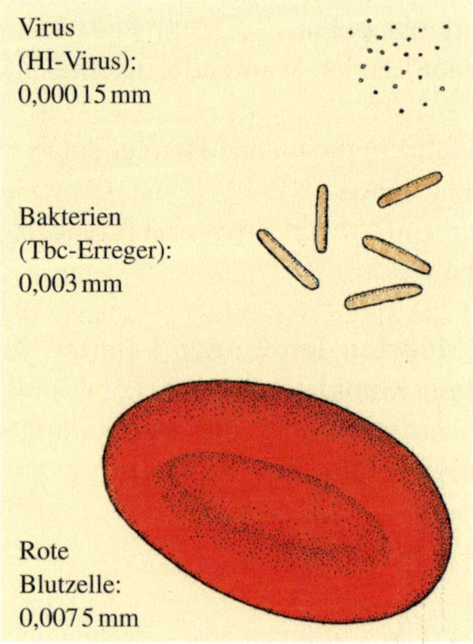

4 Der Größenvergleich zeigt, wie winzig Viren sind.

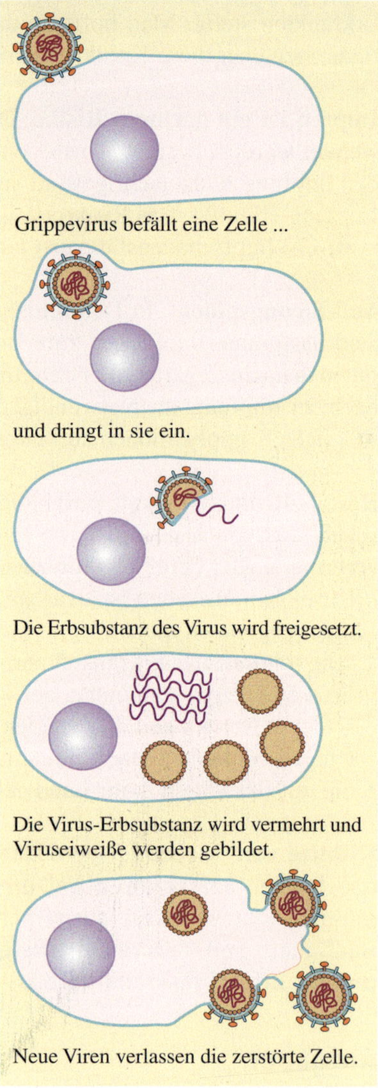

5 Vermehrung eines Grippevirus

Nachgehakt Aids – Folge einer Erkrankung des Immunsystems

HI-Viren als Verursacher Aids ist die Abkürzung der englischen Bezeichnung „Aquired Immune Deficiency Syndrom“, was übersetzt etwa „Erworbene Immun-Schwäche“ bedeutet. Diese Infektionskrankheit wird durch ein Virus verursacht, das man als „Humanes Immundefekt-Virus“ (HIV) bezeichnet. Die Inkubationszeit von Aids kann einige Monate, aber auch viele Jahren lang sein. Das HI-Virus ist etwa ein zehntausendstel Millimeter groß und hat eine zweischichtige Membran aus fünf- und sechseckigen Elementen: Äußerlich ist es daher einem Fußball ähnlich. Aus der Membran ragen keulenförmige Eiweißkörperchen hervor. Im Inneren des Virus befindet sich vor allem sein Erbmaterial. ↑1, 3, 6

Zellen der Immunabwehr werden vernichtet Gelangen HI-Viren in den Körper, lösen sie die gleichen Reaktionen aus wie andere Antigene. Im Blut sind daher meist nach einiger Zeit spezifische Antikörper vorhanden. Der entscheidende Unterschied zu anderen Krankheitserregern besteht darin, dass das HI-Virus bestimmte weiße Blutzellen (T-Helferzellen), also Zellen der Immunabwehr, direkt angreift. Es dringt in sie ein und vermehrt sich in ihnen, bis sie zerstört sind. Dabei werden neue Viren frei, die weitere Abwehrzellen befallen. Nach der Vernichtung dieser Zellen versagen die Abwehrfunktionen des Immunsystems. Weitere Krankheitserreger (Bakterien, Viren, Pilze) können nun schwerste Erkrankungen auslösen. Dann sterben Aids-Kranke innerhalb weniger Jahre.

Übertragungswege Zur Übertragung von HI-Viren kann es kommen, wenn Körperflüssigkeiten (z. B. Blut, Samen- oder Scheidenflüssigkeit, Muttermilch) infizierter Personen beispielsweise nach Verletzungen der Haut oder der Schleimhäute in den Körper eines anderen Menschen gelangen. Dies kann vor allem beim Geschlechtsverkehr oder durch Blutkontakte (z. B. bei gemeinsamer Benutzung von Spritzen und Nadeln Drogenabhängiger) geschehen. Von einer infizierten Mutter können HI-Viren während der Schwangerschaft, bei der Geburt oder beim Stillen auf ihr Kind übertragen werden. Infektionen durch gemeinsames Benutzen von Geschirr, Toiletten, Sauna und Schwimmbad, durch Anhusten oder Anniesen sind bisher nicht nachgewiesen.

Schutz vor HI-Viren Das Ansteckungsrisiko wird vermindert, wenn Männer Kondome benutzen. ↑7 Treue zum Partner ist jedoch der beste Schutz, denn häufiger Partnerwechsel erhöht das Risiko für eine Infektion. Durch Streicheln und Küssen ist eine HIV-Infektion nicht möglich. Niemand kann sich anstecken, wenn er mit HIV-Infizierten in einer Familie oder in einer Wohngemeinschaft zusammenlebt.

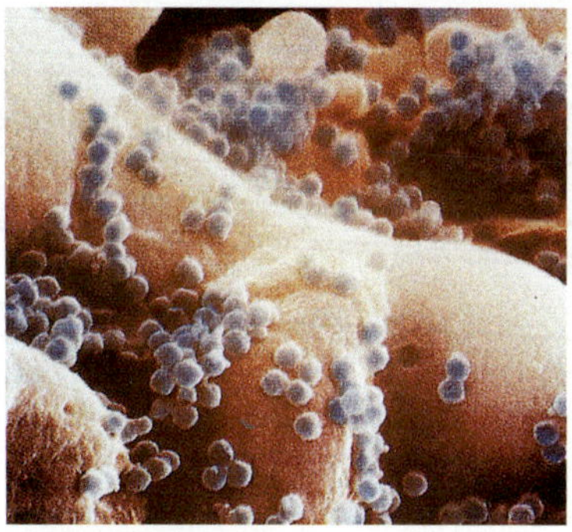

6 HI-Viren auf einer Immunzelle

Safer Sex mit Kondomen

- Kondome müssen richtig angewendet werden. Gemeinsam übt sich´s leichter!
- Kondome müssen konsequent, also bei jedem sexuellen Kontakt, benutzt werden!

7 Gebt Aids keine Chance!

Weitere kostenlose Informationen bekommt man bei der Bundeszentrale für gesundheitliche Aufklärung:
51109 Köln
Internet: www.bzga.de

Aufgaben

1 Ermittle aktuelle Zahlen der Ausbreitung des HI-Virus weltweit und in Deutschland (Informationen findest du im Internet, z. B. unter www.rki.de).

2 Unterscheide Ursachen und Symptome von Aids.

3 Nenne HIV-Infektionsrisiken. Wie kann man sich davor schützen? Begründe.

4 Überlege, wie eine Aids-Schutzimpfung entwickelt werden könnte. Gehe vom Bau der HI-Viren aus.

Überblick

Lebewesen bestehen aus Zellen
Zellen sind die kleinsten lebenden Bausteine aller Organismen. Zellmembran (Funktion: Abgrenzung, Stoffaustausch), Zellkern (Träger der Erbanlagen) und Zellplasma (Stoffwechselvorgänge) sind in Tier- und Pflanzenzellen enthalten. Pflanzenzellen sind darüber hinaus von einer Zellwand umgeben. Oft enthalten sie Chloroplasten, in denen die Fotosynthese ablaufen kann sowie größere Zellsafträume (Vakuolen) zur Speicherung von Stoffen. Bakterien sind kernlos.
Zellen vermehren sich durch Teilung. Vor jeder Zellteilung verdoppelt sich das Erbmaterial im Zellkern. Danach erfolgt die Teilung des Zellkerns, anschließend teilt sich die gesamte Zelle. Aus einer Mutterzelle entstehen zwei Tochterzellen mit gleichem Erbmaterial in den Zellkernen.
Die Teilung der Bakterienzellen bezeichnet man als Spaltung.

Von der Zelle zum Organismus
Bei geschlechtlicher Fortpflanzung beginnt die Entwicklung eines neuen Lebewesens mit einer befruchteten Eizelle, aus der sich durch viele Zellteilungen Zellen bilden, die in Bau und Funktion unterschiedlich sind. Gleichartige Zellen mit einheitlicher Funktion bilden Gewebe. Unterschiedliche Gewebe sind in Organen zusammengeschlossen. Organe wirken in den Organsystemen des Körpers zusammen (z. B. Verdauungssystem). Organsysteme ermöglichen durch ihr Zusammenwirken das Leben des Organismus. Die Funktionsteilung im Organismus ist ein wichtiges biologisches Prinzip.

Bakterien und ihre Bedeutung
Bakterien wirken als Zersetzer in den natürlichen Stoffkreisläufen. Manche sind Erreger von Infektionskrankheiten. Spezialisierte weiße Blutzellen des Menschen können auf eine Infektion mit der Bildung „passender" Antikörper reagieren, die die Erreger unschädlich machen. Durch Schutz- bzw. Heilimpfungen ist eine „künstliche" Immunisierung gegen Krankheitserreger möglich.

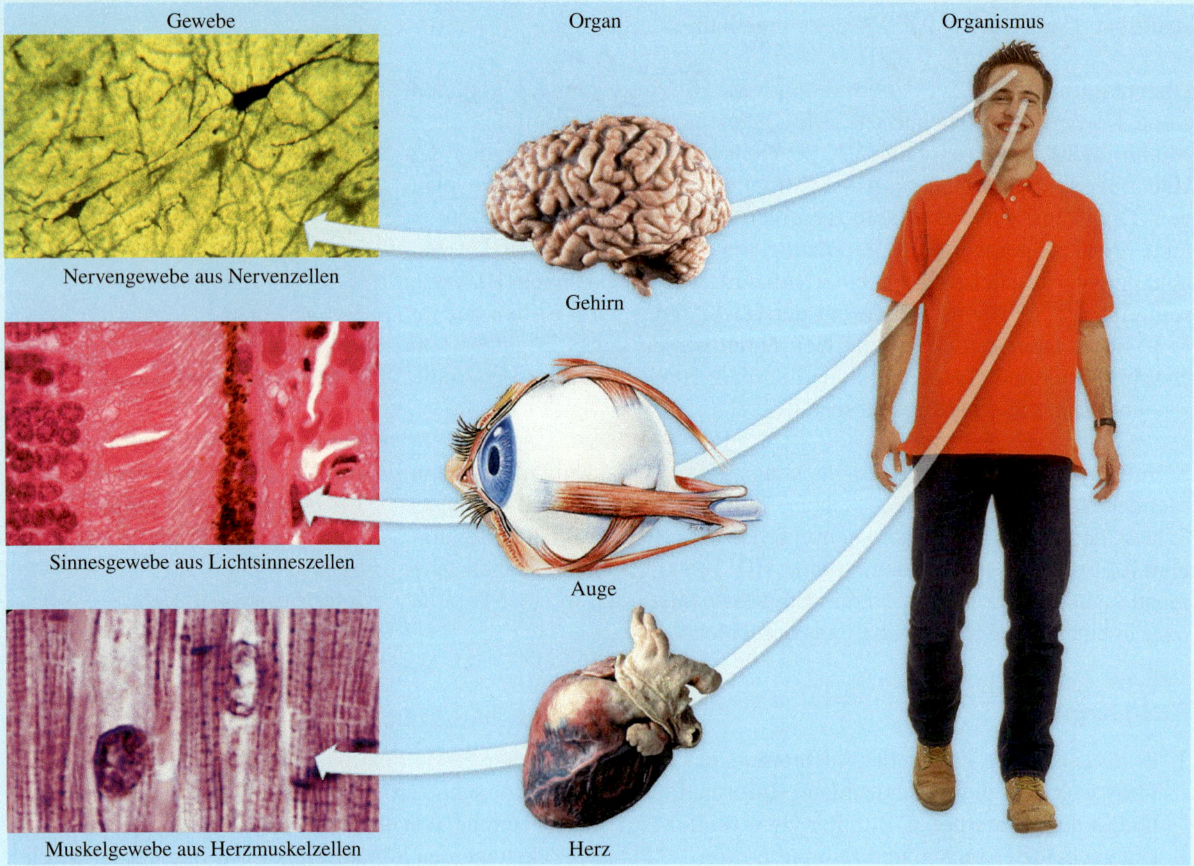

1 Funktionseinheiten im Organismus

alles klar?

1 Vergleiche die Abbildungen. ↑1, 2
Beurteile, woran man erkennt, dass es sich bei dem einen Beispiel um tierische, bei dem anderen um pflanzliche Zellen handelt.
Nenne typische Merkmale pflanzlicher und tierischer Zellen, die durch diese Abbildungen nicht gezeigt werden.

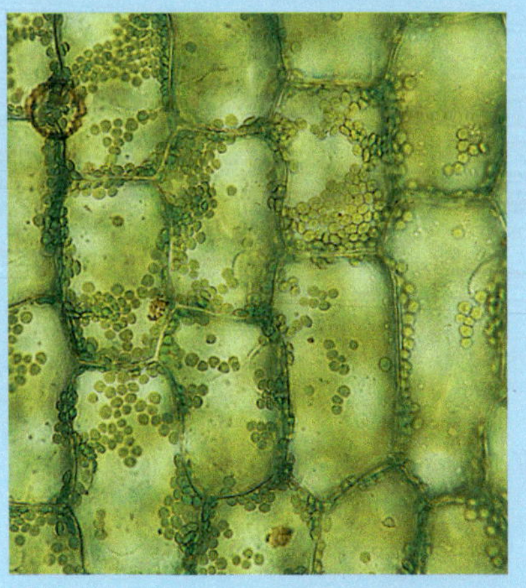

1

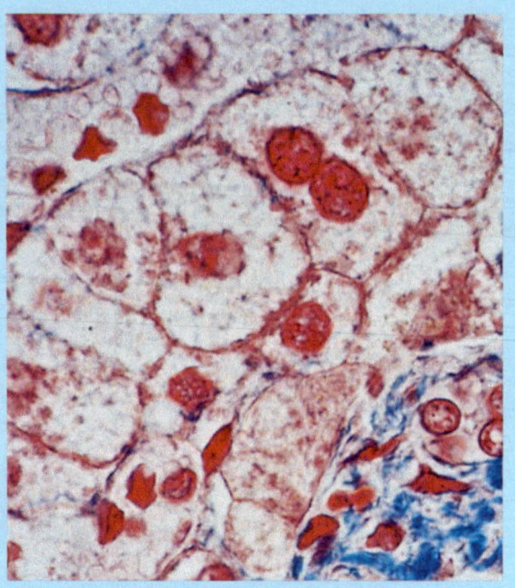

2

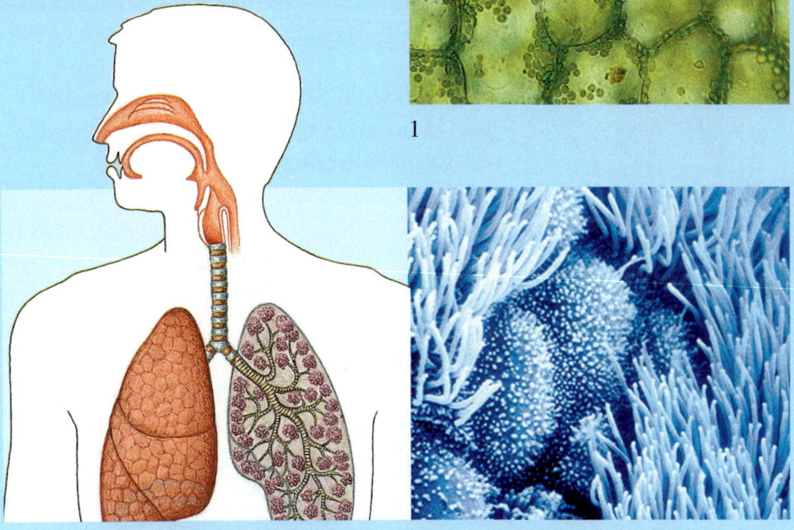

3 In der Luftröhre des Menschen befinden sich Flimmerepithelzellen.

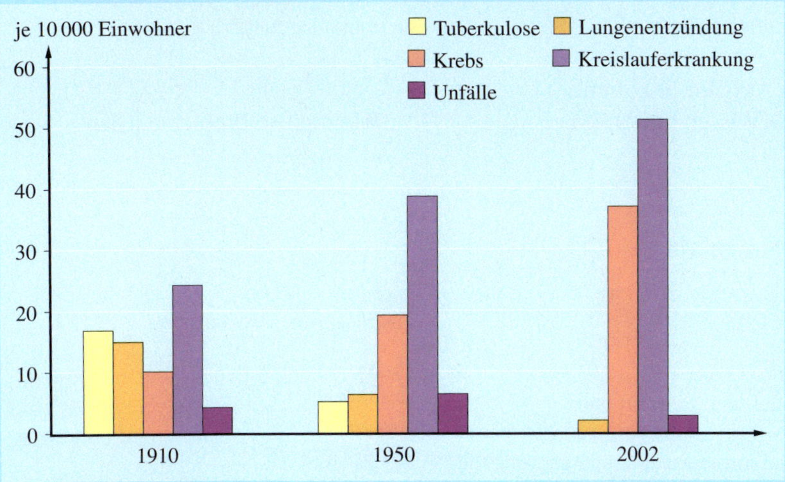

4 Ausgewählte Todesursachen in Deutschland

2 Vergleiche Bakterienzellen mit Pflanzen- und Tierzellen.

3 Beschreibe die Funktion der in Abbildung ↑3 dargestellten Zellen.
Ordne sie einem Gewebe, einem Organ und einem Organsystem des Menschen zu.
Erläutere ein entsprechendes Beispiel zum Verdauungssystem.

4 Tuberkulose und Aids sind Infektionskrankheiten. Begründe und nenne zwei wesentliche Unterschiede.

5 Erläutere und vergleiche die Säulendiagramme in der Abbildung ↑4. Nenne Ursachen für im Laufe der Zeit eingetretene Veränderungen.

6 Viele Menschen reisen als Urlauber in ferne Länder (z. B. in tropische Regionen). ↑4 Nenne gesundheitliche Risiken, die damit verbunden sein können.
Begründe in diesem Zusammenhang die Bedeutung von Schutzimpfungen.

Teste dich!

1 Zellen sind die kleinsten lebensfähigen Einheiten.

a Erläutere gemeinsame Merkmale tierischer und pflanzlicher Zellen.

b Nenne den wichtigsten Unterschied zwischen Bakterienzellen sowie pflanzlichen und tierischen Zellen.

c Beschreibe kurz die Funktion des Zellkerns und der Chloroplasten.

2 Bild ↑1 zeigt jeweils Zellen aus der Zwiebelhaut.

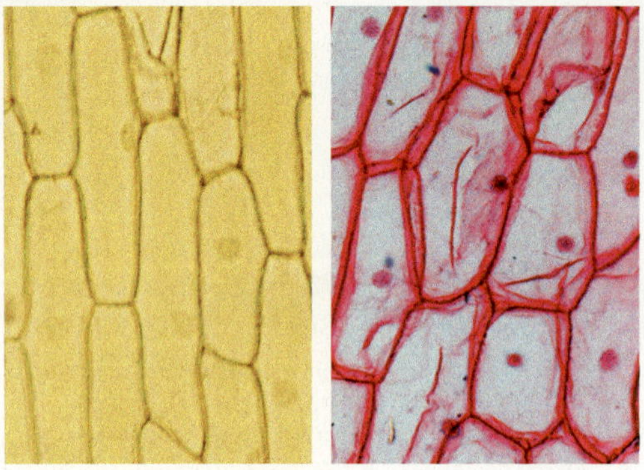

1 Zwiebelhautzellen im Mikroskop

a Erkläre das unterschiedliche Aussehen der beiden Abbildungen. Begründe, weshalb mikroskopische Präparate so behandelt werden.

b Beschreibe, wie das Präparat angefertigt wird.

c Erläutere, worauf du achten musst, wenn du ein mikroskopisches Präparat zeichnest.

3 Blätter der Wasserpest lassen sich ohne Präparation mit dem Mikroskop betrachten. ↑2 Nenne Merkmale, an denen du erkennst, dass es sich um pflanzliche Zellen handelt.

2 Zellen der Wasserpest

4 Übernimm die Skizzen von Bild ↑3 vergrößert in dein Heft. Ergänze sie mit Symbolen für Krankheitserreger und Antikörper.

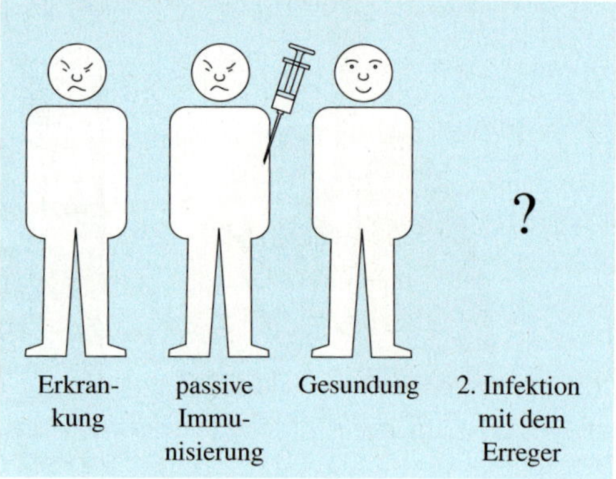

3 Passive Immunisierung

Die Farben zeigen, worauf es bei einer Aufgabe ankommt:
■ Sachverhalte wiedergeben ■ Wissen anwenden ■ komplexe Probleme lösen

› Die Lösungen findest du im Anhang.

Schätze deine Kenntnisse und Fähigkeiten ein.

Aufgabe	Lerngebiet/Fähigkeit	Lösungshilfe	Auswertung
1	Ich weiß, wie lebendige Zellen organisiert sind. Ich kann Bakterienzellen von Zellen der Pflanzen und Tiere unterscheiden.	12–21	Ordne dazu deiner Lösung im Heft ein Smiley zu: ☺ Ich konnte die Aufgabe richtig lösen. 😐 Ich konnte die Aufgabe nicht komplett lösen. ☹ Ich konnte die Aufgabe nicht lösen.
2	Ich kann beschreiben, wie man mikroskopische Präparate anfertigt und Zeichnungen erstellt.	12, 14–16	
3	Ich kenne die Unterschiede zwischen pflanzlichen und tierischen Zellen.	13, 19, 21	
4	Ich kann passive und aktive Immunisierung erläutern und vergleichen.	39–40	

Stoff- und Energiewechsel – unsere Organe arbeiten im Team

Joggen stellt hohe Anforderungen an den Körper. Herz und Kreislauf werden dabei belastet, die Atmung muss mitspielen und das Verdauungssystem muss dafür sorgen, dass ausreichend Energie zur Verfügung steht. Doch auch unter normalen Bedingungen haben unsere Organe viel zu leisten.

Unser Körper leistet

Teamarbeit:

Ohne die richtige Ernährung würden wir rasch schlappmachen – unser

Verdauungssystem

ist unser Bergwerk, das uns aus der Nahrung energiereiche Stoffe zum Leben gewinnt.

1 Leistungssportler brauchen sehr viel Energie. Wodurch wird dieser hohe Energieverbrauch wieder ausgeglichen?

2 Eine gesunde und ausgewogene Ernährung ist für den Menschen lebenswichtig. Doch was macht eine gesunde Ernährung aus?

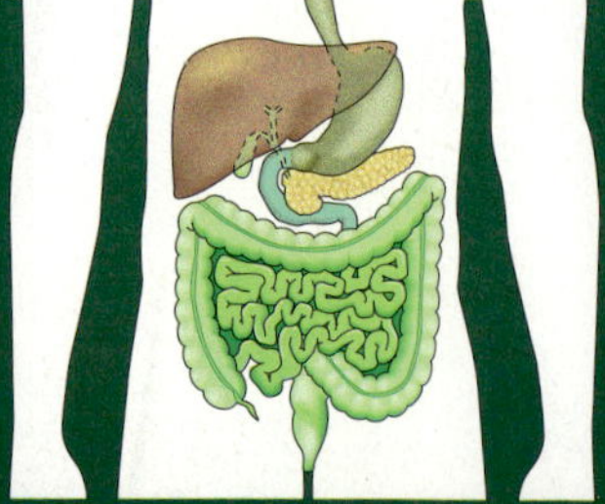

3 Wir nehmen täglich Nahrung auf. Doch was passiert anschließend eigentlich im Körper?

4 Das Höhentraining von Sportlern verändert das Blut und steigert die Leistungsfähigkeit. Wie kann man das erklären?

Das **Atmung**ssystem sorgt dafür, dass uns nicht die Luft ausgeht. Über das **Blut** stehen alle Bereiche des Körpers miteinander in Verbindung: Es verteilt so Nährstoffe und Sauerstoff. Das Herz ist dabei die zentrale Pumpe in unserem **Kreislauf**. Rund 3 Milliarden Mal im Laufe eines Menschenlebens zieht es sich zusammen und erschlafft wieder.

5 Ist Blut wirklich „dicker“ als Wasser?

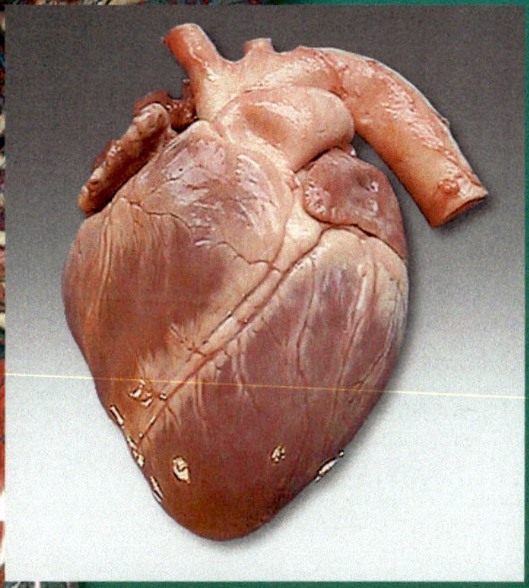

6 Welche Folgen hat das Versagen eines Organs, zum Beispiel des Herzens, aus dem Team?

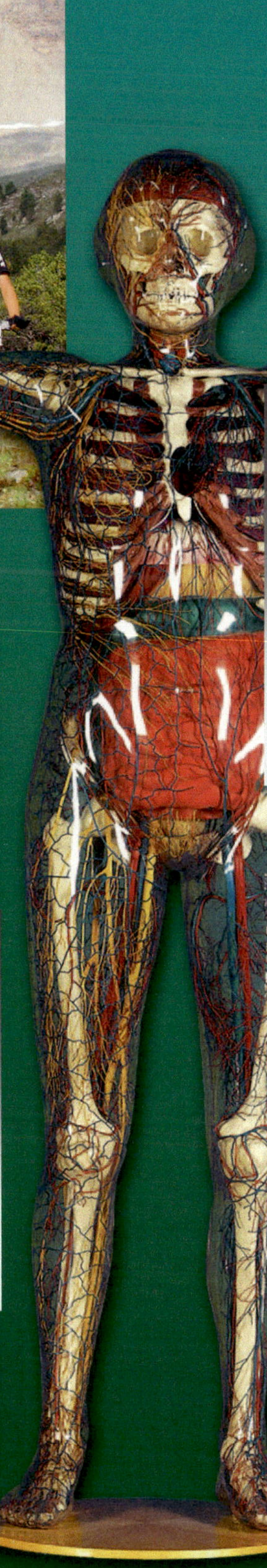

7 Diese „Gläserne Frau“ wird im Hygienemuseum Dresden gezeigt und lässt die Besucher Aufbau und Funktion der inneren Organe „durchschauen“.

Was wir alles essen und warum

Nach dem Training beißt Julia in ihre Banane und behauptet: „Ich brauche neue Energie." Ihr jüngerer Bruder hat sogar schon zwei Bananen gegessen. Nach der körperlichen Anstrengung, aber auch nach längerer Kopfarbeit fühlen wir uns schlapp und ohne Antrieb. Woher bekommen wir die notwendige neue Energie? Braucht jeder gleich viel Energie? Benötigen wir auch Energie, wenn wir wachsen und wenn viele unserer Zellen erneuert werden?

1 Bewegung braucht eine Energiequelle.

Beobachten Untersuchen Experimentieren

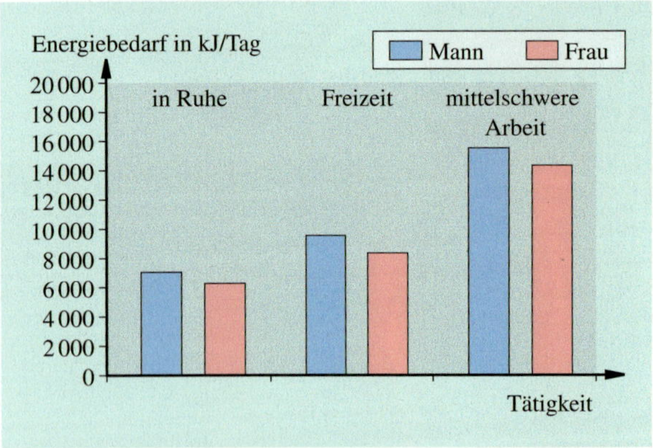

2 Abhängigkeit des Energiebedarfs von Geschlecht und Tätigkeit

Wie viel Energie verbrauchen wir?

Hast du dir schon einmal überlegt, wann dein Körper besonders viel Energie benötigt? Interessant ist sicher auch, ob sich der Energiebedarf von Männern und Frauen unterscheidet. Mithilfe des Diagramms ↑2 kannst du erste Antworten finden.

1 Vergleiche den Energiebedarf von Männern und Frauen. Formuliere eine Vermutung über die Ursache des Unterschieds.

2 Wie unterscheidet sich der Energiebedarf bei verschiedenen Tätigkeiten? Vergleiche die links angegebenen Werte und begründe dein Ergebnis.

Schon gewusst?

Energiebedarf und Geschlecht Statistiken zeigen, dass Männer in der Regel einen höheren Anteil von Muskeln an ihrer Körpermasse haben als Frauen. Das ist der Grund dafür, dass Männer einen etwas höheren Energiebedarf haben als Frauen, und zwar auch in Ruhe und bei nur leichter körperlicher Belastung.

Wozu brauchen wir Energie?

Energiebedarf Wenn man eine Wanderung macht, Rad fährt oder Basketball spielt, verbraucht der Körper Energie. ↑2 Aber auch in völliger Ruhe benötigt er Energie, beispielsweise für die Tätigkeit des Gehirns, die Kontraktion des Herzmuskels, die Atmung und die Regulation der Körpertemperatur. ↑3 Beim Wachstum und der Regeneration von Körperstrukturen, zum Beispiel verletzter Hautpartien, werden verschiedene Baustoffe ebenfalls unter hohem Energieaufwand zusammengefügt.
Der Energiebedarf hängt von zahlreichen Faktoren ab, beispielsweise vom Alter, Geschlecht und von der körperlichen Tätigkeit. ↑4 Die Energie, die ein Mensch in völliger Ruhestellung bei behaglicher Umgebungstempera-

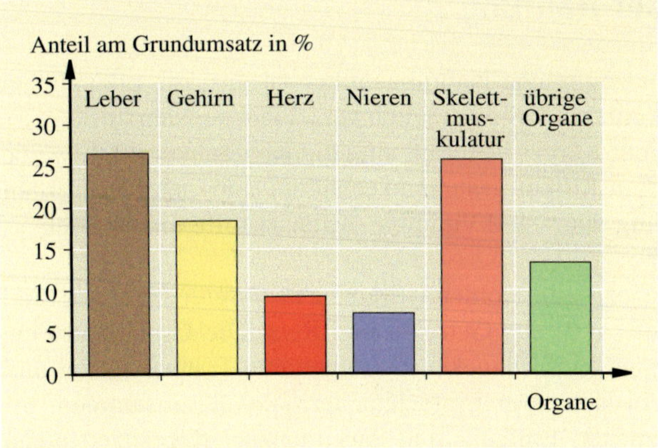

3 Der Anteil der verschiedenen Organe am Grundumsatz ist unterschiedlich hoch.

Alter in Jahren	Körpergewicht in kg		Grundumsatz in kJ pro Tag	
	männlich	weiblich	männlich	weiblich
15–19	67	58	7615	6109
19–25	74	60	7615	5816
25–51	74	59	7280	5603
51–65	72	57	6611	5310
≥65	68	55	5899	4895

4 Abhängigkeit des Grundumsatzes von Geschlecht und Alter

tur benötigt, nennt man Grundumsatz. Bei körperlicher Tätigkeit, aber auch bei niedrigen Außentemperaturen erhöht sich der Energiebedarf. Die Energie, die ein Mensch für seine Tätigkeit zusätzlich zum Grundumsatz benötigt, nennt man Leistungsumsatz.

Nährstoffe Die für die verschiedensten Funktionen benötigte Energie müssen wir in Form energiereicher Nahrungsmittel aufnehmen. Sie ist vor allem in den Molekülen zweier Nährstoffgruppen gespeichert, und zwar in den Fetten und Kohlenhydraten. Die dritte Nährstoffgruppe bilden die Eiweiße. Sie dienen dem Körper vor allem als Baustofflieferanten für den Aufbau und die Erneuerung von Zellen.

Energiegehalt Die Energie, die beim Abbau der Nährstoffe dem Körper zur Verfügung steht, bezeichnet man als ihren physiologischen Brennwert. Dieser wird in Joule (J), früher auch in Kalorie (cal), ausgedrückt. Fette sind unsere wichtigsten Energielieferanten. Baut der Körper 1 g Fett ab, werden dabei rund 40 kJ oder 9,3 kcal Energie frei. Für je 1 g Kohlenhydrate und Eiweiße beträgt der Energiegehalt etwa 17 kJ (4,1 kcal).

Der Abbau von energiereichen Nährstoffen versorgt uns mit Energie. Sie wird benötigt, um die Lebensfunktionen aufrecht zu erhalten und für körperliche und geistige Tätigkeiten. Diese Energie wird vor allem aus den Kohlenhydraten und Fetten gewonnen. Die Eiweiße liefern vor allem Baustoffe zum Aufbau von Körpersubstanz.

Schon gewusst?

Joule und Kalorie
Die Einheit der Energie ist das Joule (J). Dabei entspricht ein Joule der Energiemenge, die benötigt wird, um 100 Gramm 1 Meter hochzuheben.
Häufig verwendet man noch die alte Bezeichnung Kalorie (cal).
1 Kilokalorie entspricht der Energie, die man braucht, um einen Liter Wasser um 1 °C zu erhitzen.

1000 J = 1 kJ
1000 cal = 1 kcal
1 kJ = 0,24 kcal
1 kcal = 4,2 kJ

Aufgaben

1 Der Grundumsatz eines 30 Jahre alten Mannes beträgt je Kilogramm Körpergewicht etwa 100 kJ pro Tag. Bei Kindern und Jugendlichen liegt er höher. Erkläre diesen Unterschied.

2 Erläutere und vergleiche die Begriffe Grundumsatz und Leistungsumsatz.

3 Ausdauersportlern werden während ihrer Wettkämpfe (z. B. Marathonläufe, Straßenradrennen) Getränke, Obst oder Müsli-Riegel gereicht. Begründe, warum dies notwendig ist.

4 Viele Berufstätige verrichten leichte körperliche Arbeit. Erläutere, was du ihnen in Bezug auf den Energiegehalt ihrer Nahrung raten würdest.

Bestandteile der Nahrung

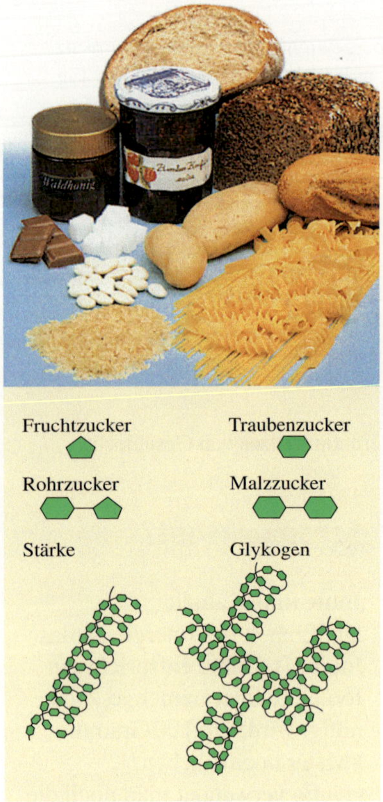

1 Kohlenhydratreiche Lebensmittel, Kohlenhydrat-Aufbau schematisch

2 Eiweißreiche Lebensmittel, molekularer Eiweiß-Aufbau schematisch

Täglich nehmen wir zahlreiche Nahrungsmittel zu uns, die pflanzlicher oder tierischer Herkunft sind. Sie enthalten verschiedene Nährstoffe.
Die Nährstoffe, die der Körper benötigt, sind die Kohlenhydrate, Eiweiße und Fette. Um unseren Körper gesund zu erhalten, sind außerdem Ergänzungsstoffe notwendig. Dies sind Vitamine, Mineralstoffe und Wasser.

Kohlenhydrate Nahezu alle Kohlenhydrate ↑1 in unserer Nahrung sind pflanzlicher Herkunft, z. B. aus Getreide und Reis. Die Grundbausteine der Kohlenhydrate sind Einfachzucker. Dazu gehören Traubenzucker und Fruchtzucker. Lagern sich zwei Einfachzuckermoleküle zusammen, bilden sich Zweifachzucker. Einfach- und Zweifachzucker besitzen einen süßen Geschmack und sind wasserlöslich.
Vielfachzucker bestehen aus langen Ketten von Einfachzuckermolekülen. Beispiele sind die im Mehl vorkommende Stärke, das in der Leber gespeicherte Glykogen (tierische Stärke) und die Cellulose. Vielfachzucker schmecken nicht süß und sind meist wasserunlöslich.
Kohlenhydrate stellen eine wichtige Energiequelle für den Menschen dar.

Eiweiße (Proteine) kommen vor allem in Fleisch und in Milchprodukten vor. Ihre Grundbausteine sind die Aminosäuren, die kettenförmig aneinander gereiht sind. ↑2 Jedes Lebewesen verfügt über ganz individuelle körpereigene Eiweiße. Dies ist möglich, weil es 20 verschiedene Aminosäuren gibt, die in jeder beliebigen Reihenfolge miteinander verbunden sein können. Acht von ihnen sind als Nahrungsbestandteil unentbehrlich. Der Körper kann sie nicht selbst herstellen. Die Aminosäuren entstammen den tierischen oder pflanzlichen Eiweißen der Nahrung und werden als Bausteine für den Aufbau körpereigener Eiweiße verwendet.
Eiweiße sind wichtige Baustoffe für zahlreiche Körpersubstanzen, beispielsweise für Haut und Muskeln. Aufgrund ihrer Vielfalt ermöglichen sie viele Stoffwechselreaktionen und die Abwehr von Krankheitserregern.

Fette sind der energiereichste Nährstoff, z. B. aus Käse und Nüssen. Fettmoleküle bestehen aus Glycerin, das mit Fettsäuren verknüpft ist. ↑3 Die meisten Fettsäuren kann der Körper im Stoffwechsel selbst aufbauen. Einige Fettsäuren müssen wir mit der Nahrung aufnehmen. Man bezeichnet sie deshalb als lebensnotwendige (essenzielle) Fettsäuren. Dazu gehören so genannte ungesättigte Fettsäuren, die vor allem in pflanzlichen Fetten und Ölen sowie in Meeresfischölen enthalten sind. Mit der Nahrung aufgenommene Fette dienen vor allem als Energielieferanten und als Energiespeicher. Sie werden aber auch als Baustoffe, zum Beispiel für den Aufbau von Zellmembranen, benötigt.

Ballaststoffe Ballaststoffe gehören zu den Kohlenhydraten (z. B. Cellulose aus Pflanzenfasern). Es sind unverdauliche Nahrungsbestandteile, die keine Energie liefern. Sie regen Darmbewegungen an und fördern dadurch den Transport des Nahrungsbreis. Mangel an Ballaststoffen kann zu Verstopfung oder Durchfall führen. Als Mindestmenge für eine gesunde Ernährung werden täglich 30 g Ballaststoffe in Vollkornprodukten, Kartoffeln, Gemüse oder Obst empfohlen.

Vitamine sind lebenswichtige organische Ergänzungsstoffe. Sie müssen ständig, wenn auch nur in geringen Mengen, mit der Nahrung aufgenommen werden. ↑4 Denn der Mensch kann sie nicht selbst oder manchmal nur aus ihren Vorstufen aufbauen. Vitamine sind weder Energieträger noch Baustoffe, jedoch bei zahlreichen Stoffwechselvorgängen beteiligt. So beeinflussen sie beispielsweise die Bereitstellung von Energie in den Zellen, das Wachstum, die Blutgerinnung und die Bildung von Hormonen. Vitamine sind entweder wasserlöslich, wie Vitamin C und die Vitamine der B-Gruppe, oder fettlöslich, wie die Vitamine A, D und E.

Mineralstoffe sind als Nahrungsbestandteile für einige Körperfunktionen von großer Bedeutung. So sind Natrium und Kalium für die Regulierung des Flüssigkeitshaushalts, Calcium und Magnesium für den Aufbau der Knochen sowie die Muskelarbeit notwendig. In geringsten Mengen wird Eisen zur Blutbildung benötigt.

Wasser ermöglicht fast alle Stoffwechselprozesse, vor allem als Löse- und Transportmittel. Zugleich ist es aber auch für die Regulierung der Körpertemperatur notwendig. Der Anteil des Wassers an der Körpermasse eines Erwachsenen beträgt etwa 60 Prozent. Da wir z. B. durch Schwitzen ständig Wasser ausscheiden, muss es regelmäßig ersetzt werden.

3 Fettreiche Lebensmittel, Fett-Aufbau schematisch

4 Vitaminreiche Lebensmittel

Die Nährstoffe Kohlenhydrate, Eiweiße und Fette werden vom Körper als Baustoffe und als Energielieferanten benötigt. Die Ergänzungsstoffe Vitamine, Mineralstoffe und Wasser sind für viele Stoffwechselvorgänge notwendig. Ballaststoffe sind unverdauliche Bestandteile pflanzlicher Nahrungsmittel, die die Verdauung fördern.

Aufgaben

1 Beurteile dein Frühstück nach den darin enthaltenen Nährstoffen. Berechne mithilfe einer Nährwerttabelle den Energiegehalt der Mahlzeit.

2 Fertige eine Tabelle mit den Spalten „Nahrungsbestandteile“, „Vorkommen“ und „Bedeutung“ an. Lies den Text dieser Doppelseite und trage die Informationen stichpunktartig ein.

3 Erläutere, was Ballaststoffe sind und welche Funktionen sie erfüllen.

4 Begründe die Notwendigkeit einer ausgewogenen Ernährung, indem du einen Zusammenhang zwischen zwei ausgewählten Bestandteilen der Nahrung und deren Funktionen im menschlichen Körper herstellst!

Methode *Anfertigen eines Protokolls*

Fragen an die Natur
Naturwissenschaftler führen Experimente durch, um Antworten auf ihre Fragen zu finden. In einem Protokoll halten sie dabei genau fest, mit welchem Ziel und auf welche Weise sie einen Versuch durchführen. Auch die Ergebnisse werden dort sorgfältig notiert.
Die Aufzeichnungen helfen den Forschern dabei, die Ergebnisse richtig zu interpretieren. Außerdem kann ein Experiment so leicht wiederholt, aber für neue Erkenntnisse auch gezielt verändert werden.
Im Lauf der Zeit haben sich für naturwissenschaftliche Protokolle einige Regeln entwickelt. So wie ein Brief besitzen auch sie eine bestimmte Gliederung.
Schau dir das Beispiel rechts an:
- Aus welchen Abschnitten besteht das Protokoll?
- Was sind die Merkmale jedes Abschnitts?
- Was fällt dir an der Sprache auf?

Werde nun selbst zum Forscher!
Wie du sicherlich festgestellt hast, befinden sich in dem Protokoll noch einige Lücken. Du kannst sie leicht füllen, wenn du den beschriebenen Versuch durchführst.
Möchtest du den Versuch verändern, also zum Beispiel andere Substanzen auf ihren Vitamin-C-Gehalt untersuchen, musst du das Versuchsprotokoll den neuen Bedingungen anpassen.

Nachweis von Vitamin C in Nahrungsmitteln

Name: . . . .   Klasse: . . . .   Datum: . . . .

1 Fragestellung:
Wie hoch ist der Vitamin-C-Gehalt in Wasser, Fruchtlimonade, frisch gepresstem Zitronensaft, gekochtem Zitronensaft, rohen Kartoffelscheiben und einer Vitamin-C-Brausetablette?

2 Vermutung (Hypothese):
Am höchsten ist der Vitamin-C-Gehalt in …

3 Materialien:
Tüpfelplatte, Vitamin-C-Teststreifen, Pipetten, Wasser, Fruchtlimonade, frisch gepresster Zitronensaft, 2 Minuten lang gekochter Zitronensaft, rohe Kartoffelscheibe, Lösung einer Vitamin-C-Brausetablette

4 Durchführung:
Von den flüssigen Testsubstanzen werden 2–3 Tropfen in jeweils eine Vertiefung der Tüpfelplatte pipettiert. In eine weitere Vertiefung wird ein Stückchen der Kartoffelscheibe gegeben. Zur Ermittlung des Vitamin-C-Gehalts wird jeweils ein neuer Teststreifen bis 1 mm oberhalb der Reaktionszone etwa 1 Sekunde in die einzelnen Flüssigkeiten getaucht. Ein weiterer Teststreifen wird für denselben Zeitraum auf das Kartoffelstück gedrückt. Ein Vergleich der Reaktionszone mit dem auf der Packung abgebildeten Kontrollstreifen ergibt den Vitamin-C-Gehalt der Testsubstanz.

5 Beobachtung:

Testsubstanz	*Färbung des Teststreifens*	*Vitamin-C-Gehalt in mg/l*
Wasser		
Fruchtlimonade		
frisch gepresster Zitronensaft		
gekochter Zitronensaft		
rohe Kartoffelscheibe		
Lösung der Vitamin-C-Brausetablette		

6 Auswertung:
Bei Anwesenheit von Vitamin C tritt eine blaugrüne Färbung der Reaktionszone auf dem Teststreifen ein. Die Intensität der Farbveränderung entspricht dem Gehalt an Vitamin C. In der Lösung der Vitamin-C-Brausetablette, im frisch gepressten Zitronensaft und in der rohen Kartoffelscheibe ist Vitamin C enthalten. Im heißen Zitronensaft …

1 Beispiel für ein naturwissenschaftliches Versuchsprotokoll

Beobachten Untersuchen Experimentieren

Nachweis von Nährstoffen

Führe die folgenden Nachweistests durch und erstelle jeweils ein Versuchsprotokoll.

1 Nachweis von Stärke

Material: Reagenzgläser, Stärke, Iod-Kaliumiodid-Lösung (Stärke wird dadurch blauschwarz)

Durchführung: Gib einen Teelöffel Stärke auf ein Schälchen und füge zwei Tropfen Iod-Kaliumiodid-Lösung dazu. Prüfe Puderzucker, gekochte Kartoffeln und Weizenmehl auf Stärke.

2 Nachweis von Glucose

Material: Glucose (Traubenzucker), Obstsaft, Zitronensaft, Zwiebeln, Glucose-Teststreifen, Fehling-Lösung I und II, Reagenzgläser, Wasserbad

Durchführung a: Löse etwas Glucose in Wasser. Halte einen Teststreifen in die Lösung. Vergleiche in einem Kontrollversuch mit reinem Wasser.

Durchführung b: *Achtung, Schutzbrille tragen!* Löse in einem Reagenzglas etwas Glucose in Wasser. Gieße in einem zweiten Reagenzglas gleich viel Fehling-Lösung I und II und vermische. Bringe etwa 5 ml davon in das Glas mit der Zuckerlösung. Erhitze 2 bis 3 Minuten im Wasserbad; Reaktionsmerkmal: ziegelroter Niederschlag. Prüfe Obstsaft, Zitronensaft und Zwiebelstückchen auf Traubenzucker.

2 Nachweis von Glucose mit Fehling-Lösung

Auswertung: In welchen Lebensmitteln kommen Kohlenhydrate in Form von Stärke, in welchen in Form von Glucose vor und in welchen fehlen Kohlenhydrate? Erläutere die Versuchsergebnisse.

3 Nachweis von Fetten

Material: Filterpapier, Reagenzgläser, Lebensmittel wie Speiseöl, Speck, Brot, Banane, Käse

Durchführung: Gib einen Tropfen Öl und getrennt zur Kontrolle einen Tropfen Wasser auf ein Filterpapier. Umrande den Fettfleck rot, den Wasserfleck blau. Halte nach 10 Minuten das Filterpapier gegen das Licht. (Reaktionsmerkmal: ein Fettfleck bleibt.) Drücke von verschiedenen Lebensmitteln jeweils eine Probe auf ein Filterpapier.

Auswertung: Beschreibe deine Beobachtungen. Welche Lebensmittel enthalten Fette?

4 Nachweis von Eiweißen

Material: Protein-Teststreifen, Bechergläser, Reagenzgläser, Glasstab, Mörser mit Pistill, Heizplatte oder Bunsenbrenner, Lebensmittel wie Hühnerei, Schinken, Quark, Äpfel

Durchführung a: Fülle zwei Bechergläser gleich hoch mit Wasser. Gib in ein Glas etwas Eiklar und rühre mit einem Glasstab um. Tauche je einen Teststreifen kurz in jedes Glas ein. Bringe Stückchen von Lebensmitteln mit wenig Wasser in einen Mörser und zerkleinere sie. Gieße die Flüssigkeit in ein Reagenzglas und prüfe jeweils mit einem frischen Teststreifen.

Auswertung: Vergleiche jeweils den Teststreifen mit der Farbskala auf der Verpackung. Bestimme den Proteingehalt der Lebensmittel.

Durchführung b: Fülle Eiklar in ein Reagenzglas. Erhitze es im Wasserbad über 60 °C. Viele Eiweiße bilden Flocken, wenn man sie erhitzt. Sie gerinnen.

3 Proteinnachweis mit Teststreifen

Nährstoffe werden im Körper verwertet

Wenn du einen Apfel oder dein Pausenbrot verzehrst, denkst du sicher kaum daran, dass dein Körper nun Bestandteile deiner Mahlzeit in körpereigene Stoffe wie Muskeln, Knochen und Fett, aber auch Fingernägel und Haare umwandeln wird. Unsere Nahrung sieht doch ganz anders aus als diese körpereigenen Stoffe. Wie vollbringt unser Körper diese Leistung? Wie kann der Körper die Nahrung so aufbereiten, dass er sie als Baumaterial verwenden kann?

1 Was geschieht in unserem Körper mit den Bestandteilen des Apfels?

Stoffwechsel

Mit der Nahrung nehmen wir sowohl die Nährstoffe Kohlenhydrate, Fette und Eiweiße als auch die Ergänzungsstoffe Vitamine, Mineralstoffe und Wasser auf. Im Gegensatz zu den Ergänzungsstoffen müssen die Nährstoffe zunächst zu kleineren, in den Kreislauf aufnehmbaren Molekülen abgebaut werden. Dies bezeichnet man als Verdauung. Anschließend werden die Nährstoffmoleküle als Baumaterial für körpereigene Stoffe oder als Energielieferanten genutzt. ↑2

In unserem Körper werden also ständig Stoffe zerlegt, verändert, abgebaut, aufgebaut, abgegeben und ausgetauscht. Alle diese biochemischen Reaktionen im Körper gehören zum Stoffwechsel. Durch den Stoffwechsel wird gewährleistet, dass wir immer mit Energie versorgt sind, dass wir wachsen und bei Verletzungen wieder neue Zellen bilden können.

Basiskonzept

Stoff- und Energieumwandlung

Mensch und Tier nehmen Nahrung zu sich. Die Nährstoffe werden durch die Verdauung in lösliche Moleküle zerlegt, die im Blut zu allen Körperteilen transportierbar sind. Dort werden sie zur Energiefreisetzung abgebaut oder als Baustoffe verwendet.

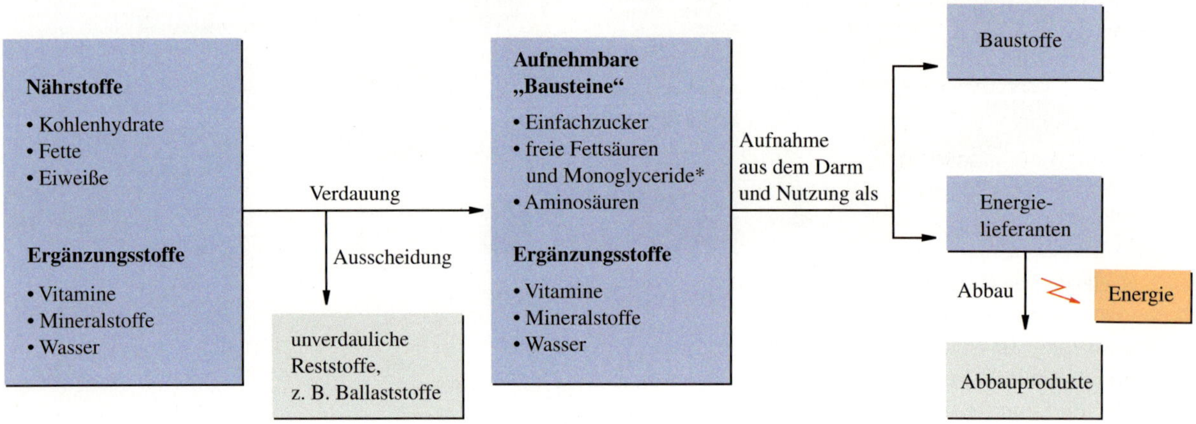

2 Vorgänge des Stoffwechsels (* Glycerin mitsamt einer Fettsäure)

Beobachten Untersuchen **Experimentieren**

Versuche zur Verdauung

Der Abbau von Nährstoffen zu kleineren Molekülen erfolgt im Körper mithilfe von besonderen Eiweißstoffen, den Enzymen. Auch die Gallenflüssigkeit spielt bei der Verdauung eine wichtige Rolle. Mit den folgenden Experimenten kannst du Verdauungsvorgänge selbst untersuchen. Führe die Experimente durch und fertige Protokolle an. ↑S.56

1 Wirkung des im Speichel enthaltenen Enzyms Amylase ↑3

Material: 2 Reagenzgläser, Becherglas, Messpipette, Heizplatte, destilliertes Wasser, Fehling-I-Lösung, Fehling-II-Lösung, Haferflocken, wasserfester Stift zum Beschriften

Hinweis: Das Gemisch der Lösungen Fehling I und Fehling II färbt sich bei Anwesenheit von Traubenzucker und Malzzucker ziegelrot.

Durchführung:

Gib einige Haferflocken in Reagenzglas 1.
Kaue dann einige Haferflocken mindestens 3 Minuten lang und überführe den entstandenen Brei in Reagenzglas 2.
Gib dann jeweils 10 ml destilliertes Wasser, 5 ml Fehling-I-Lösung sowie 5 ml Fehling-II-Lösung in die zwei Reagenzgläser.
Stelle anschließend beide Reagenzgläser für etwa 20 Minuten in ein 37 °C warmes Wasserbad.

Auswertung: Notiere deine Beobachtungen und erkläre sie.

2 Wirkung des im Magensaft enthaltenen Enzyms Pepsin ↑4

Material: 4 Reagenzgläser, Messer, Spatel, Teesieb, Becherglas, Messpipette, Heizplatte, 0,5%ige Salzsäure, Pepsinlösung, destilliertes Wasser, gekochtes Ei, wasserfester Stift zum Beschriften

Durchführung: Drücke das gekochte Eiweiß durch das Teesieb. Gib dann in jedes Reagenzglas eine Spatelspitze Eiweiß.
Füge dann außerdem die folgenden Substanzen hinzu:
Reagenzglas 1: 11 ml destilliertes Wasser
Reagenzglas 2: 1 ml destilliertes Wasser, 10 ml Pepsinlösung
Reagenzglas 3: 10 ml destilliertes Wasser, 1 ml Salzsäure
Reagenzglas 4: 1 ml Salzsäure, 10 ml Pepsinlösung.
Stelle die Reagenzgläser dann für 20 Minuten in ein 37 °C warmes Wasserbad.

Auswertung: Notiere deine Beobachtungen. Erkläre sie.

3 Wirkung der Gallenflüssigkeit ↑5

Material: Ochsengalle aus einem Fachgeschäft für Farben und Zeichenbedarf, Speiseöl, 2 Reagenzgläser, Messpipette, destilliertes Wasser, Stift zum Beschriften

Durchführung:

Fülle 2 ml Speiseöl und 5 ml Wasser in Reagenzglas 1. Gib in das zweite Reagenzglas 2 ml Speiseöl und 5 ml Ochsengalle.
Schüttle vorsichtig beide Reagenzgläser zur Vermischung der Flüssigkeiten und lasse sie dann etwa 1 Minute lang ruhig stehen.

Auswertung: Notiere deine Beobachtungen und erkläre sie.

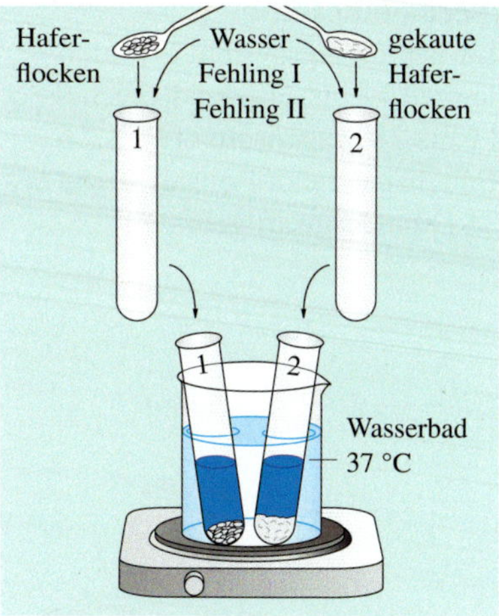

3 Wirkung des Enzyms Amylase

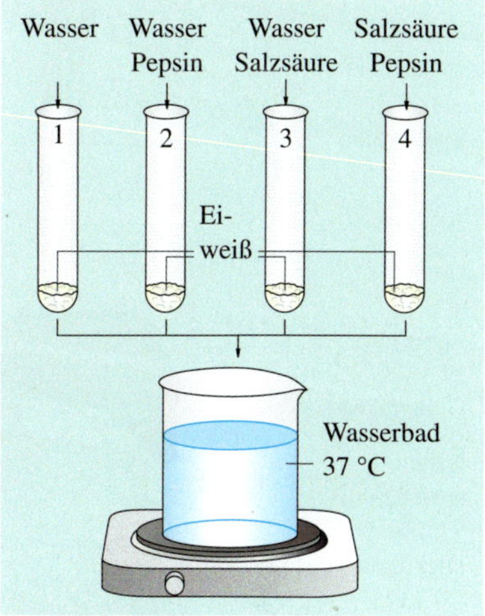

4 Wirkung des Enzyms Pepsin

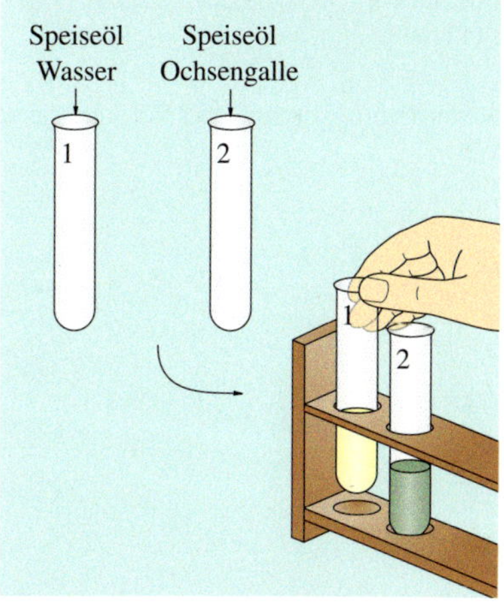

5 Wirkung der Gallensäuren

Schon gewusst?

„Verdauungssäfte“
Im Verdauungssystem dwerden täglich 1 ℓ bis 2 ℓ Mundspeichel, 1 ℓ bis 2 ℓ Magensaft, etwa 1,2 ℓ Bauchspeicheldrüsensaft sowie 3 ℓ Dünndarmsaft gebildet.

Verdauung und Aufnahme von Nährstoffen

Bevor der Körper die mit der Nahrung aufgenommenen Nährstoffe für die vielfältigen Lebensprozesse nutzen kann, werden sie im Verdauungskanal vollständig in ihre löslichen „Bausteine“ aufgespalten. Die Aufspaltung erfolgt durch Enzyme. Das sind Eiweißstoffe, die den Ablauf der Stoffwechselvorgänge ermöglichen. Den Vorgang der biochemischen Aufspaltung der Nährstoffe haben wir als Verdauung bezeichnet. ↑1

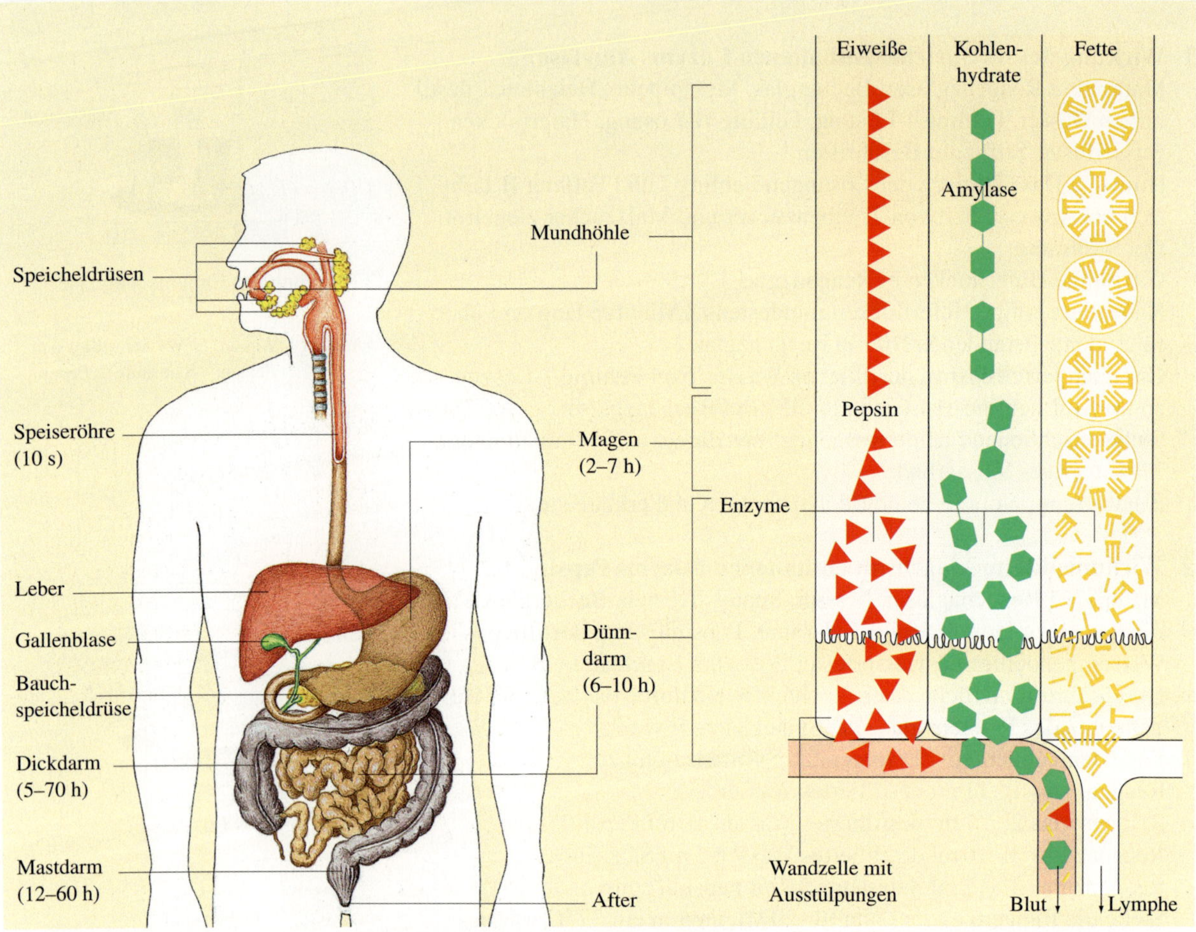

1 Verdauungsorgane und Verdauungsvorgänge; in Klammern: durchschnittliche Verweildauer der Nahrung

Mundhöhle In der Mundhöhle wird die Nahrung zunächst durch die Zähne zerkleinert, wobei der Zungenmuskel die Nahrung bewegt. Der in den Speicheldrüsen gebildete Speichel weicht die Nahrung auf und macht den Bissen gleitfähig. Der Speichel enthält außerdem das Enzym Amylase. Es wirkt als Verdauungsenzym, indem es vorübergehend Nährstoffe, in diesem Fall Stärke, an sich bindet. Es ermöglicht als Biokatalysator die Spaltung des Vielfachzuckers in die kleineren Zweifachzuckermoleküle. ↑1, 2 Danach steht das Enzym unverändert zur Verfügung und kann ein weiteres Stärketeilchen spalten. Jedes Verdauungsenzym spaltet spezifisch nur einen bestimmten Nährstoff. Dies ist möglich, da Enzym und Nährstoff wie Schlüssel und Schloss zueinander passen.

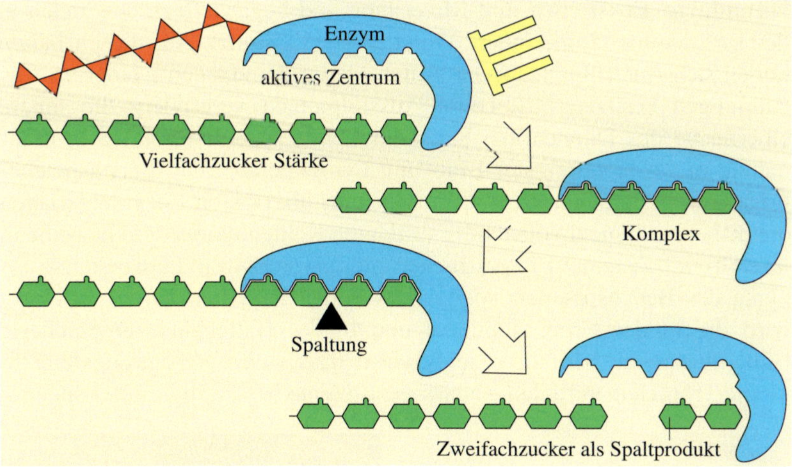

2 Schema der enzymatischen Spaltung von Stärke

Basiskonzept

Struktur und Funktion
Enzyme funktionieren nach dem Schlüssel-Schloss-Prinzip nur mit den für sie passenden Stoffen: Das Stärkemolekül passt räumlich wie ein Schlüssel in sein „Schloss", das Enzym Amylase. Es wird von ihm gespalten. Nach diesem Prinzip wirken auch die anderen Verdauungsenzyme. Weitere biologische Vorgänge im Körper werden durch andere Enzyme gesteuert.

Speiseröhre Die zerkleinerte und eingespeichelte Nahrung gelangt durch das Schlucken in die Speiseröhre. Dabei schließt sich der Kehlkopfdeckel. So wird verhindert, dass Nahrungsstücke in die Luftröhre gelangen. Die dickwandige muskulöse Speiseröhre ist etwa 25 cm lang. Sobald die Nahrung in ihr ist, geht eine Welle von Muskelbewegungen durch diesen Schlauch und drückt den Speisebrei in den Magen.

Magen Der Nahrungsbrei wird hier mit Magensaft durchmischt, der von der Magenschleimhaut abgesondert wird. ↑3, 4 Er enthält stark verdünnte Salzsäure und das eiweißspaltende Enzym Pepsin. Durch die Salzsäure werden viele Bakterien, die mit der Nahrung aufgenommen wurden, abgetötet. Außerdem bringt sie die Eiweiße aus dem Nahrungsbrei zum Gerinnen. In diesem Zustand kann Pepsin große Eiweißmoleküle in kleinere Bruchstücke zerlegen. Der Nahrungsbrei wird über den Magenpförtner in den Dünndarm abgegeben, wo die vollständige Verdauung der Nährstoffe und die Aufnahme der Spaltprodukte in Blut und Lymphe erfolgt.

Schon gewusst?

Lymphe
Die Lymphe (Lymphflüssigkeit) entsteht im Kapillarbereich der Blutgefäße. Sie tritt dort als Filtrat des Blutes aus und umspült die Zellen, um diese zum Beispiel mit Nährstoffen zu versorgen. Ein Großteil dieser Zwischenzellflüssigkeit wird über die Lymphgefäße, die den gesamten Körper durchziehen, wieder dem Blutkreislauf zugeführt.

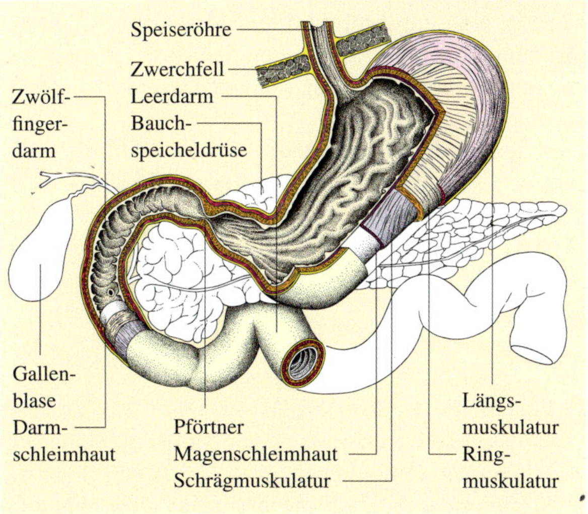

3 Bau des Magens

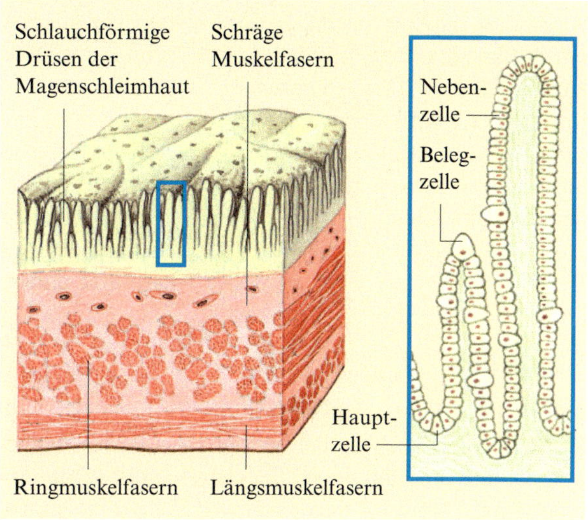

4 Magenwand (schematischer Ausschnitt)

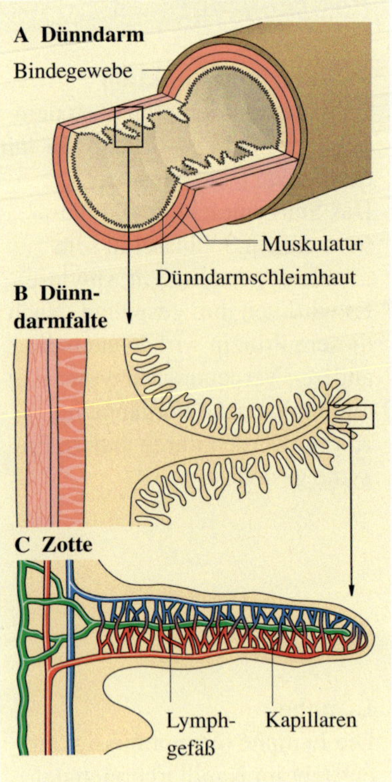

1 Aufbau der Dünndarmwand

Dünndarm Er ist etwa fünf Meter lang und liegt vielfach gewunden in der Bauchhöhle. Seine innere Wand ist stark gefaltet. Auf diesen Falten finden sich Ausstülpungen, die Zotten, deren Wandzellen wiederum Ausstülpungen besitzen. ↑1, 2 Diese Ausstülpungen vergrößern die innere Oberfläche des Dünndarms. Sie ermöglichen so eine effektive Stoffaufnahme in ein Netz feinster Blut- und Lymphgefäße. Die Bauchspeicheldrüse gibt in den Dünndarm Bauchspeichel ab. Dessen Enzyme zerlegen die bisher noch nicht vollständig verdauten Kohlenhydrate und Eiweiße in ihre Grundbausteine: Einfachzucker und Aminosäuren. Fettspaltende Enzyme des Bauchspeichels spalten aus Fetten freie Fettsäuren ab. Dabei wird die in der Leber gebildete und in der Gallenblase gespeicherte Gallenflüssigkeit benötigt. Sie bewirkt, dass sich die Nahrungsfette in kleine Tröpfchen aufteilen, sodass die Enzyme besser angreifen können.

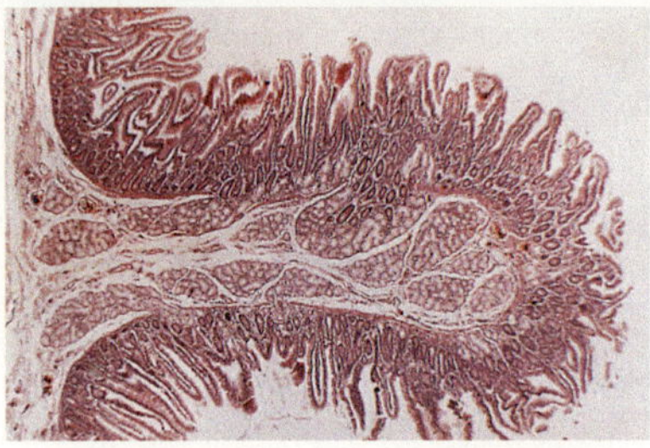
2 Mikroskopische Aufnahme einer Darmzotte

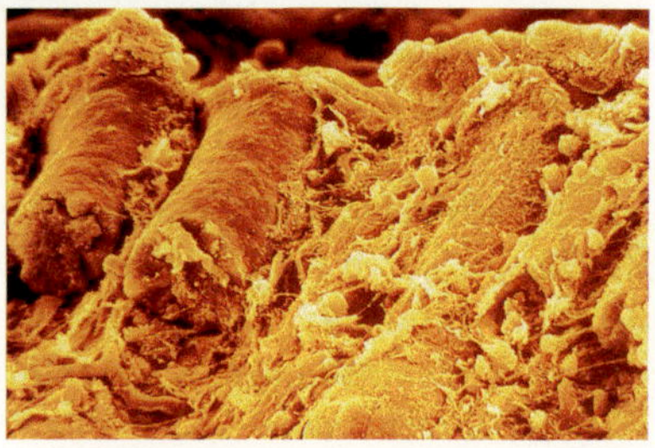
3 Elektronenmikroskopische Aufnahme der Dickdarmschleimhaut

Aufnahme von Nährstoffen (Resorption) Durch die dünne Wand der Darmzotten gelangen Einfachzucker, Aminosäuren und manche Fettsäuren in das Blut. Die übrigen Fettbestandteile werden in der Darmwand wieder zu Fetten zusammengesetzt und von dort in die Lymphe aufgenommen. Blut und Lymphe transportieren die Nährstoffe zu den Körperzellen. Dort werden sie als Bau- und Betriebsstoffe genutzt.

Dickdarm Die unverdaulichen Nahrungsreste gelangen in den etwa 1,5 Meter langen Dickdarm. Er entzieht dem flüssigen Brei Mineralstoffe und vor allem Wasser. Der Nahrungsbrei wird eingedickt. Im letzten Abschnitt des Dickdarms, dem Mastdarm, wird der eingedickte Nahrungsrest gesammelt, bis er über den After als Kot ausgeschieden wird.

Bei der Verdauung werden in den Verdauungsorganen die Nährstoffe (Kohlenhydrate, Fette und Eiweiße) durch Enzyme schrittweise in ihre Grundbausteine zerlegt. Durch die Dünndarmzotten werden Einfachzucker, Aminosäuren und Fettsäuren in das Blut- und Lymphsystem und dadurch in alle Teile des Körpers transportiert.

Basiskonzept

Struktur und Funktion
Die innere Oberfläche des Dünndarms ist durch eine Vielzahl von Falten und etwa 30 Millionen Zotten stark vergrößert. Damit vergrößert sich die Fläche, an der ein Stoffaustausch stattfinden kann auf etwa 2200 m². Dieses Prinzip der Oberflächenvergrößerung für einen effektiven Stoffaustauschfindet sich zum Beispiel auch in der Lunge.

Aufgaben

1 Erläutere den Begriff Verdauung.
2 Beschreibe den Weg der Nahrung im Körper und erläutere die Funktionen der einzelnen Verdauungsorgane.
3 Beschreibe den Bau der Darmzotten. ↑1 Nenne Besonderheiten im Bau des Dünndarms, die seine Funktionen ermöglichen.
4 Strukturen ermöglichen Funktionen. Begründe dies anhand der Teile des Verdauungskanals.

Zur Diskussion

Funktionelle Lebensmittel: Gesundheit aus dem Supermarkt?

Was sind eigentlich funktionelle Lebensmittel?
Jogurt als Darmsanierer, Brot mit Fit-Faktor, Eier für ein gesundes Herz. Glaubt man der Werbung, wird es künftig kein Problem mehr sein, sich gesund und vital zu fühlen. Immer mehr Lebensmittel werden von der Industrie mit Zusatzstoffen angereichert. Diese funktionellen Lebensmittel dienen natürlich in erster Linie der Versorgung mit Nährstoffen, versprechen aber darüber hinaus eine Verbesserung der Gesundheit und des Wohlbefindens. Sie sollen die körpereigenen Abwehrkräfte fördern, vor Erkrankungen wie Bluthochdruck oder Krebs schützen oder ganz allgemein die Leistungsfähigkeit verbessern.

4 Welche Meinung hast du? Suche und erläutere weitere Pro- und Kontra-Argumente.

Lebensmittel	Mögliche gesundheitliche Wirkungen
probiotische Bakterienkulturen in Milcherzeugnissen und Jogurts	Verbesserung der Darmfunktion
ACE-Getränke: besonders reich an Vitaminen	Stärkung der Abwehrkräfte
iodhaltiges Kochsalz	Vermeidung von Iodmangel und damit von Kropfbildung
mit Calcium angereicherte Müslimischungen und Frühstückscerealien	zur Vorbeugung von Knochenabbau
mit Omega-3-Fettsäuren angereicherte Eier	Senkung des Risikos für Herz-Kreislauf-Erkrankungen

5 Beispiele für funktionelle Lebensmittel

6 Nach welchen Kriterien entscheidest du?

Nachgehakt Gesunde Ernährung

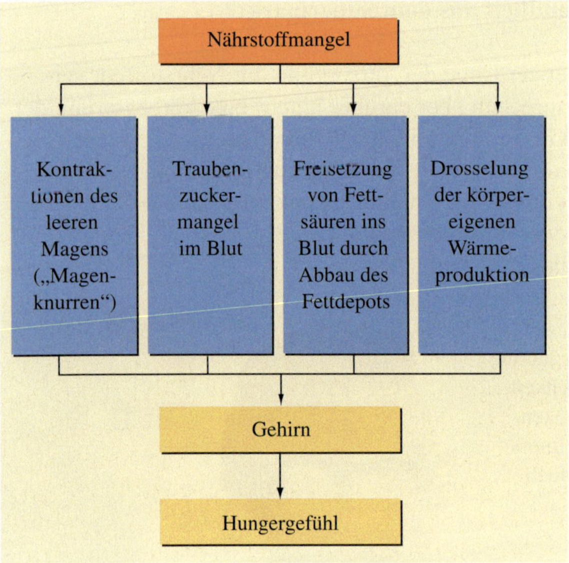

1 Entstehung des Hungergefühls

Unser Körper gibt uns zu verstehen, dass wir ihn mit Energie für den Stoffwechsel versorgen sollen: Wir müssen Nahrung zu uns nehmen. Dabei ist das Was und das Wieviel nicht unwichtig. Ob wir unser Normalgewicht haben, lässt sich mit dem Body-Mass-Index (BMI) bestimmen.

Hunger Wenn wir mehrere Stunden nicht gegessen haben, dann „knurrt uns der Magen". Wir verspüren Hunger, weil im Körper ein Mangel an lebenswichtigen Nährstoffen besteht. Der Nährstoffmangel zeigt sich neben dem „Magenknurren" darin, dass der Traubenzuckerspiegel im Blut sinkt, dass die Fettdepots abgebaut werden und dass die Körpertemperatur fällt. Diese Informationen werden von jeweils speziellen Bereichen im Gehirn registriert. Sie lösen ein Hungergefühl aus und regen zur Nahrungsaufnahme an. ↑1 Wird Nahrung aufgenommen, melden die verschiedenen Hirnbereiche eine Zunahme von Traubenzucker im Blut, eine gesteigerte Wärmeproduktion und aufgefüllte Fettspeicher. Das Hungergefühl verschwindet. Es ist sinnvoll, fünf kleinere Mahlzeiten am Tag zu sich zu nehmen. Dadurch bleibt der Traubenzuckergehalt im Blut relativ konstant und wir verbessern die Leistungsfähigkeit unseres Körpers.

Vollwertige Ernährung Eine vollwertige Ernährung besteht aus einer Mischung von tierischen und pflanzlichen Lebensmitteln. Sie enthält die für unseren Körper lebensnotwendigen Nährstoffe und Ergänzungsstoffe in ausreichender Menge und im richtigen Verhältnis. Vollkornprodukte, Kartoffeln, Gemüse, Obst, Hülsenfrüchte und Milchprodukte sind Hauptbestandteile einer Vollwerternährung. Etwa die Hälfte des Essens besteht aus nicht erhitzter Frischkost. Fleisch, Fisch und Eier werden nur in geringen Mengen gegessen. Die lebensnotwendigen Bestandteile der Nahrung kommen in den verschiedenen Nahrungsmitteln in unterschiedlichen Mengen vor. Deshalb ist eine abwechslungsreiche, vielseitige Kost die beste Gewähr für eine gesunde Ernährung.

Body-Mass-Index Der Body-Mass-Index (BMI) gibt eine Orientierung, ob man ein deutliches Über- oder Untergewicht hat. Er errechnet sich folgendermaßen:

$$\text{BMI} = \frac{\text{Körpergewicht in kg}}{(\text{Körpergröße in m})^2}$$

2 Eine vollwertige Mahlzeit

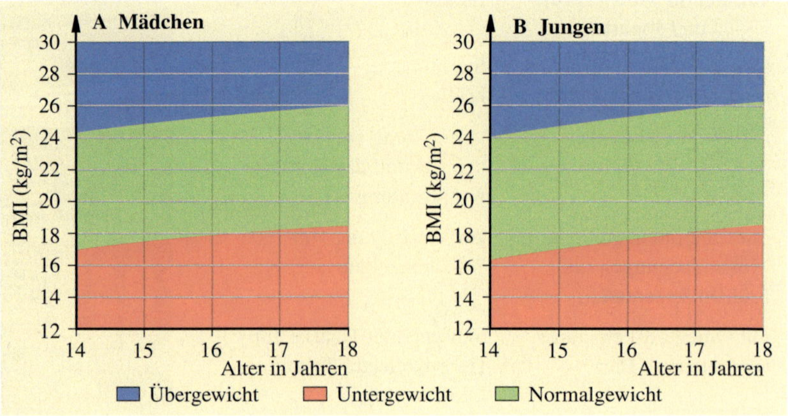

3 Einschätzung des Body-Mass-Index

Nachgehakt Gesunde Ernährung

Fehlernährung Nehmen wir ständig zu viel oder zu wenig Nahrung auf oder ernähren wir uns einseitig, schadet das auf Dauer unserem Körper. Mögliche Folgen dieser Fehlernährung sind Übergewicht, Untergewicht und/oder Mangelerscheinungen.
Übergewicht entsteht u. a. dann, wenn wir täglich mit der Nahrung zu viel Energie aufnehmen, ohne diese durch zusätzliche Aktivität zu verbrauchen. Unterernährung und Untergewicht sind die Folgen von fehlender oder unzureichender Ernährung über einen langen Zeitraum. Gerade bei Kindern und Jugendlichen hat Untergewicht besondere Folgen. Ihre körperliche Entwicklung wird gehemmt. Sie sind wenig leistungsfähig und anfällig für Krankheiten, da ihre Abwehrkräfte geschwächt sind.
Von Mangelernährung spricht man bei einseitiger Ernährung. Häufig besteht ein Mangel an Vitamin A.

Essstörungen Familiäre Konflikte, Schulschwierigkeiten, Versagensängste und ein vermindertes Selbstwertgefühl können Essstörungen verursachen. Aber auch Werbung für Diäten und ein allgemeines Schönheitsideal eines überschlanken Menschen verführen manche Jugendliche zu einem Verhalten, das sie schließlich in eine Krankheit führt.

FALLBEISPIEL 1

Esssucht

Kevin hat im letzten Jahr 18 kg zugenommen. Ständig muss er an Essen denken. Schreibt er in der Schule eine schlechte Note, hat er Stress mit seinem Vater oder die Mitschüler ärgern ihn – in seinem Frust stopft er gleich mehrere Tafeln Schokolade oder einige Kuchenstücke in sich hinein. Er kann seine Nahrungsaufnahme nicht mehr steuern. Jetzt will ihn seine Mutter zu einer Therapie anmelden.

4

FALLBEISPIEL 2

Ess-Brech-Sucht (Bulimie)

Lisa hat eine gute Figur. Wenn sie allein zu Hause ist, bekommt sie regelmäßig einen Heißhungeranfall. Dann stopft sie riesige Mengen Nahrungsmittel in sich hinein. Während dieser Zeit hat sie das Gefühl, ihr Essverhalten nicht kontrollieren zu können. Kaum ist sie fertig mit dem Essen, will sie alles wieder rückgängig machen. Voller Scham und Ekelgefühl erzwingt sie Erbrechen und oft nimmt sie zusätzlich Abführmittel ein. Erst nach längerer Zeit hat ihre Mutter zufällig Lisas Essstörung bemerkt. Sie besteht jetzt auf einer medizinischen Behandlung.

5

FALLBEISPIEL 3

Magersucht

Tatjana hat einen BMI von 15,6. Immer wieder isst sie einen Tag lang überhaupt nichts. Wenn sie einmal Appetit hat, unterdrückt sie die Lust auf Essen; sie fühlt sich zu dick. Begonnen hat das Ganze mit einer Diät. Jetzt hat sie meist überhaupt kein Hungergefühl mehr. Sie hat verlernt, auf die Signale ihres Körpers zu achten. Nach einem Schwächeanfall in der Schule wird sie vorübergehend in eine Klinik eingewiesen.

6

Beobachten Untersuchen Experimentieren

Versuche zur Atmung

1 Atembewegungen

Versuch 1: Atme tief ein und miss den Umfang deines Brustkorbs. ↑1 Wiederhole die Messung, nachdem du vollständig ausgeatmet hast. Vergleiche die Werte. Erkläre den Unterschied.

Versuch 2: Lege eine Hand auf deinen Bauch und die andere auf deinen Brustkorb. Versuche tief einzuatmen, ohne den Brustkorb zu heben. Gelingt es dir? Beschreibe deine Beobachtungen. Erkläre die Unterschiede zwischen den beiden Versuchen.

1 Der Umfang des Brustkorbs wird gemessen.

2 Wie viel Luft benötigen wir?

Material: 2-Liter-Becherglas, Deckel, Wasser, Schüssel, Schlauch

Durchführung:

a Fülle ein 2-Liter-Becherglas bis zum Rand mit Wasser, decke es ab und stelle es umgekehrt in eine Schale mit Wasser. Führe das Ende eines Schlauchs in das mit Wasser gefüllte Becherglas. Atme tief ein und blase den gesamten Luftinhalt deiner Lunge durch den Schlauch in das Becherglas. ↑2 Lies an der Skala ab, wie viel Wasser von deiner Atemluft verdrängt wurde. Notiere.

b Setze dich ruhig auf einen Stuhl und zähle deine Atemzüge in einer Minute. Notiere.

Auswertung: Berechne nun die Luftmenge, die du in einer Minute, in einer Stunde und an einem Tag aufnimmst. Du erhältst bessere Ergebnisse, wenn du beide Versuche je 5-mal durchführst und anschließend die Mittelwerte berechnest. Lässt sich die täglich benötigte Luftmenge durch diese Versuche genau bestimmen? Begründe deine Meinung.

2 Bestimmung des Atemvolumens

3 Untersuchung der Atemluft

Material: Erlenmeyerkolben mit durchbohrtem Stopfen, Kalkwasser, Glasröhrchen, Mundstück

Durchführung: Fülle einen Erlenmeyerkolben zu etwa einem Drittel mit klarem Kalkwasser. ↑3 Führe nun ein Glasröhrchen mit Mundstück in das Kalkwasser. Atme tief ein, halte die Luft eine Weile an und blase die Ausatemluft vorsichtig durch das Glasröhrchen in die Lösung. Vorsicht: Nicht ansaugen! Verändert sich das Kalkwasser? (Kalkwasser trübt sich durch Kohlenstoffdioxid ein.) Notiere.

Auswertung: Kannst du nun eine Aussage zur Zusammensetzung der Atemluft machen? Vergleiche mit Abbildung 4.

3 Ausgeatmete Luft wird in klares Kalkwasser geblasen.

Gasaustausch in der Lunge

Warum wir atmen In unseren Körperzellen wird bei der „Zellatmung" ein Teil der Nährstoffe „verbrannt", ohne dass dabei Flammen entstehen. Energie für die Lebensvorgänge wird dadurch freigesetzt. Dabei wird Sauerstoff gebunden, Kohlenstoffdioxid entsteht. Deshalb muss mit dem Blut ständig neuer Sauerstoff zu allen Körperzellen hin und das Endprodukt Kohlenstoffdioxid von ihnen weg transportiert werden. ↑S.83

Gasaustausch in den Lungenbläschen Die Luft kommt durch die Luftröhre und die Bronchien bis in die Lungenbläschen. Sie sind von einem Netz feinster Blutgefäße (Blutkapillaren) umhüllt. ↑5 Durch die dünnen Wände der Blutkapillaren und der Lungenbläschen gelangt Sauerstoff ins Blut und Kohlenstoffdioxid aus dem Blut in die Atemluft.

Prinzip Oberflächenvergrößerung Je größer die Oberfläche eines Organs ist, desto größer ist auch die Menge der Stoffe, die über sie aufgenommen oder ausgetauscht werden kann: In der Lunge gibt es etwa 300 Millionen stark durchblutete Lungenbläschen mit einer Gesamtoberfläche von knapp 100 m^2. Durch den Gasaustausch über diese sehr große Oberfläche verändert sich die Zusammensetzung der Atemluft. ↑4

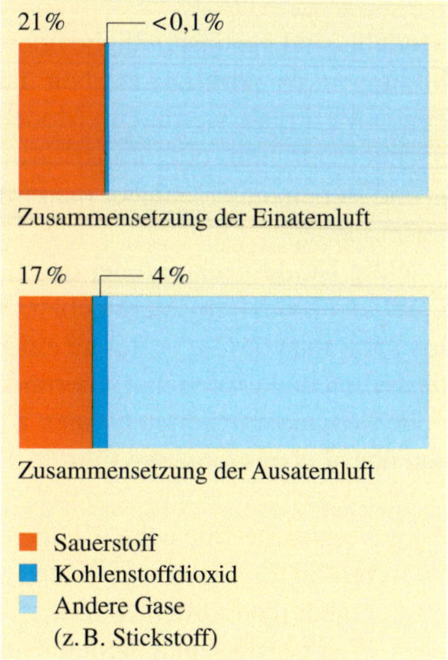

4 Zusammensetzung der Luft

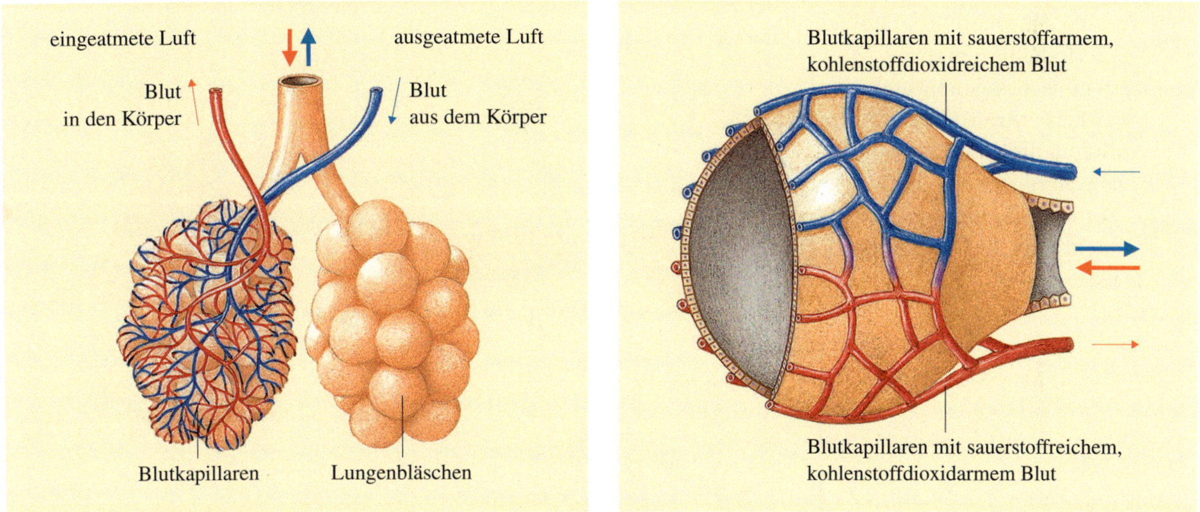

5 Der Bau der Lungenbläschen (linkes Bild) ermöglicht den Gasaustausch zwischen Atemluft und Blut (rechts).

Der Gasaustausch erfolgt in den Lungenbläschen. Dabei gelangt Sauerstoff aus der eingeatmeten Luft in das Blut und Kohlenstoffdioxid aus dem Blut in die Atemluft.

Aufgaben

1 Vergleiche die Zusammensetzung eingeatmeter und ausgeatmeter Luft. ↑4 Stelle einen Zusammenhang zum Ergebnis des Versuchs 3 her. ↑S.68

2 Erläutere Abbildung 5 mithilfe deiner Kenntnisse über Bau und Funktion der Lungenbläschen.

3 Bei einem Patienten mit Atemstillstand ist auch eine Wiederbelebung mit ausgeatmeter, also „verbrauchter" Luft möglich (Mund-zu-Mund-Beatmung). Erkläre diese Tatsache.

Methode *Arbeit mit Modellen*

Modelle sind gegenständliche oder gedankliche Nachbildungen der Wirklichkeit. Nur die als wichtig angesehenen Merkmale werden im Modell berücksichtigt. Je nachdem, ob Bau- oder Funktionsmerkmale im Vordergrund stehen, unterscheidet man Struktur- und Funktionsmodelle.

Wichtig ist, dass man immer den Bezug zwischen Original und Modell im Auge behält. Mithilfe von Modellen kann man das Wesentliche einer Sache einfacher darstellen und erkennen. Experimente mit Funktions- oder Gedankenmodellen können zu neuen Erkenntnissen über Lebensvorgänge führen.

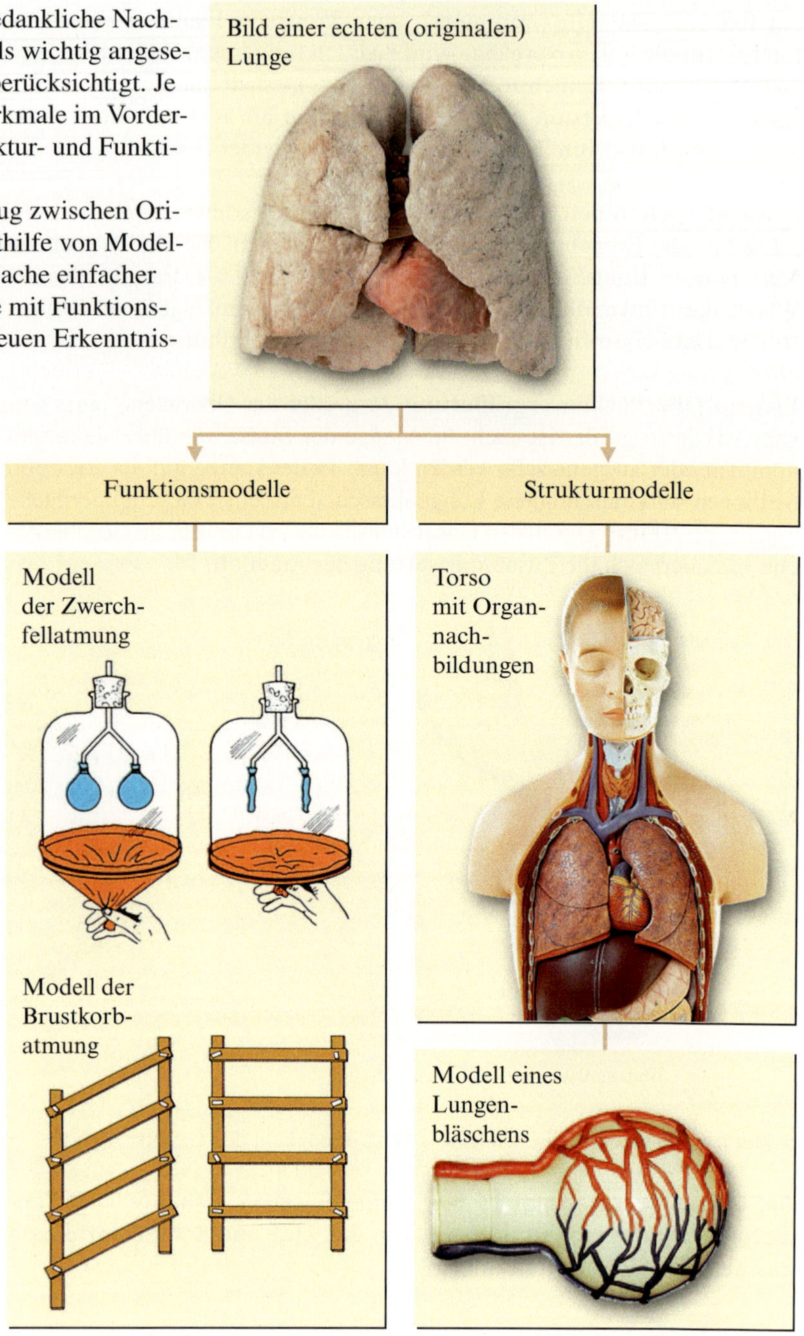

1 Vom Original zu verschiedenen Modellen

1 Vergleiche eine echte Lunge mit dem Lungenmodell aus einem menschlichen Torso. Welche Merkmale fehlen beim Modell, welche sind hervorgehoben?

2 Fertige aus einem Rundkolben und Modelliermasse das Modell eines Lungenbläschens an. Welche Farbe erhalten die Kapillaren, die zum Lungenbläschen führen?

3 Übertrage die folgende Tabelle in dein Heft und vervollständige sie.

Modell „Zwerchfellatmung“	entspricht in der Wirklichkeit
Glasglocke	
Y-Glasrohr	
Luftballon	
Gummituch	

4 Fertige ein Modell der Brustkorbatmung an. Du benötigst feste Pappe und Briefklammern. Beschrifte die Pappstreifen: Wirbelsäule, Brustbein und Rippen. Lege das Modell auf Papier und ermittle die Fläche, die dem Lungeninnenraum in der Ein- bzw. Ausatmungsposition entspricht.

Erkrankungen der Atemwege und der Lunge

Unsere Lunge wird täglich von etwa 15 000 Litern Luft durchströmt. Dabei gelangen auch Verunreinigungen und Krankheitserreger in die Atemwege. Der größte Teil wird von den Flimmerhärchen und den Sekreten der Schleimhäute abgefangen. Gelingt es den Bakterien oder Viren jedoch, die Schleimhautabwehr zu durchbrechen, können sie eine Erkältungskrankheit auslösen.

Bronchitis Eine plötzlich auftretende und relativ rasch verlaufende (akute) Bronchitis ist eine Entzündung der Schleimhäute in den größeren Atemwegen: der Luftröhre und den Bronchien. Sie verläuft oft fiebrig, ist aber dennoch meist harmlos. Eine Überempfindlichkeit der Atemwege und vermehrte Schleimbildung verursachen Hustenreiz, wobei das Husten oft schmerzhaft ist. Bronchitis entsteht oft im Zusammenhang mit einer Erkältung. Feuchtkaltes Wetter, Luftverschmutzung und vor allem Zigarettenrauch begünstigen ihre Entstehung.
Gerade bei Rauchern kann sich aus einer akuten Bronchitis eine langwierige (chronische) Erkrankung entwickeln, in deren Verlauf auch Lunge und Herz geschädigt werden können.
Starke Raucher sind zudem durch die im Tabakrauch enthaltenen Teerstoffe wesentlich mehr gefährdet, an lebensbedrohlichem Krebs der Atmungsorgane zu erkranken, als Nichtraucher.

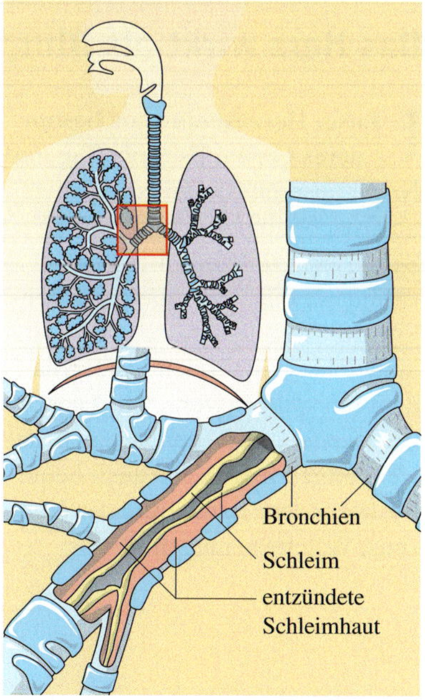

2 Bei akuter Bronchitis wird in der Lunge vermehrt Schleim gebildet.

Asthma Asthma ist eine chronische Erkrankung, die sich anfallartig äußert. Dabei schwillt die Schleimhaut in den Bronchien an und die Atemwege verengen sich. Zusätzlich erschwert zäher Schleim das Atmen. Daher gehen die Hustenanfälle mit schwerer Atemnot einher. Vor allem das Ausatmen fällt schwer. Als Ursachen gelten Allergieauslöser, Umwelteinflüsse und seelische Belastungen. Etwa 10 % der Kinder in Deutschland leiden unter Asthma, bei etwa der Hälfte verschwindet die Krankheit am Ende der Pubertät.

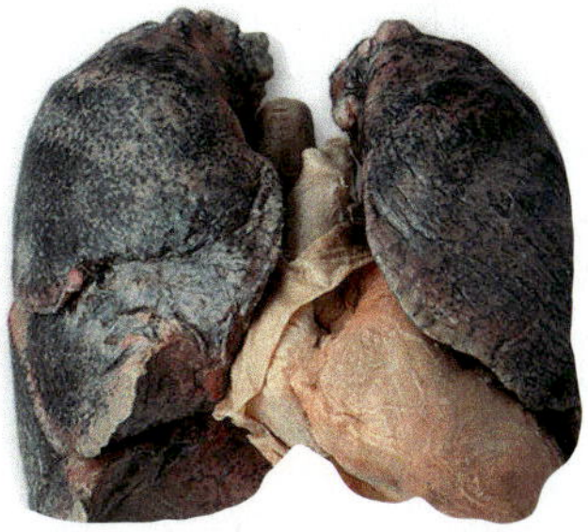

3 Raucherlunge: Die Menge der Schadstoffe kann nicht mehr aus der Lunge hinaus transportiert werden.

Erkrankungen der Atemwege (z. B. Bronchitis, Lungenkrebs) gehören zu den häufigsten Krankheiten. Raucher sind besonders gefährdet.

Aufgaben

1 Erstelle den Steckbrief einer weiteren Atemweg- oder Lungenerkrankung, wie Schnupfen, Lungenentzündung oder Virusgrippe.

2 Erläutere anhand von Bild ↑2, wie sich eine Bronchitis auf die Atmung auswirkt.

3 Virusgrippe ist eine Infektionskrankheit, für die Impfungen angeboten werden. Informiere dich über den richtigen Zeitpunkt und die Vorteile einer Grippeimpfung.

4 Rauchen führt häufig zu krankhaften Veränderungen der Lunge. Recherchiere im Internet und verfasse einen Kurzvortrag über die Folgen des Rauchens für Atemwege und Lunge.

5 Begründe, warum es ein Nichtrauchergesetz gibt.

6 Begründe, warum an Jugendliche unter 18 Jahren keine Tabakwaren verkauft werden dürfen.

7 Bild ↑1 zeigt verschiedene Modelle.

a Begründe die Einordnung der abgebildeten Modelle als Struktur- bzw. Funktionsmodelle.

b Erläutere, für welchen Zweck diese Modelle hergestellt worden sind.

c Beschreibe die Erkenntnisse, die aus den abgebildeten Modellen gewonnen werden können.

8 Suche in diesem Buch ein weiteres Funktionsmodell und gib seine Bezeichnung mit Seitenzahl an. Erläutere die Aufgaben, die es erfüllt.

Das Herz wirkt als Blutpumpe

Unser Herz ist ein ganz besonderes Organ. Es treibt Tag und Nacht unseren Blutkreislauf an und macht nur zwischen den Schlägen eine Pause. Lange Zeit vermutete man, dass das Herz der Sitz der Gefühle und der Seele ist – vielleicht weil wir den Herzschlag deutlich spüren, wenn wir Angst haben oder uns freuen. Viele Redewendungen zeigen uns auch heute die besondere Bedeutung des Herzens. Welche kennst du?

1 Das Herz gilt seit langem als Symbol für die Liebe.

Beobachten Untersuchen Experimentieren

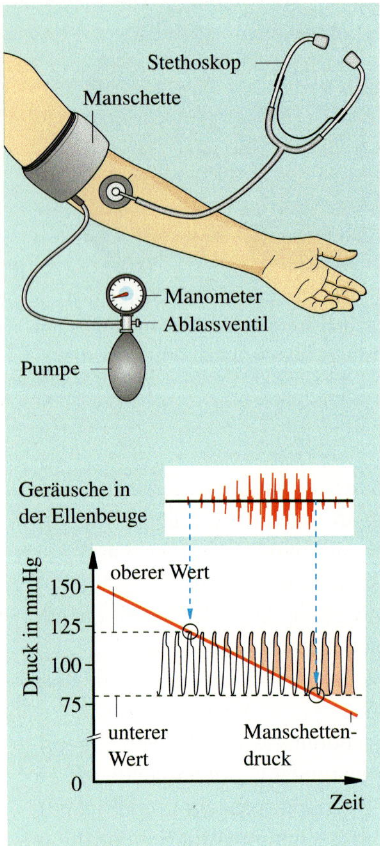

2 Blutdruckmessung

Die Pulsfrequenz und der Blutdruck geben erste Informationen über die Arbeit unseres Herzens. Untersuche dich dazu selbst.

1 Pulsmessung Lege drei Finger deiner linken Hand unterhalb des Daumens auf das rechte Handgelenk. Ertaste dort deinen Puls. Zähle 10 Sekunden lang die Pulsschläge. Berechne die Zahl der Pulsschläge pro Minute. So erhältst du deinen Ruhepuls.
Wie ändert sich der Puls, wenn du dich körperlich anstrengst? Mache zum Beispiel Hocksprünge, Liegestütze oder Kniebeugen. Miss den Puls und vergleiche mit deinem Ruhepuls. Erkläre den Unterschied.

2 Blutdruckmessung ↑S.75 Wenn das Herz das Blut ausstößt, entsteht eine Druckwelle, die wir als Pulsschlag spüren. Mit einem Blutdruckmessgerät lässt sich der Druck des Blutes auf die Gefäßwände messen.
Material: Blutdruckmessgerät, Stethoskop
Durchführung: Lege die Manschette um den Oberarm und pumpe so lange auf, bis kein Blut mehr durch die Armarterie fließen kann. Lasse dann die Luft ab, bis du durch das Stethoskop ein Geräusch hörst. ↑2 Es entsteht, wenn Blut in die Ader einströmt. Der Blutdruck reicht dann aus, den Manschettendruck zu überwinden. Man spricht vom oberen Wert. Lasse nun den Manschettendruck weiter ab. Das Geräusch wird leiser und verschwindet, wenn das Blut wieder frei durch die Arterie fließen kann. Dies gibt den unteren Wert an. ↑2 Führe die Messung auch bei deinen Eltern oder Großeltern durch.
Auswertung: Der obere Wert liegt bei Jugendlichen normalerweise bei 120 mmHg, der untere bei knapp unter 80 mmHg. Vergleiche deine Messergebnisse mit diesen Werten. Hängt der Blutdruck mit dem Alter zusammen?

Bau und Funktion des Herzens

Bau Das menschliche Herz ↑3 ist ein etwa faustgroßer, sehr kräftiger Hohlmuskel. Sein Inneres besteht aus vier Kammern. Die Kammerung gewährleistet, dass sauerstoffarmes von sauerstoffreichem Blut getrennt ist. Jede Herzhälfte besteht aus einem Vorhof und einer Herzkammer, die jeweils durch eine Segelklappe voneinander getrennt sind. In die Vorhöfe münden die Venen. In ihnen fließt das Blut zum Herzen hin. Von den Herzkammern gehen die Arterien ab, durch die das Blut das Herz verlässt. Zwischen Herzkammer und Arterie befindet sich jeweils eine Taschenklappe. Taschenklappen und Segelklappen wirken als Ventile und verhindern, dass das Blut zurückfließt.

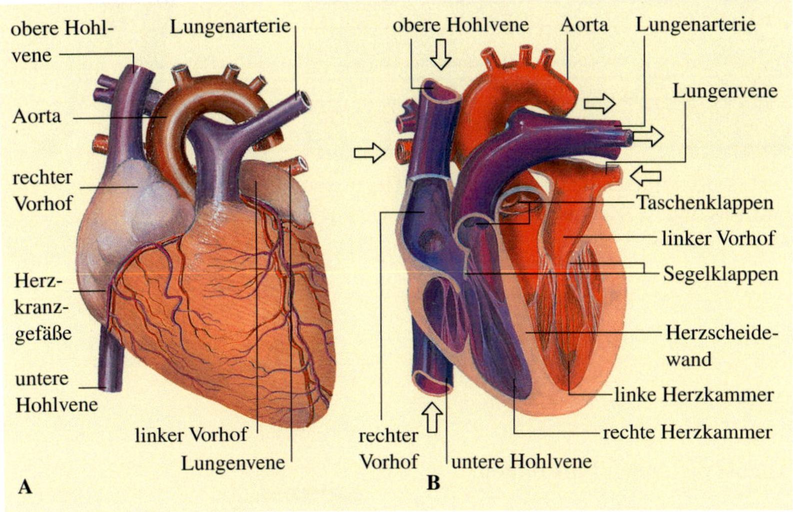

3 A Äußere Ansicht des Herzens von vorn, B Herz im Längsschnitt

Funktion Das Herz ist eine Umwälzpumpe. Beide Herzhälften arbeiten gleichzeitig. Das Blut gelangt über die Venen in die Vorhöfe. Durch die Segelklappen fließt es in die Herzkammern. Dann zieht sich der Herzmuskel zusammen und drückt das Blut durch die Taschenklappen in die Arterien. Erschlafft die Muskulatur, füllen sich die Kammern. ↑4

Der Mensch hat wie alle Wirbeltiere und manche wirbellose Tiere (z. B. Regenwürmer) einen geschlossenen Blutkreislauf: Das Blut fließt immer innerhalb der Blutgefäße, niemals frei im Körper.

Das Herz ist ein Hohlmuskel. Es ermöglicht den Kreislauf, indem es ähnlich einer Umwälzpumpe den Bluttransport in Gang hält.

Schon gewusst?

Sportlerherzen
Das Herz eines Erwachsenen wiegt 300–350 g und pumpt in Ruhe rund 5 l, bei starker körperlicher Belastung bis zu 25 l Blut in der Minute. Durch Ausdauersport lässt sich der Herzmuskel trainieren, sodass er sich vergrößert. Bei Dauerläufern und Radrennfahrern wird das Herz bis zu 500 g schwer.

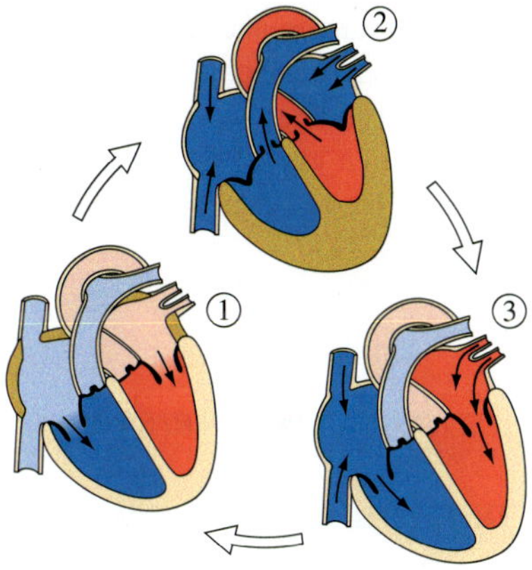

4 Anspannungs- und Erschlaffungsphase von Kammern und Vorhöfen

Aufgaben

1 Betrachte die Bilder ↑3A, 3B und ↑4. Fasse in drei kurzen Texten zusammen, welche Informationen aus den Bildern hervorgehen. Ihr könnt auch in Gruppen arbeiten.

2 Präge dir mithilfe des Torsos die Lage des Herzens im Körper ein.

3 Untersuche den Bau des Herzens am Modell.
a Benenne die Teile mithilfe von Bild ↑3.
b Verfolge den Weg des Blutes durch das Herz und fertige dazu ein Fließdiagramm an.
c Vergleiche das Herzmodell mit Bild ↑3. Nenne die Vor- und Nachteile der Darstellungen.

Blut zirkuliert

Bis ins Mittelalter nahm man in Europa an, dass das Herz „Lebenskraft“ als Wärme in den Körper pumpe. Blut, das in der Leber entstehe, gelange durch Poren in der Herzscheidewand von der rechten in die linke Herzkammer, fließe in den Körper und würde dort verbraucht. Erst WILLIAM HARVEY (1578–1657) wies anhand von Beobachtungen, Präparationen und Messungen nach, dass unser Blut in einem geschlossenen Kreislauf fließt.
Wie können wir selbst etwas über unseren Kreislauf in Erfahrung bringen?

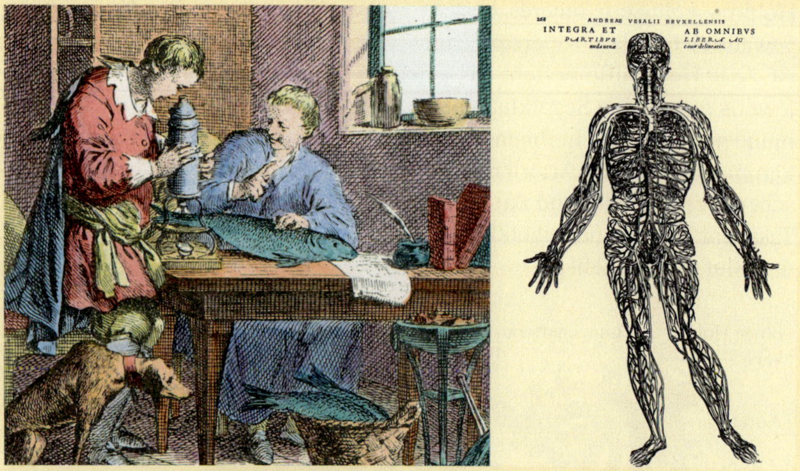

1 HARVEY erforschte den Kreislauf bei Tieren und Menschen. Hier untersucht er eine Fischflosse. Rechts: Darstellung des Gefäßsystems von 1543

Beobachten Untersuchen Experimentieren

Den Kreislauf untersuchen

1 An welchen Stellen deines Körpers kannst du deinen Puls fühlen?

2 Betrachte deinen Handrücken. Die blauen Linien sind die Venen. Streiche fest in Richtung der Finger darüber. Dabei drückst du das Blut aus deinen Venen. Beobachte, wie das Blut wieder hineinfließt.

3 Mache einen Kopfstand und beschreibe, was du dabei bemerkst. Lass deine Mitschüler ihre Beobachtungen beschreiben. Erkläre die Befunde.

4 Gegen kalte Finger hilft schnelles Armekreisen. Teste den Effekt des Schleuderns und erkläre ihn.

5 Bastle ein Modell zum Blutkreislauf. ↑2 Forme aus Knetmasse ein Herz und befestige Schläuche als Blutgefäße daran. Verwende Obstnetze als Kapillarnetze. Gib durch Pfeile die Fließrichtung des Blutes an.

6 HARVEY war klar, dass die Blutmenge, die täglich durch unseren Körper fließt, unmöglich verbraucht und durch Nahrung nachgeliefert werden kann. Bestimme mithilfe deines Pulsschlags, wie viel Blut dein Körper pro Minute und pro Tag erzeugen müsste. Mit einem Herzschlag werden etwa 70 ml Blut transportiert.

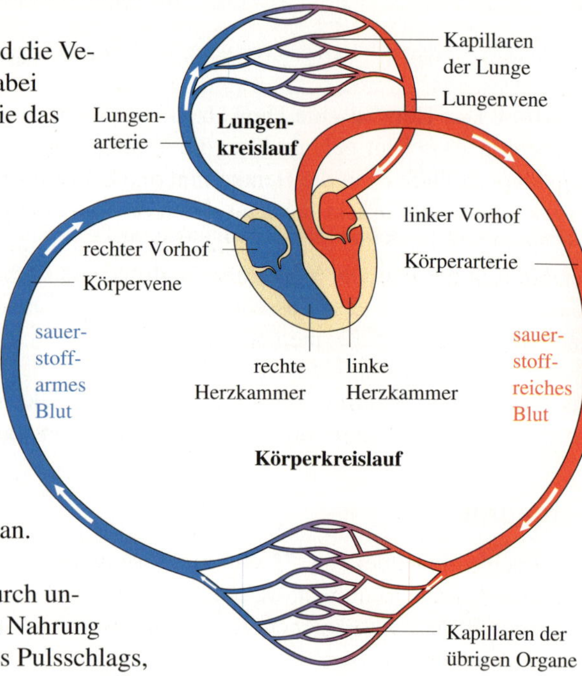

2 Einfaches Schema des Kreislaufs

Blutkreislauf des Menschen

Körper- und Lungenkreislauf des Menschen Der Bau des Herzens und der Blutkreislauf des Menschen entsprechen dem Grundbauplan von Herz und Blutkreislauf der Säugetiere. Das Herz hat die Funktion, Blut durch unseren Körper zu pumpen. So werden alle Organe mit Nährstoffen und Sauerstoff versorgt und Abfallstoffe abtransportiert. Das Blut durchläuft dabei einen Kreislauf, der aus dem (großen) Körperkreislauf und dem (kleinen) Lungenkreislauf besteht. ↑2

Aus der linken Herzkammer gelangt das Blut über die Aorta, die Hauptschlagader, in den Körper. Diese verzweigt sich dabei immer stärker bis in feinste Haargefäße, die mit dem bloßen Auge nicht zu erkennen sind. Durch Haargefäße oder Kapillaren erfolgt dann der Stoffaustausch mit den Körperzellen. Sauerstoff aus dem Blut gelangt in die Körperzellen, gleichzeitig nimmt das Blut Kohlenstoffdioxid aus den Körperzellen auf. Über die Venen gelangt das Blut zum Herzen zurück.

Der Lungenkreislauf beginnt in der rechten Herzkammer. Durch die Lungenarterie wird das Blut in die Lunge gepumpt. In den Lungenbläschen erfolgt der Austausch der Atemgase: Kohlenstoffdioxid wird als Abfallstoff ausgeatmet, der eingeatmete Sauerstoff wird vom Blut aufgenommen. Von der Lunge aus fließt das Blut zum Herzen zurück.

Blutgefäße und Druckverhältnisse Gefäße, in denen das Blut vom Herzen wegfließt, werden Arterien oder Schlagadern genannt. In ihnen herrscht ein sehr hoher Blutdruck. Die relativ dicken Wände der Arterien bestehen vor allem aus Muskelzellen und elastischen Fasern, wobei die jeweiligen Anteile sich nach der Lage des Gefäßes im Körper unterscheiden. ↑3 Im Alter nimmt die Elastizität der Gefäße ab, wodurch der Blutdruck steigt.

Über die Kapillaren gelangt das Blut in die Venen. Sie haben eine sehr dünne Muskelschicht. In den Venen ist der Blutdruck so gering, dass die Gefahr besteht, dass der Blutfluss zum Erliegen kommt. Wodurch aber wird sichergestellt, dass das Blut in den Venen weiterfließt? Neben der Saugwirkung des Herzens bewirkt dabei vor allem die Aktivität von Muskeln in der Umgebung den Blutfluss in den Venen. Venenklappen in ihrem Innern wirken dabei ähnlich wie Ventile. Sie sorgen dafür, dass das Blut nur in eine Richtung – nämlich zum Herzen hin – fließt. ↑4

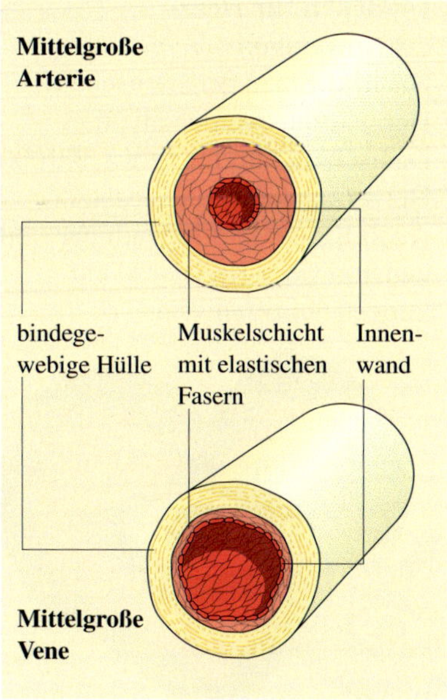

3 Die Wände von Arterien und Venen bestehen aus drei Schichten.

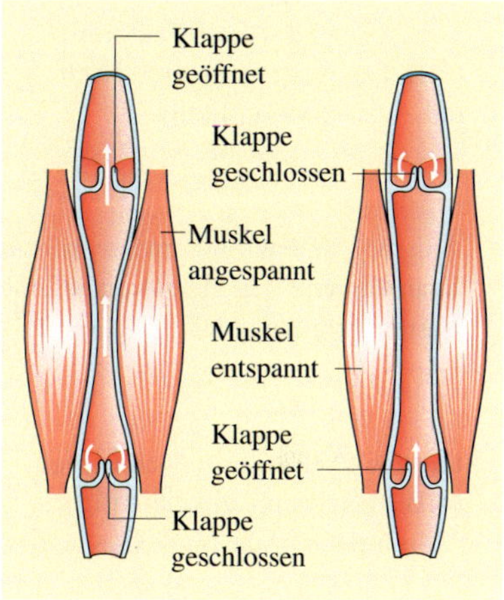

4 Die so genannte Muskelpumpe sorgt für den Blutfluss in den Venen.

Das Herz pumpt Blut in den Lungenkreislauf und den Körperkreislauf. Arterien transportieren Blut vom Herzen weg, Kapillaren ermöglichen den Stoffaustausch, Venen transportieren Blut zum Herzen hin.

Aufgaben

1 Beschreibe mithilfe von Bild ↑2 den Weg des Blutes durch den Körper. Gib dabei an, ob das Blut sauerstoffarm oder sauerstoffreich ist.

2 Fertige ein Flussdiagramm an, in dem du die wichtigen Stationen, die das Blut durchfließt, durch Pfeile verbindest. Vergleiche dein Schema mit Bild ↑2.

3 Nenne die Funktionen unseres Blutkreislaufs.

4 Erkläre, warum du deinen Kreislauf anregen kannst, indem du dich morgens vor dem Aufstehen im Bett räkelst.

5 Informiere dich über den Blutkreislauf bei Wirbeltieren, Insekten, Schnecken und Regenwürmern. Nenne Gemeinsamkeiten und Unterschiede.

Nachgehakt Herz-Kreislauf-Erkrankungen

Ursachen für Herzerkrankungen
Nach Angaben der Deutschen Herzstiftung werden allein in Deutschland im Jahr etwa 300 000 Herzerkrankungen festgestellt. Auch Kinder und Jugendliche können von Herz-Kreislauf-Erkrankungen betroffen sein.

Unser Herz muss im wahrsten Sinne des Wortes unermüdlich arbeiten. Bei jedem Herzschlag wird ein bestimmtes Blutvolumen unter großem Druck ausgepresst. In Ruhe schlägt das Herz eines Erwachsenen etwa 70-mal in der Minute und pumpt dabei rund fünf Liter Blut in den Lungen- und Körperkreislauf (Herzminutenvolumen).
Bei Herzschwäche wird den einzelnen Organen Blut nicht in ausreichendem Maß zugeführt. Atemnot, zu geringe Belastbarkeit, Wassereinlagerungen in den Beinen und in anderen Körperteilen sowie Herzrhythmusstörungen sind nur einige der Folgen.

Sich die Vielzahl von Ursachen bewusst zu machen, ist ein erster Schritt, diesen Krankheiten entgegenzuwirken. ↑1 Im Bereich der Organe können es Herzklappenfehler, Entzündungen, ein überstandener Herzinfarkt oder anhaltender Bluthochdruck sein. ↑2 Im Bereich der Lebensführung sind Dauerstress, Rauchen und übermäßiger Alkoholgenuss mögliche Ursachen. Mit einer gesunden Lebensweise, insbesondere durch viel Bewegung und richtige Ernährung, kann man bereits im Kindesalter späteren Herz- und Gefäßkrankheiten vorbeugen.

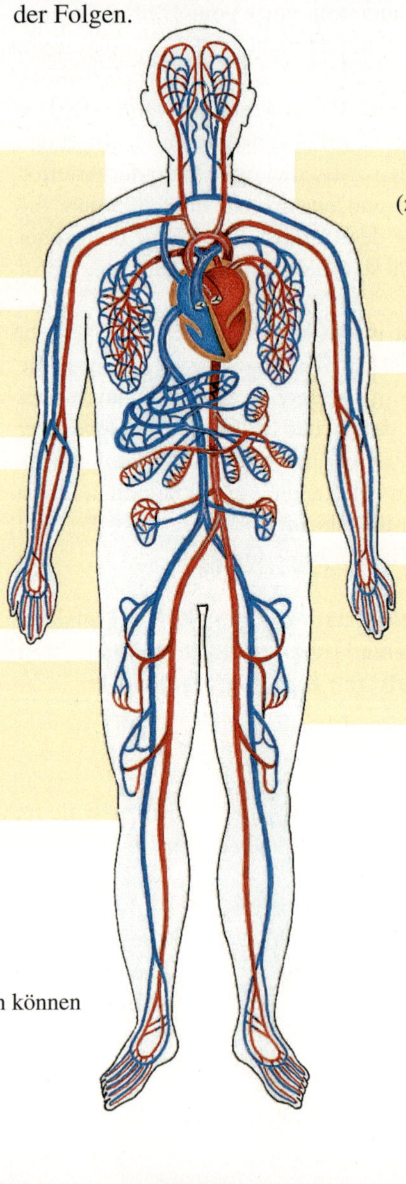

1 Faktoren, die zur Entstehung von Herz-Kreislauf-Erkrankungen beitragen können

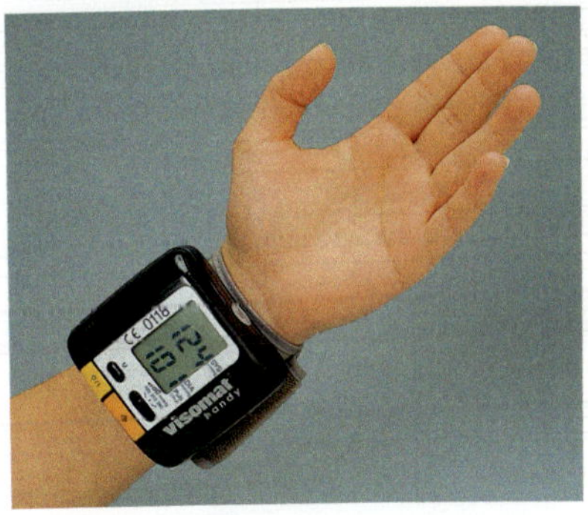

2 Mithilfe einfach zu bedienender Instrumente kann der Blutdruck auch zu Hause regelmäßig kontrolliert werden.

Arteriosklerose
Eine Arteriosklerose ist eine krankhafte Veränderung der arteriellen Blutgefäße. Umgangssprachlich bezeichnet man diese Erkrankung auch als Arterienverkalkung. Die Wände der Blutgefäße verengen sich dabei durch Ablagerung von Fett, Bindegewebe und Kalk. ↑4
In den Industriestaaten ist die Arteriosklerose zusammen mit ihren Folgeerkrankungen (z. B. Herzinfarkt, Schlaganfall) für etwa die Hälfte aller Todesfälle als Ursache verantwortlich.

Herzinfarkt
Zwei Herzkranzarterien versorgen das Herz mit Sauerstoff und Nährstoffen. Eine Arteriosklerose kann zu immer stärkeren Verengungen dieser Gefäße führen. ↑3 Ein totaler Verschluss bewirkt das Absterben des nicht mehr durchbluteten Herzmuskelgewebes und damit eine rapide nachlassende Herzleistung, den Herzinfarkt. Nach einer Statistik sterben gegenwärtig in Deutschland 8 Prozent aller Frauen und 13 Prozent aller Männer an einem Herzinfarkt.

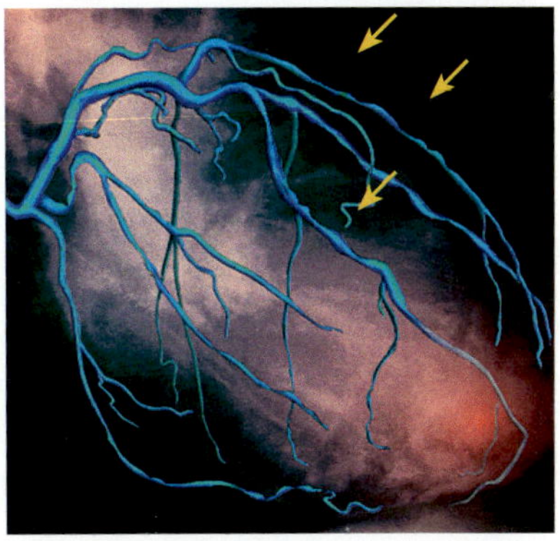

3 Die Herzkranzgefäße dieses Infarktpatienten sind vielfach verengt (Pfeile).

Schlaganfall
Der Schlaganfall wird auch als „Hirninfarkt“ bezeichnet. Diese Störung in der arteriellen Blutversorgung des Gehirns wird meist durch eine arteriosklerotische Gefäßverengung oder den völligen Gefäßverschluss ausgelöst. Die Folge ist eine starke Schädigung oder das völlige Absterben von Teilen des Gehirns. Manchmal kündigen kurzzeitige Sehstörungen oder vorübergehende Lähmungen einen Schlaganfall an, der oft zu halbseitigen Körperlähmungen und Sprachstörungen führt.

Herzklappenfehler
Manche Kinder haben einen angeborenen Herzklappenfehler. Beispielsweise kann es vorkommen, dass die Aortenklappe, also die Taschenklappe zwischen Herzkammer und Aorta, nicht richtig schließt.
Im Lauf der Zeit vergrößert sich dadurch der Herzmuskel, um den Schaden auszugleichen. Die dauernde Überlastung des Herzens kann zu Herzschäden und Herzversagen führen.

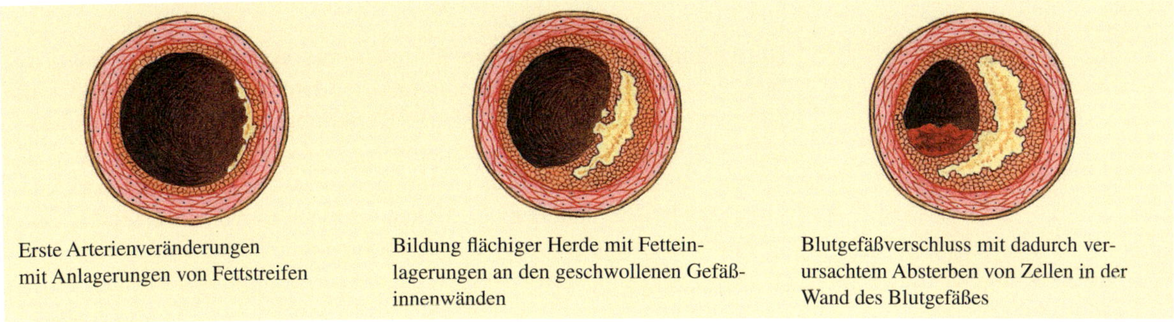

4 Entstehung einer Arteriosklerose

Aufgaben

1 Nenne Möglichkeiten zur Vorbeugung von Herz-Kreislauf-Erkrankungen.

2 Informiere dich im Internet näher über Herzklappenfehler und Behandlungsmöglichkeiten.

Zusammensetzung und Funktionen des Blutes

Schon gewusst?

Höhentraining
Im Hochgebirge geht einem bei Anstrengung schnell „die Luft aus", denn der Sauerstoffanteil in der Luft ist geringer. Wer hier wohnt, dessen Blut enthält bis zu 8 Millionen rote Blutzellen pro mm^3. Diese Anpassungsfähigkeit des menschlichen Körpers machen sich Sportler vor großen Wettkämpfen zunutze und verlegen ihr Training in Höhenlagen von 1 500 bis 3 000 m ü. d. M.

Fest und flüssig Lässt man Blut in einem Gefäß ruhig stehen, so trennen sich die festen von den flüssigen Bestandteilen. ↑4 In der Flüssigkeit, die zum großen Teil aus Wasser besteht, sind viele verschiedene Stoffe gelöst. Dieser flüssige Anteil wird als Blutplasma oder Blutserum bezeichnet. Er macht rund 55 Prozent des Blutvolumens aus.

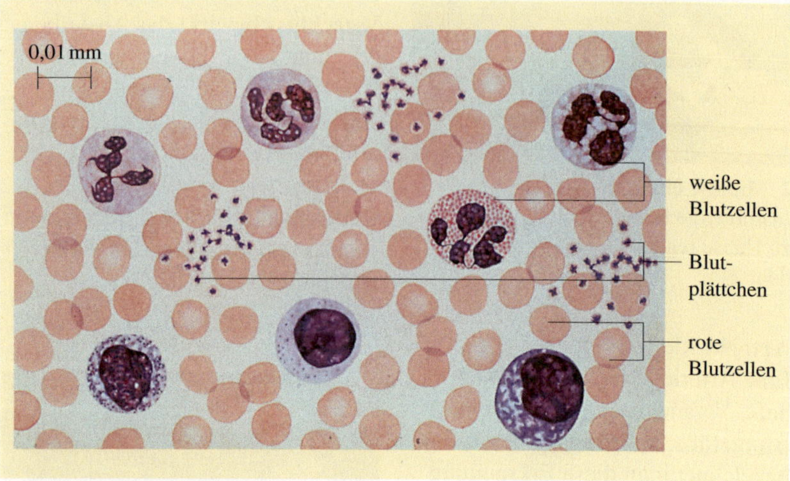

1 Angefärbte Blutzellen im mikroskopischen Bild

2 Mit Gerinnungshemmern versetztes Blut trennt sich in Zellen und Plasma.

Blutzellen Die restlichen 45 Prozent entfallen auf die Blutzellen. Den Hauptanteil daran, 99 Prozent, machen die roten Blutzellen aus. Sie bestehen fast nur aus dem roten Blutfarbstoff Hämoglobin, der den Sauerstoff transportiert. Ihre Lebensdauer beträgt etwa 120 Tage. Die weißen Blutzellen sind größer als die roten und besitzen im Gegensatz zu ihnen einen Zellkern. Sie dienen der Abwehr von Krankheitserregern und Fremdstoffen. ↑S.39 Dabei sind sie beweglich wie Amöben und können sogar die Blutbahn verlassen. Ihre Anzahl pro Mikroliter (1 mm^3) schwankt zwischen 4 000 und 10 000. Die Blutplättchen sind kernlos und unregelmäßig geformt. Sie spielen eine wichtige Rolle beim Verschluss von Wunden.

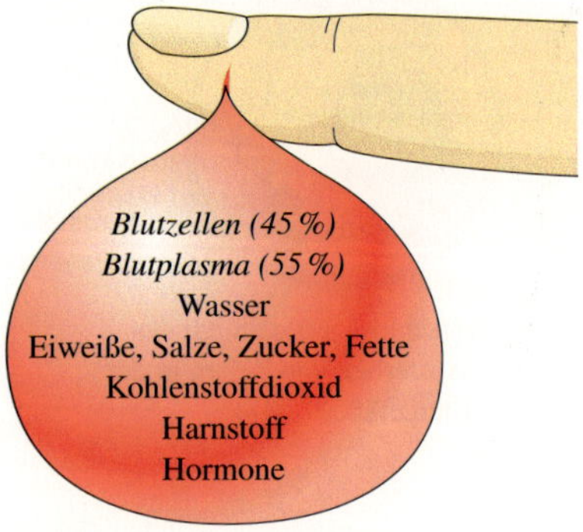

3 Bestandteile des Blutes

Blutstillung Wird ein Blutgefäß durch eine Verletzung beschädigt, löst dies einen komplizierten Vorgang aus, bei dem die Blutgefäße selbst, die Blutplättchen und viele so genannte Gerinnungsfaktoren beteiligt sind.
Die Blutgefäße ziehen sich zusammen, die Wunde wird verkleinert und dadurch fließt weniger Blut zur verletzten Stelle. An den Wundrändern lagern sich Blutplättchen an, ballen sich zusammen und bilden einen Pfropf. Gleichzeitig werden aus den Blutplättchen und dem verletzten Gewebe verschiedene Stoffe freigesetzt, die zur Gerinnung des Blutes führen.

Blutgerinnung Die freigesetzten Stoffe aktivieren wieder andere Stoffe. Diese Kettenreaktion führt schließlich dazu, dass die Blutung dauerhaft gestillt wird. ↑3 Dabei bilden sich aus einem im Blutplasma gelösten Eiweißstoff, dem Fibrinogen, feste, unlösliche Fibrinfäden.
Sie verbinden sich zu einem Netz, in dem sich die Blutzellen verfangen. ↑4 Am Ende steht die Bildung einer festen Kruste.

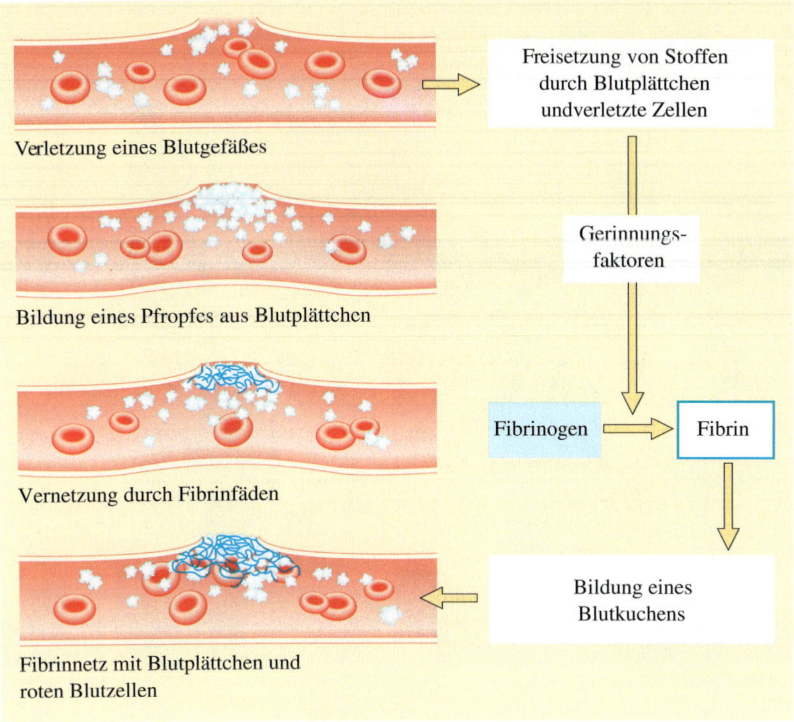

4 Schematische Darstellung der Blutgerinnung

Schon gewusst?

Bluterkrankheit
In Deutschland leben etwa 7500 Menschen, für die schon eine kleine Blutung lebensbedrohlich sein kann. Bei ihnen ist die Blutgerinnung stark beeinträchtigt, weil erblich bedingt einer der 13 Gerinnungsfaktoren fehlt. Von dieser Krankheit sind fast ausschließlich Männer betroffen. Während früher die meisten Bluterkranken schon im Kindesalter starben, lässt sich inzwischen der fehlende Gerinnungsfaktor gentechnisch herstellen und als Medikament verabreichen.

Allmählich wachsen Bindegewebszellen in das Gerinnsel ein, die die Wunde verschließen. Es bildet sich eine Narbe. Die Kruste wird im Lauf der Wundheilung wieder aufgelöst oder fällt ab. ↑5

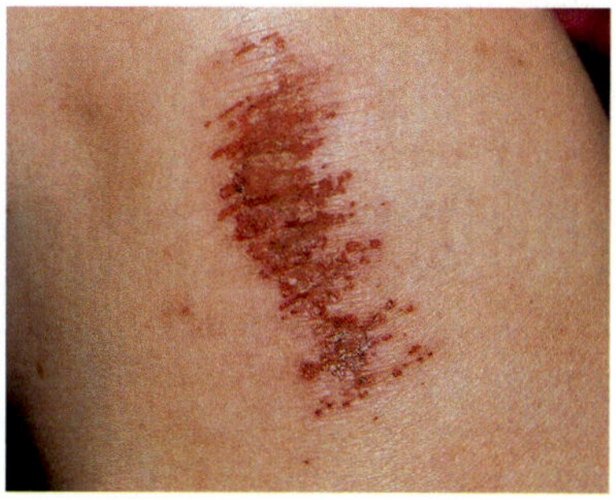

5 Die Wunde hat sich geschlossen.

Gerinnungsfaktoren Man kennt inzwischen 13 Faktoren, die an der Blutgerinnung beteiligt sind. Einige Faktoren werden in der Leber hergestellt, andere wie Calcium und Vitamin K müssen mit der Nahrung aufgenommen werden.

Blutspende Jeder gesunde Erwachsene kann ohne Schaden für seine Gesundheit mehrmals im Jahr Blut spenden. Die gespendete Blutmenge wird vom Körper innerhalb weniger Tage vollständig ersetzt. Zum Beispiel können im roten Knochenmark innerhalb einer Sekunde mehr als 2 Millionen rote Blutzellen neu gebildet werden.

Blut besteht aus Blutplasma und Blutzellen. Das Blutplasma transportiert die in ihm gelösten Stoffe. Rote Blutzellen transportieren Sauerstoff. Weiße Blutzellen haben Abwehrfunktionen gegen Krankheitserreger. Blutplättchen ermöglichen die Blutgerinnung.

Aufgaben

1 Erkläre, warum Höhentraining die Leistungsfähigkeit eines Sportlers steigern kann.
2 Erläutere mithilfe von Bild ↑4 die Vorgänge beim Wundverschluss..
3 Erläutere, wie eine Blutspende verläuft und nenne Argumente für die Notwendigkeit von Blutspenden. Recherchiere dazu im Internet unter www.drk.de.
4 Nenne die wichtigsten Funktionen des Blutes.

Blutgruppen

Wenige Jahrzehnte nachdem HARVEY den Blutkreislauf entdeckt hatte, versuchte man Blut zu übertragen, zunächst von Tier zu Tier, später auch von Tieren auf den Menschen. Die Behandlung sollte den Patienten heilen oder verjüngen, endete jedoch meist mit seinem Tod.
In der 1. Hälfte des 19. Jahrhunderts führte man auch Blutübertragungen (Transfusionen) von Mensch zu Mensch durch, zum Beispiel bei Frauen, die bei der Geburt eines Kindes viel Blut verloren hatten. Doch auch Bluttransfusionen von Mensch zu Mensch endeten oft tödlich.
Warum sind Blutübertragungen so problematisch?

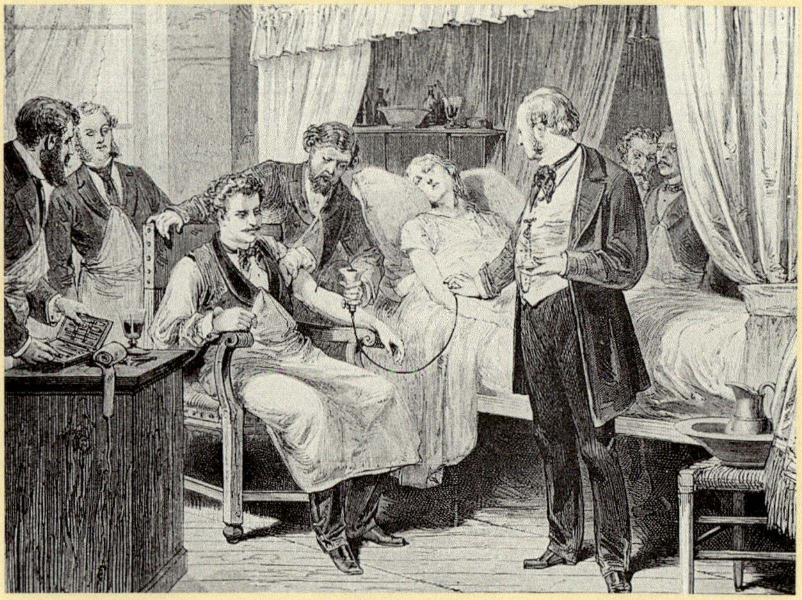

1 Eine Blutübertragung war vor 1900 sehr riskant.

Beobachten Untersuchen Experimentieren

Eigenschaften der Blutgruppen
Die Erklärung fand der Arzt KARL LANDSTEINER, als er 1901 Blutproben von sich und seinen Mitarbeitern untersuchte. Dabei vermischte er jeweils Blut von einer Person mit Blutserum von einer anderen. Blutserum ist die Flüssigkeit, die nach der Gerinnung von Blut oder Blutplasma übrig bleibt. In einigen Fällen verklumpte das Blut nach der Zugabe von Serum. Bild ↑2 zeigt das Ergebnis seines Versuchs.
Beschreibe, wie LANDSTEINER vorging.
Bestimme, welche Mitarbeiter jeweils dieselbe Blutgruppe hatten.
Leite ab, wie viele Blutgruppen LANDSTEINER mindestens annehmen musste.
Ermittle, wie viele Blutgruppen es gibt und wie häufig sie in der Bevölkerung vorkommen.

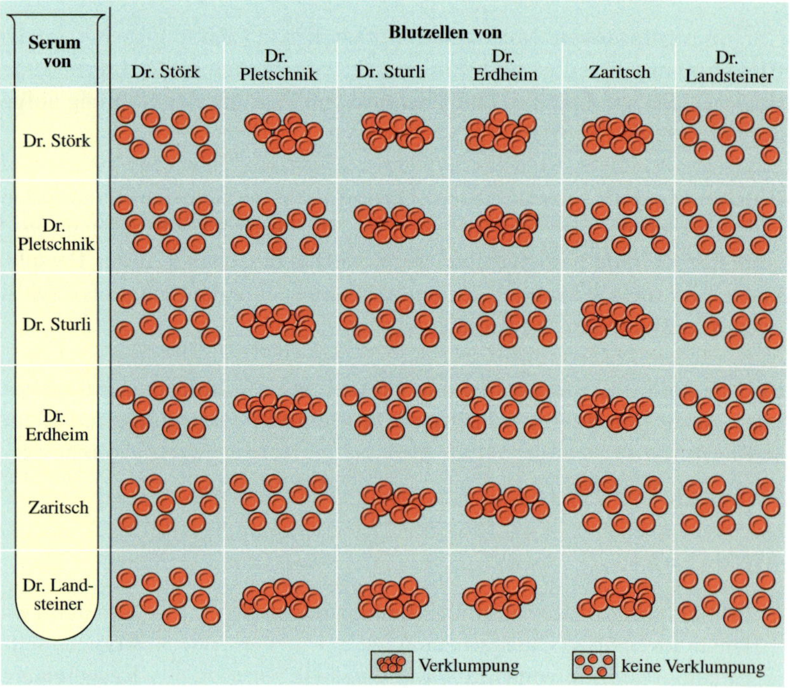

2 Ergebnis des Versuchs von KARL LANDSTEINER

Das AB0-Blutgruppensystem

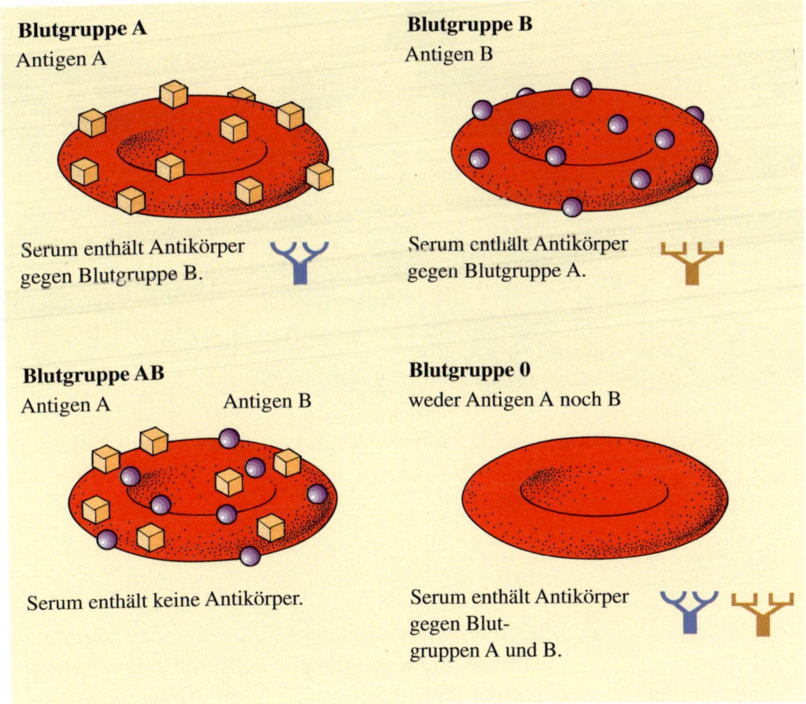

3 Rote Blutzellen der Blutgruppen A, B, AB und 0 mit Antigenen und im Serum vorhandenen Antikörpern

Grund für die Verklumpungsreaktionen sind Strukturen auf der Oberfläche der roten Blutzellen, die Antigene. Innerhalb des AB0-Systems gibt es die Antigene A und B. Tragen die roten Blutzellen eines Menschen das Antigen A, besitzt er die Blutgruppe A. Hat er Antigen B, ist seine Blutgruppe B. Die Blutgruppe AB besitzt beide Antigene. Ist weder das Antigen A noch B vorhanden, liegt die Blutgruppe 0 vor. ↑3
Abwehrproteine im Blutserum, die Antikörper, können die Antigene erkennen und sich an diese binden. Dabei besitzt Blutgruppe A Antikörper gegen Antigen B, Blutgruppe B enthält Anti-A-Antikörper. Blutgruppe 0 enthält sowohl Anti-A- als auch Anti-B-Antikörper, Blutgruppe AB dagegen hat keine Antikörper. Beim Kontakt von Blut verschiedener Gruppen kommt es zu einer Antigen-Antikörper-Reaktion.
Außer dem AB0-System ist vor allem das Rhesus-System medizinisch von Bedeutung. Daneben gibt es noch 20 weitere Blutgruppensysteme.

Die Blutgruppen A, B, AB und 0 werden nach Antigenen auf den roten Blutzellen unterschieden. Das Blutplasma von A, B und 0 enthält Antikörper gegen andere Blutgruppen.

Medizin

Blutübertragung
Bei einer Blutübertragung müssen die Blutgruppen von Spender und Empfänger übereinstimmen. Da in Deutschland täglich etwa 16000 Blutkonserven benötigt werden, sind sehr viele Blutspenden notwendig, damit Blut aller Blutgruppen bereitsteht.
Mit Blut kann auch eine Infektion übertragen werden. Durch Eigenblutspenden vor einer geplanten Operation lässt sich ein Infektionsrisiko ausschließen.

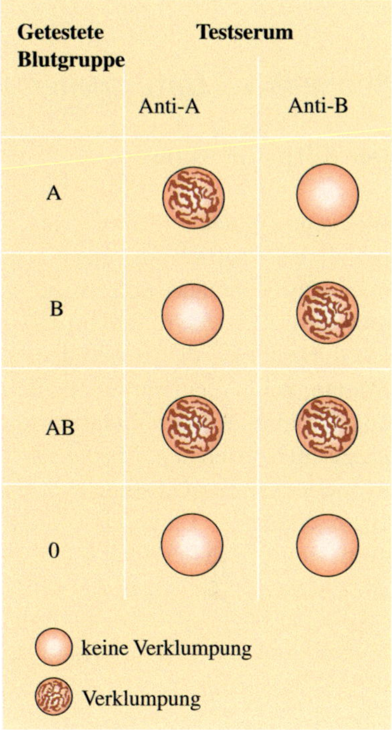

4 Prinzip der Blutgruppenbestimmung

Aufgaben

1 Zeige mithilfe von Bild ↑2 tabellarisch, wie rote Blutzellen der einzelnen Gruppen des AB0-Systems auf die Zugabe von Serum aller Gruppen reagieren.

2 Erkläre, warum die Blutgruppen von Spender und Empfänger bei Blutübertragungen miteinander „verträglich“ sein müssen.

Teamarbeit in unserem Körper

Nora hat es heute wieder nicht geschafft, das Haus rechtzeitig zu verlassen. Jetzt gibt sie alles, um den Schulbus noch zu erreichen. „Auf die Sekunde geschafft!" denkt sie, als sie sich auf den Sitzplatz fallen lässt. Ihr Herz rast, sie schwitzt und ist noch völlig außer Puste.
Warum schlägt ihr Herz immer noch so schnell? Wie arbeiten bei so einem Sprint Herz, Lunge und Beine zusammen?

1 Wenn Nora sich richtig anstrengt, kann sie den Bus noch erwischen!

Beobachten Untersuchen Experimentieren

Der Körper in Aktion

Was genau in deinem Körper geschieht, wenn du dich plötzlich körperlich anstrengst, kannst du nun selbst noch einmal genauer untersuchen und erklären. Setze dich dazu zunächst ruhig und entspannt auf einen Stuhl. Bestimme die Anzahl deiner Atemzüge in einer Minute. Zähle dann die Anzahl deiner Herzschläge in einer Minute. Körperliche Belastung kannst du durch Liegestütze erreichen. Mache schnell hintereinander 10 Liegestütze und bestimme erneut beide Werte. Mache nochmals 20 Liegestütze und miss ein drittes Mal. Tipp: Ein Mitschüler kann dir beim Zählen der Atemzüge helfen.

1 Übertrage die Tabelle in dein Heft und trage deine Messwerte ein.

		Liegestütze	
	Ruhe	Nach 10	Nach 20
Atemzüge pro Minute			
Herzschläge pro Minute			
Volumen an eingeatmetem Sauerstoff pro Minute			
Herzminutenvolumen			

2 So kann deine Messwerttabelle aussehen.

2 Berechne, wie viel Sauerstoff du in jeder Minute einatmest. Gehe davon aus, dass mit jedem Atemzug etwa 100 ml Sauerstoff in die Lunge gelangen.

3 Berechne, wie viel Blut dein Herz jeweils in einer Minute in den Körper pumpt. Bei Jugendlichen beträgt das Blutvolumen, das pro Herzschlag transportiert wird, etwa 70 ml. Multipliziere die Anzahl deiner Herzschläge je Minute mit dem Normalvolumen. Das Ergebnis bezeichnet man als Herzminutenvolumen.

4 Stelle einen Zusammenhang her zwischen dem Herzzeitvolumen und der im Blut transportierten Sauerstoffmenge.

5 Überlege und erkläre, wie der Körper auf Belastung reagiert. Vergleiche dazu in deiner Tabelle die Werte für Ruhe und für Belastung. Welchen Schluss kannst du ziehen? ↑4 S. 83

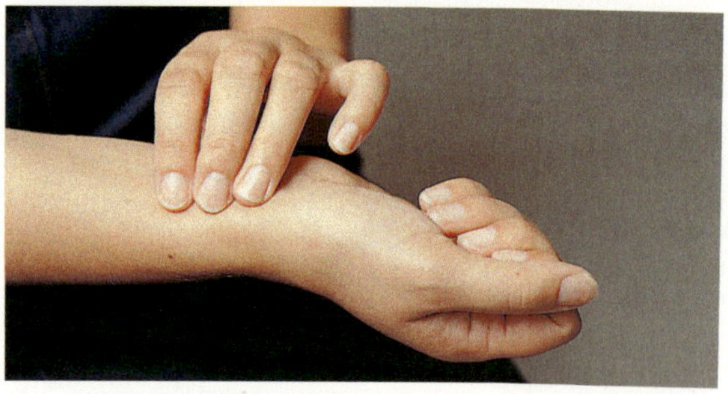

3 So wird der Puls gemessen.

Wie unsere Organe zusammenarbeiten

Belastungssituation Auf Belastungssituationen reagiert der Körper immer gleich: Er stellt Energie für die Vorgänge zur Verfügung, die in diesem Moment am dringlichsten sind. Bei einem Sprint ist das unter anderem die Tätigkeit der Beinmuskeln. Andere Vorgänge, zum Beispiel die Verdauungstätigkeit, werden verringert.

Teamarbeit unserer Organe Das schnelle Laufen erfordert viel Energie. Dafür speichern die Muskeln einen Vorrat an Glykogen, einem energiereichen Kohlenhydrat, aus des sie Traubenzucker (Glucose) bilden können. Der Körper konzentriert sich auf die Versorgung mit Sauerstoff und die Entsorgung von Kohlenstoffdioxid. Dazu muss das Herz mehr Blut durch den Körper pumpen, die Herzfrequenz steigt. Der nötige Gasaustausch wird durch Steigerung der Atemfrequenz erreicht. Überschüssige Wärme wird durch Aktivierung der Schweißdrüsen in der Haut abgeführt.

Basiskonzept

Steuerung und Regelung
Das Zusammenwirken der Organe erfordert ein Mess- und Regelungssystem. Steigt zum Beispiel der Sauerstoffbedarf des Körpers bei körperlicher Anstrengung, registrieren „Messfühler“ in den Blutgefäßen den sinkenden Sauerstoffwert und die steigende Konzentration von Kohlenstoffdioxid im Blut. Daraufhin wird die Atemfrequenz erhöht, sodass sich beide Atemgase wieder auf den Sollwert einstellen.

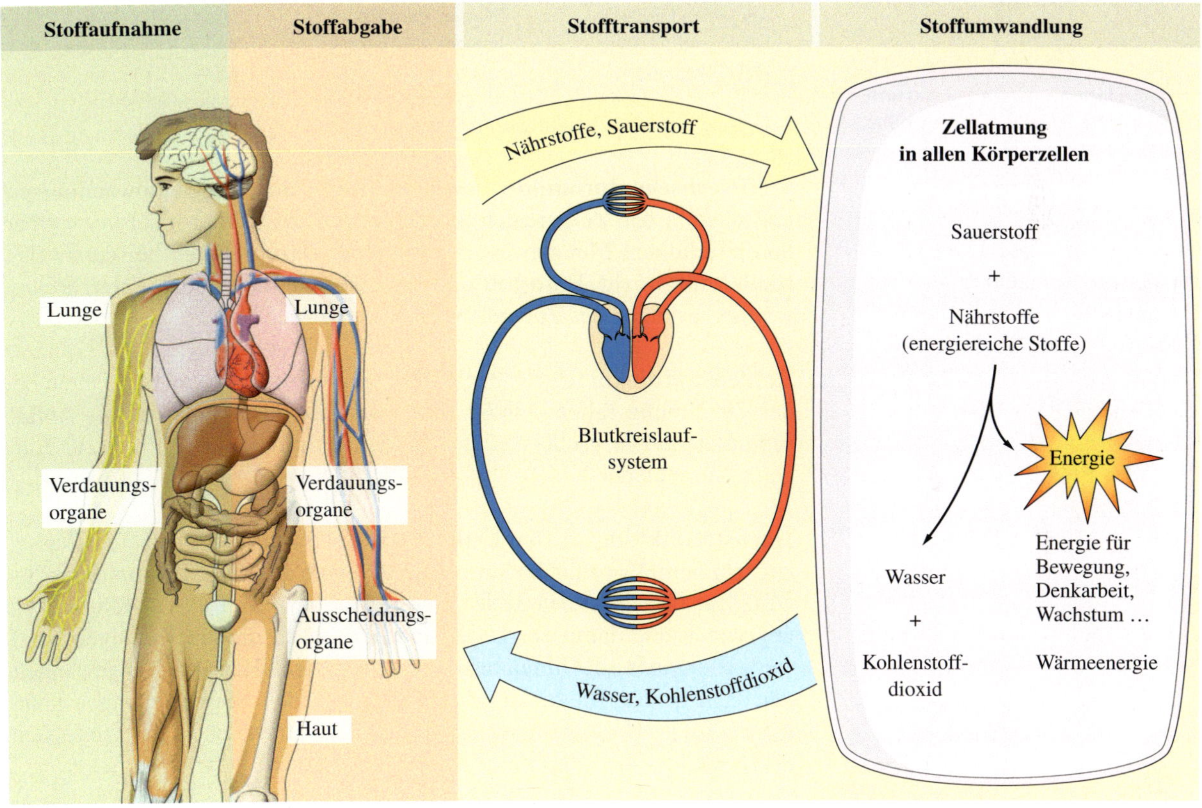

4 Das Zusammenwirken der Organe im Überblick

Aufgaben

1 Nora isst einen Apfel. Erläutere deinem Banknachbarn anhand von Bild ↑4 was im Körper damit geschieht: Aufnahme, Verdauung, Stoffaufnahme ins Blut, Bildung körpereigener Stoffe, Ausscheidung. Verfasse dazu einen kurzen Text.

2 Nora hat sich bei ihrem morgendlichen Lauf zum Schulbus richtig angestrengt. Beschreibe die Vorgänge in ihrem Körper anhand von Bild ↑4.

3 Die Erkrankung eines einzelnen Organs bewirkt eine allgemeine Leistungsminderung. Begründe.

Ausscheidung von Stoffwechselendprodukten

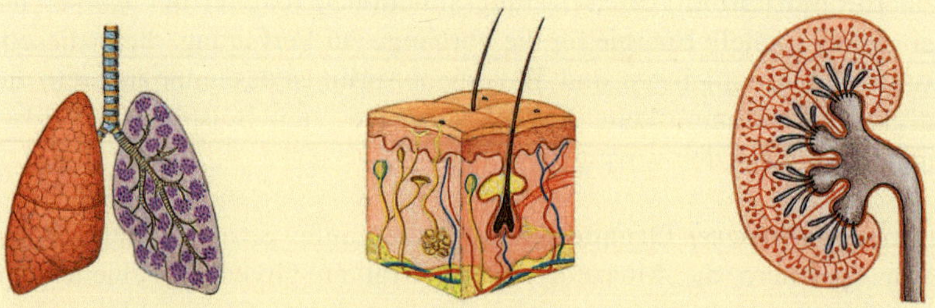

2 Organe mit Ausscheidungsfunktion

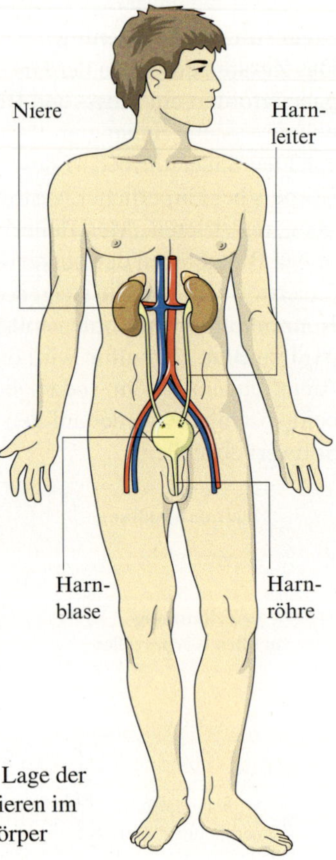

1 Lage der Nieren im Körper

Stoffwechselendprodukte Durch die Stoff- und Energieumwandlungen entstehen in den Zellen auch Stoffe, die für den Körper nicht verwertbar und in erhöhten Mengen sogar giftig sind. Dazu gehören beispielsweise Kohlenstoffdioxid, Harnstoff und verschiedene Salze. Ihre Anreicherung würde Störungen des Zellstoffwechsels verursachen.

Kohlenstoffdioxid Durch den Abbau von Kohlenhydraten und Fetten bei der Zellatmung fallen ständig Kohlenstoffdioxid und Wasser als Abfallprodukte an. Der größte Teil des Kohlenstoffdioxids wird durch die Lungen ausgeschieden.

Harnstoffbildung in der Leber Neben Kohlenstoffdioxid und Wasser entsteht beim Eiweißabbau in geringer Menge das Zellgift Ammoniak. Es wird sehr rasch von den Zellen an das Blut bzw. an die Lymphflüssigkeit abgegeben und damit zur Leber transportiert. In diesem wichtigen Stoffwechselorgan wird Ammoniak zu dem ungiftigen Harnstoff umgewandelt, der dann in den Blutkreislauf und damit zu den Nieren gelangen kann. Dort wird der Harnstoff aus dem Blut herausgefiltert und kann schließlich als Bestandteil des Harns ausgeschieden werden.

Harnorgane Das gesamte Blut durchfließt täglich die Nieren etwa dreihundertmal, das entspricht einem Volumen von etwa 1 700 Litern. Zu den Harnorganen gehören außerdem zwei an den Nieren ansetzende Harnleiter, eine Harnblase zur Harnspeicherung und eine nach außen mündende Harnröhre, durch die Harn ausgeschieden wird. Eine Niere hat eine Masse von 120 g bis 200 g. Im Längsschnitt erkennt man deutlich einen Hohlraum, das Nierenbecken. Dort wird der Harn aus den Nierenkanälchen gesammelt und an den Harnleiter abgegeben. Eine Niere enthält etwa eine Million winziger Nierenkörperchen, jedes mündet in ein Nierenkanälchen.

Alter (Jahre)	Flüssigkeitsmenge (ml), die pro Tag aufgenommen werden sollte
1 bis 4	820
4 bis 7	940
7 bis 10	970
10 bis 13	1170
13 bis 15	1350
15 bis 19	1530

3 Empfohlene Flüssigkeitsmengen (Wasser) pro Tag

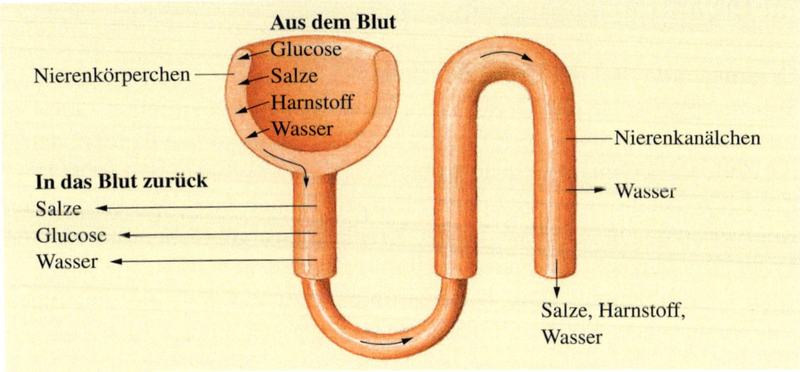

4 Schema der Harnbildung

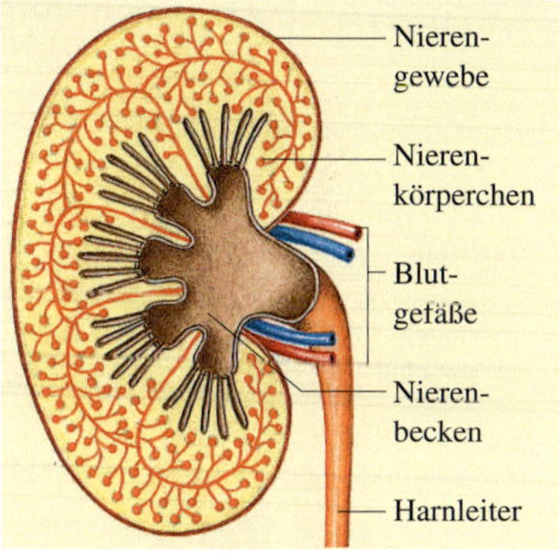

5 Bau einer Niere

Harnbildung Zu jeder Niere führt eine Nierenarterie, die sich in den Nierenkörperchen zu feinsten Kapillaren aufspaltet, die auch die Nierenkanälchen umspinnen. Aus den Kapillaren dringt Wasser mit gelösten Stoffen in die Nierenkanälchen. Die Flüssigkeit enthält Glucose, Harnstoff, Vitamine, gelöste Mineralsalze und andere Stoffe. Täglich bilden die Nieren bis zu 200 ℓ Filtrat. Durch Wiederaufnahme von Wasser und anderen Stoffen (z. B. Glucose) in das Blut wird die Zusammensetzung dieser Flüssigkeit auf dem Wege durch die Nierenkanälchen verändert. So entstehen in 24 Stunden allmählich 1,5 ℓ bis 2 ℓ Harn.

Gesunderhaltung und medizinische Behandlung Bakterien können schmerzhafte Entzündungen der Harnorgane verursachen, die durch Unterkühlung gefördert werden (deshalb z. B. nasse Badekleidung wechseln!). Durch das Auskristallisieren von Harnbestandteilen entstehen Nieren- oder Blasensteine. Wenn sie Beschwerden verursachen, müssen sie aufgelöst oder operativ entfernt werden.
Bei schwerer Unterfunktion der Nieren ist eine regelmäßige Blutfilterung (Dialyse) mit einer „künstlichen Niere" erforderlich. Dies ist ein Gerät, an das Menschen mit Nierenversagen mehrmals in einer Woche angeschlossen werden. Aus einer Armvene wird das Blut in das Dialysegerät geleitet, in dem durch Filterung Abfall- und Giftstoffe aus dem Blut entfernt werden. Anschließend fließt das gereinigte Blut in den Körper zurück. Heute ist es bereits möglich, Dialysen mit einem Heimgerät während des Nachtschlafs durchzuführen. In Spezialkliniken kann bei schweren Erkrankungen ein Austausch der kranken Niere durch eine gesunde Spenderniere erfolgen (Organtransplantation).

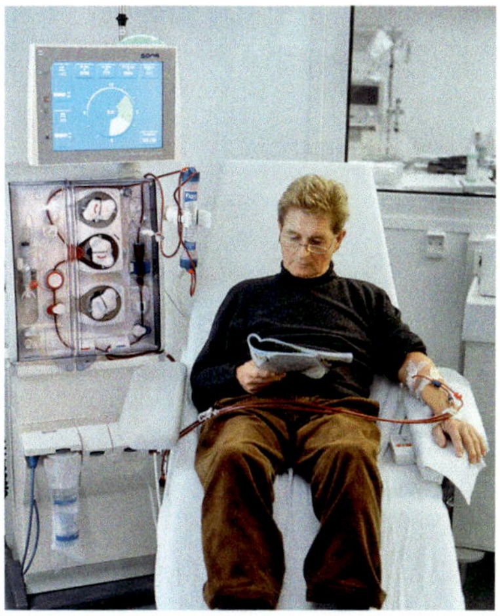

6 Patient während einer Dialyse

Organe mit Ausscheidungsfunktion (Nieren, Lungen und Haut) scheiden im Körper nicht verwertbare Stoffwechselprodukte aus.

Aufgaben

1 Nenne Organe mit Ausscheidungsfunktion.
2 Erläutere die Entstehung von Harn.
3 Suche im Internet Informationen zum Begriff „Harnuntersuchungen". Wähle wichtige Fakten aus und berichte darüber in einem Kurzvortrag.
4 Beschreibe die Funktion und erläutere die Bedeutung einer „künstlichen Niere".
5 Nierensteine verursachen sehr starke Schmerzen. Ausreichende Flüssigkeitszufuhr kann die Bildung von Nierensteinen verhindern. Begründe.

Nachgehakt Organspende und Organtransplantation

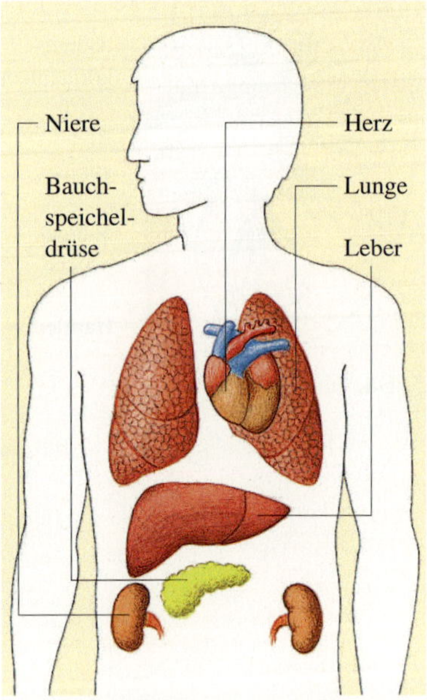

1 Organe, die transplantiert werden können

Organspende Bei der Organentnahme beginnt ein Wettlauf mit der Zeit. Soll beispielsweise das Organ eines Verstorbenen Leben retten, muss es innerhalb einer Stunde nach Eintritt des Todes entnommen werden, damit die Zellen des Organs nicht absterben.
Ein LKW hatte das Fahrrad der 16jährigen Tanja erfasst. Mit schwersten Kopfverletzungen wird sie in ein Krankenhaus gebracht. Obwohl die Ärzte alles versuchen, können sie Tanja nicht mehr helfen. Sie stirbt an einer Gehirnblutung. Tanja hatte bei ihren Papieren auch ein Dokument zur Organspende. Ein Arzt bittet in einem Gespräch mit den Eltern um die Erlaubnis zur Organentnahme bei Tanja. Nach einiger Bedenkzeit stimmen die Eltern, da es Tanjas Wille war, zu. Organspender kann jeder werden, es gibt keine Altersgrenze. Entscheidend für eine Organentnahme ist der biologische Zustand des Organs. Bei jeder Form der Organspende muss die schriftliche Einwilligung des Spenders vorliegen. Dafür gibt es in Krankenhäusern und Arztpraxen den Organspendeausweis.

Abwehrreaktionen des Immunsystems Unser Immunsystem wehrt sich normalerweise gegen körperfremde Substanzen. So kann es bei übertragenen Organen (z. B. Niere, Herz) zu Abstoßungsreaktionen kommen, weil vom Immunsystem des Empfängers Antikörper gegen das fremde Organ gebildet werden. Daher werden nach einer Transplantation Immunabwehrreaktionen durch Medikamente unterdrückt. Das bedeutet aber auch eine erhöhte Anfälligkeit gegenüber Infektionskrankheiten.

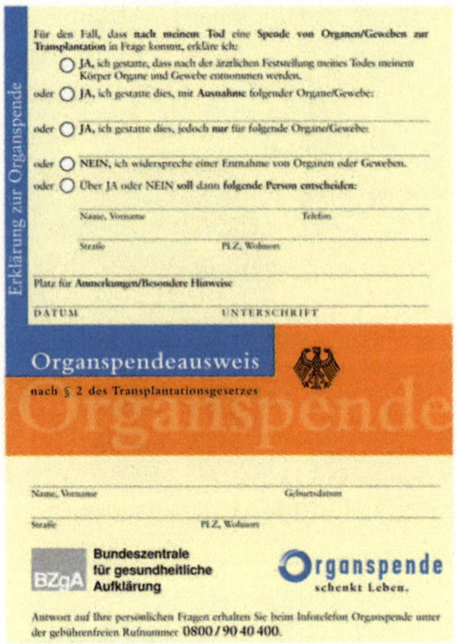
Erklärung zur Organspende

Für den Fall, dass **nach meinem Tod** eine **Spende von Organen/Geweben zur Transplantation** in Frage kommt, erkläre ich:

○ **JA**, ich gestatte, dass nach der ärztlichen Feststellung meines Todes meinem Körper Organe und Gewebe entnommen werden.
oder ○ **JA**, ich gestatte dies, mit **Ausnahme** folgender Organe/Gewebe:
oder ○ **JA**, ich gestatte dies, jedoch **nur** für folgende Organe/Gewebe:
oder ○ **NEIN**, ich widerspreche einer Entnahme von Organen oder Geweben.
oder ○ Über JA oder NEIN **soll** dann **folgende Person entscheiden**:

Name, Vorname   Telefon
Straße   PLZ, Wohnort

Platz für **Anmerkungen/Besondere Hinweise**

DATUM   UNTERSCHRIFT

Organspendeausweis
nach § 2 des Transplantationsgesetzes
Organspende

Name, Vorname   Geburtsdatum
Straße   PLZ, Wohnort

BZgA Bundeszentrale für gesundheitliche Aufklärung
Organspende schenkt Leben.

Antwort auf Ihre persönlichen Fragen erhalten Sie beim Infotelefon Organspende unter der gebührenfreien Rufnummer 0800 / 90 40 400.

2 Organspendeausweis

Organtransplantation Stefan (27) ist Student. Seit einigen Jahren ist er nierenkrank, dreimal in der Woche muss er zur Blutwäsche. Heute erreicht ihn ein Anruf der Medizinischen Hochschule. Für ihn gibt es ein Spenderorgan. Tanjas Körperwerte passen zu seinen. Er bekommt in einer Operation ihre Niere transplantiert. Nimmt der Körper das fremde Organ an, wird sie arbeiten? Nach einigen Monaten ist für Stefan klar: Er hat Glück, die Niere arbeitet einwandfrei. Nun kann er wieder ein relativ normales Leben führen. Nicht immer verläuft eine Transplantation erfolgreich, oft stößt der Körper auf Grund einer Immunreaktion das fremde Organ ab. Dann muss es durch eine weitere Operation wieder entfernt werden.

Woher kommen Spenderorgane? Beispielsweise stammen über 90 % der Nieren von verstorbenen Spendern, 10 % von Lebendspendern. Der Handel mit Organen ist in Deutschland streng verboten. Ist eine Lebendspende nicht möglich, kommt der Patient auf eine Warteliste. Sobald eine Spenderniere verfügbar ist, werden deren Daten mit den Patientendaten abgeglichen. Der Patient mit den meisten Übereinstimmungen wird als Empfänger ausgewählt.

Aufgaben

1 Nach einer Umfrage würden von 450 Personen 63,1 % einer Organentnahme nach ihrem Tode zustimmen, 22,7 % lehnen die Organspende ab, 14,2 % sind unentschieden. Diskutiert darüber.

2 „Fragen und Antworten" auf Seite 87 stammen von der Bundeszentrale für gesundheitliche Aufklärung (www.organspende-info.de). Informiere dich auch über das Transplantationsgesetz. Berichte.

Nachgehakt Organspende – wichtige Fragen und Antworten

Gibt es eine Altersgrenze für Organspender?	Es gibt keine feste Altersgrenze. Entscheidend ist das biologische und nicht das kalendarische Alter. Auch die funktionstüchtige Niere eines 65-jährigen Verstorbenen kann einem Dialysepatienten wieder ein fast normales Leben schenken. Ob Organe für eine Transplantation geeignet sind, kann erst bei einer tatsächlichen Spende medizinisch geprüft werden.
Können Personen, die jünger als 18 Jahre sind, einen eigenen Organspendeausweis ausfüllen?	Ja, laut Transplantationsgesetz können Minderjährige ihre Bereitschaft zur Organspende ab dem 16. Lebensjahr und ihren Widerspruch ab dem 14. Lebensjahr erklären. Eine Einwilligung der Eltern ist nicht notwendig
Muss man sich vom Arzt untersuchen lassen, bevor man den Spenderausweis ausfüllt?	Nein. Eine Untersuchung ist nicht notwendig und zu diesem Zeitpunkt nicht sinnvoll, da sich der gesundheitliche Zustand eines Menschen fortwährend ändern kann.
Welche Vorerkrankungen schließen eine Organspende generell aus?	Eine Organentnahme ist ausgeschlossen, wenn bei dem Verstorbenen eine akute Krebserkrankung oder ein positiver HIV-Befund vorliegt. Bei allen anderen Erkrankungen entscheiden die Ärzte nach den erhobenen Befunden, ob eine Organspende in Frage kommt.
Werden Organspender registriert?	In Deutschland gibt es kein Organspenderegister. Es genügt, wenn Sie ihren Spendeausweis ausfüllen und stets bei sich tragen.
Muss man den Spendeausweis ständig bei sich tragen?	Das ist sinnvoll, am besten beim Personalausweis. Wer das nicht möchte, sollte auf jeden Fall eine Vertrauensperson über seine Entscheidung informieren und sagen, wo der Ausweis zu finden ist.
Kann man im Organspendeausweis bestimmte Organe von einer Spende ausschließen?	Ja, man hat fünf Wahlmöglichkeiten im Organspendeausweis. So kann man der Organspende generell zustimmen, einzelne Organe ausschließen oder nur bestimmte Organe zur Verfügung stellen, die Organspende generell ablehnen oder die Entscheidung auf eine Person seines Vertrauens übertragen.
Was passiert, wenn man seine Meinung zur Organspende ändert?	Die veränderte Meinung kann man in einem neuen Spendeausweis dokumentieren und den alten Ausweis zerreißen.
Welche Voraussetzungen müssen für eine Organspende von Verstorbenen erfüllt sein?	Dies ist im Transplantationsgesetz streng geregelt. Der Hirntod des möglichen Spenders muss entsprechend den Richtlinien der Bundesärztekammern von zwei Ärzten festgestellt worden sein. Die Einwilligung des Verstorbenen in eine Organspende muss bekannt sein oder die Angehörigen müssen nach seinem vermuteten Willen der Organentnahme zustimmen.
Welche Erfolgsaussichten haben Organübertragungen?	Sehr gute. So funktionieren beispielsweise 88 % der transplantierten Nieren noch nach einem Jahr, nach fünf Jahren sind es noch 74 %. Bei den anderen Organen liegen die Erfolgsraten nur geringfügig darunter. Augenhornhäute sind sogar fast immer gut transplantierbar: 95 % haben volle Funktionstüchtigkeit noch nach einem Jahr, 80 % nach fünf Jahren.
Weiß der Empfänger des Organs, wer es gespendet hat?	Nein, die Spende ist immer anonym. Auch die Angehörigen des Spenders erfahren nicht, wer der Organempfänger ist. Auf Wunsch wird ihnen aber mitgeteilt, ob die Transplantation erfolgreich verlief.
Wann kommt eine Lebendspende in Frage?	Das Transplantationsgesetz erlaubt die Spende von Organen nur unter Verwandten ersten oder zweiten Grades (z. B. Eltern, Geschwistern), unter Ehepartnern, Verlobten bzw. anderen Menschen, die sich persönlich sehr nahe stehen. Eine Gutachterkommission prüft vorab, ob die Spende freiwillig erfolgt und keine finanziellen Interessen bestehen.

Bewegung hält mich fit und gesund

Sich gemeinsam austoben – aber richtig! An kleinen Kindern kann man am Besten sehen, dass wir nicht dafür geschaffen sind lange still zu sitzen – in der Schule, am Schreibtisch, aber auch in der Freizeit vor dem Fernseher oder dem Computer. Wir haben ein angeborenes Bewegungsbedürfnis. Schwierigere Bewegungen vervollkommnen wir durch zusätzliches Üben im Verlauf unserer Entwicklung (z. B. Sitzen, Laufen, Schwimmen, Schleifen binden).
Was passiert, wenn unser Bewegungsbedürfnis zu kurz kommt?

1 Kinder haben einen besonders starken Drang sich auszutoben.

Beobachten Untersuchen Experimentieren

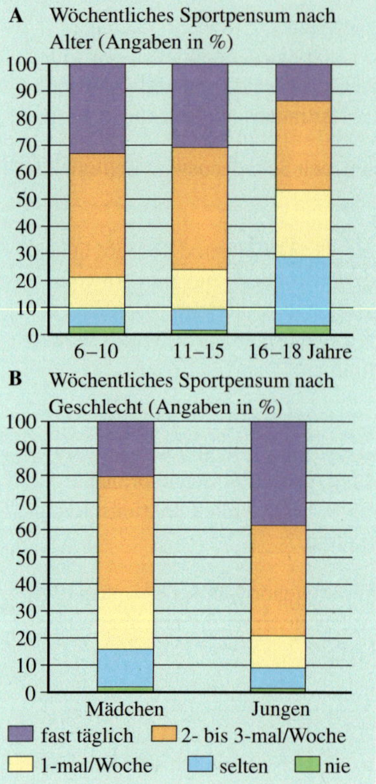

2 Wie häufig treibst eigentlich du wöchentlich Sport?

Zeit für Sport?

1 Führe eine Woche lang ein Bewegungsprotokoll. Erstelle dazu eine Tabelle und trage die Zeit ein, in der du dich bewegt hast (Gehen, Treppensteigen, Ballspiele …). Protokolliere auch die bewegungsarme Zeit. Womit hast du sie verbracht (Lesen, Hausaufgaben, Musikhören, Fernsehen, Telefonieren …)? Vergleiche deine Ergebnisse mit denen deiner Mitschüler.

2 Diskutiert in der Gruppe über folgende Punkte:
Welche alltäglichen Dinge hindern uns daran, uns zu bewegen?
Gibt es typische Bewegungsbremsen? Wie viel Bewegung ist gut?
Welche Bedingungen könnten den Spaß am Sport erhöhen?

3 Werte das Diagramm A aus. Erläutere wie sich wöchentliche sportlichen Aktivitäten bei Jugendlichen in den verschiedenen Altersgruppen verändern. Nenne mögliche Ursachen dafür?

4 Werte das Diagramm B aus. Vergleiche das Sportpensum von Jungen und Mädchen. Sammelt die Erklärungen von Jungen und Mädchen in eurer Klasse. Ermittelt Gründe für Unterschiede, die zwischen Jungen und Mädchen auftreten.

5 Welche Freizeitsportart würdest du gern regelmäßig ausüben? Diskutiere auch mit deinen Eltern oder mit Freunden: Was kann man am Wochende zu Fuß, mit Fahrrädern oder mit Inlineskatern unternehmen?

Bewegung ist unverzichtbar

Menschen sind auf Bewegung eingestellt Unsere tierischen Vorfahren haben sich zu Aufrechtgängern entwickelt. Bewegung spielte in ihrem Leben eine große Rolle (z. B. bei der Nahrungssuche). Als Jäger, Sammler oder Ackerbauern haben sich Menschen in ihrem Alltag viel bewegen müssen. Heute überwiegen dagegen Tätigkeiten mit Bewegungsmangel.

Bewegung – warum? Bewegung in der Freizeit bzw. im Sportverein wirkt sich vielfältig positiv auf unseren Körper aus. Die Liste der Vorzüge ist lang und könnte noch weiter ergänzt werden:
- Bewegung stärkt die Abwehrkräfte des Körpers, man ist beispielsweise seltener erkältet.
- Bewegung bewirkt eine Verbesserung des inneren Aufbaus der Knochen und schützt so vor Knochenbrüchen.
- Regelmäßige Bewegung an frischer Luft hilft Stress abzubauen und verbessert dadurch auch die Stimmung.
- Unser Herz-Kreislauf-System wird durch regelmäßige Bewegung trainiert und damit leistungsfähiger und ausdauernder.
- Kinder und Jugendliche, die sich viel bewegen, sind meist mit ihrem Aussehen zufriedener und haben weniger Angst zu dick zu werden.
- Häufige sportliche Betätigung führt oft zu besseren schulischen Leistungen, da die Konzentrationsfähigkeit steigt und Überprüfungen als Ansporn gesehen werden.
- Meist leben sportliche Menschen auch insgesamt gesünder. Sie achten auf ihre Ernährung und rauchen seltener.
- Sportliche Kinder und Jugendliche entwickeln sich meist auch zu sportlichen Erwachsene.

Gesundheitsfördernde Wirkungen werden schon durch regelmäßige sportliche Freizeitaktivitäten wie Joggen, Schwimmen, Rad fahren und Spielen auf dem Bolzplatz erzielt.

Bewegung ist für eine gesunde Entwicklung des Menschen unverzichtbar. Besonders Kinder und Jugendliche sind durch körperliche und geistige Fitness leistungsfähiger und insgesamt gesünder.

Schon gewusst?

3 Beim Ausdauertraining

Sportarten, bei denen Ausdauer erforderlich ist (z. B. Radfahren, Joggen, Schwimmen), sind als Gesundheitssport besonders geeignet. Tipps für Anfänger:
Nicht übertreiben. Zum Beispiel so laufen, dass man sich ohne Atemnot noch unterhalten kann. Trainierte können Ausdauerbelastungen (etwa bis zu 30 Minuten), z. B. beim Joggen, normalerweise leicht durchhalten.
In den ersten zehn Minuten das Training langsam beginnen. Bei Hitze (über 25 °C) sowie bei Erkrankungen oder kurz nach dem Essen nicht trainieren. Am besten in der Gruppe gemeinsam unter Anleitung trainieren!

Aufgaben

1 Diskutiere Vor- und Nachteile von Vereinssport.

2 Führe zusammen mit deinen Mitschülern in eurer Schule eine Befragung zum Thema „Sport" durch. Ihr könntet folgende Fragen stellen: Wann hast du das letzte Mal Freizeitsport getrieben? Aus welchen Gründen treibst du Sport? Welche Sportarten betreibst du gern? Gibt es deiner Meinung nach einen Zusammenhang zwischen Sport und schulischen Leistungen?

3 Erarbeitet eine Kartei mit Bewegungsspielen für große Pausen. Dann habt ihr eine große Auswahl.

4 Schreibe einen passenden Text zu Abbildung 4 in dein Heft. ↑4

4 Finde eine passende Bildunterschrift!

Stabilität und Beweglichkeit des Körpers

Skelett und Muskulatur bilden zusammen unser Bewegungssystem. Regelmäßige sportliche Betätigung fördert unsere Gesundheit und Leistungsfähigkeit.
Bei sportlichem Training musst du darauf achten, dass du deinen Körper nicht überforderst.
Jeder sollte „seine" Sportart nicht nur nach seinen Wunschvorstellungen sondern auch nach seinen körperlichen Möglichkeiten auswählen. Eine leistungsfähige, körperlich und seelisch gesunde Gesamtverfassung des Menschen wird als Fitness bezeichnet.

1 Training unter fachkundiger Anleitung im Fitnessraum

Beobachten Untersuchen Experimentieren

Eigenschaften von Knochen

1 Wir untersuchen Knochen
Ein Hähnchenknochen wird in die Flamme eines Gasbrenners gehalten. Ein anderer wird in verdünnte Salzsäure *(Vorsicht! Schutzbrille tragen!)* gegeben und anschließend gut mit Wasser abgewaschen. Zur Kontrolle bleibt ein dritter Knochen unbehandelt.

a Vergleiche Elastizität und Festigkeit unbehandelter und wie angegeben behandelter Knochen.

b Knochen sind im Normalzustand druckfest bzw. hart und zugleich elastisch. Erkennst du darin Vorteile für ihre Funktion? Begründe.

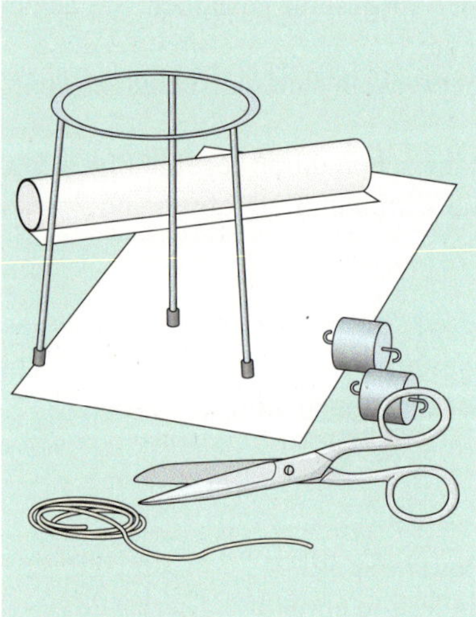
2 Diese Materialien kannst du für deinen Versuch verwenden

2 Die Belastbarkeit von Röhrenknochen
Unsere großen Knochen enthalten zahlreiche Hohlräume. Die Belastbarkeit dieser Knochen kannst du in einem Modellversuch untersuchen. Dafür stehen dir folgende Materialien zur Verfügung: DIN-A4-Papier, Dreifuß, Kordel, Schere und Wägestücke. ↑2
Plane einen Versuch, mit dem du die folgende Behauptung experimentell überprüfen kannst: Röhrenförmige Knochen sind belastbarer als gleich große Knochen mit einem anderen Aufbau.

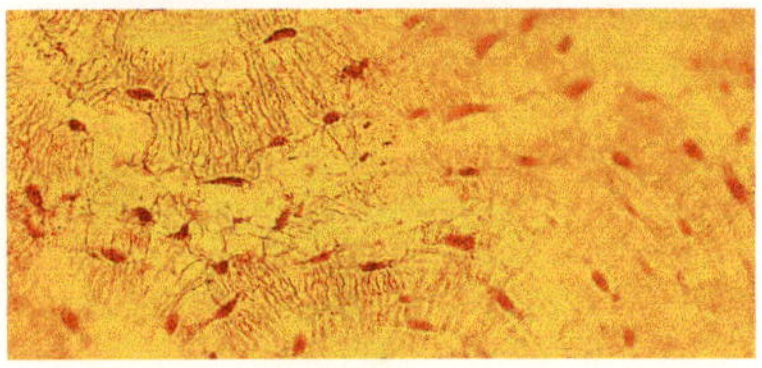
3 Knochenzellen

Knochen bilden unser Skelett

Knochengewebe Die Knochenzellen liegen in der Knochensubstanz. Bestimmte Knochenzellen scheiden Calciumphosphat und Calciumcarbonat ab, die an den elastischen Kollagenfasern („Knochenleim") des Knochengrundmaterials auskristallisieren. Dadurch wird die Stabilität der Knochen ermöglicht.

Knochen als Organe Der lebenslange Auf- und Abbau von Knochenzellen ermöglicht die Heilung nach Knochenbrüchen und auch die Anpassung der Knochensubstanz an sich verändernde Belastungen. Training bewirkt die Erhaltung oder Verstärkung der Knochensubstanz, fehlende Belastung und Übung können zu ihrer Rückbildung führen. Im Knochenmark werden Blutzellen als wichtige Bestandteile des Blutes gebildet.
In der Knochenhaut befinden sich, ebenso wie in feinen Kanälen im kompakten Knochen, auch Nervenfasern. Sie ermöglichen die Schmerzempfindlichkeit des Knochens.

Skelett Das Skelett stützt den Körper, bestimmt seine Form und ermöglicht uns Bewegungen. Die Wirbelsäule ist das zentrale Stützorgan. Ein ausgewachsenes Skelett besteht aus über 200 Knochen. Sie unterscheiden sich in Größe und Form und haben verschiedene Aufgaben. Lange, röhrenförmige Knochen können viel Gewicht tragen. Flache, gewölbte Knochen umgeben wie ein Schutzmantel wichtige Organe (z. B. die Schädelknochen das Gehirn).

Knochen sind lebende Körperteile, die wachsen und nach Brüchen heilen können. Zusammen bilden sie ein bewegliches Stützskelett. Einige Knochen haben auch eine Schutzfunktion für innere Organe.

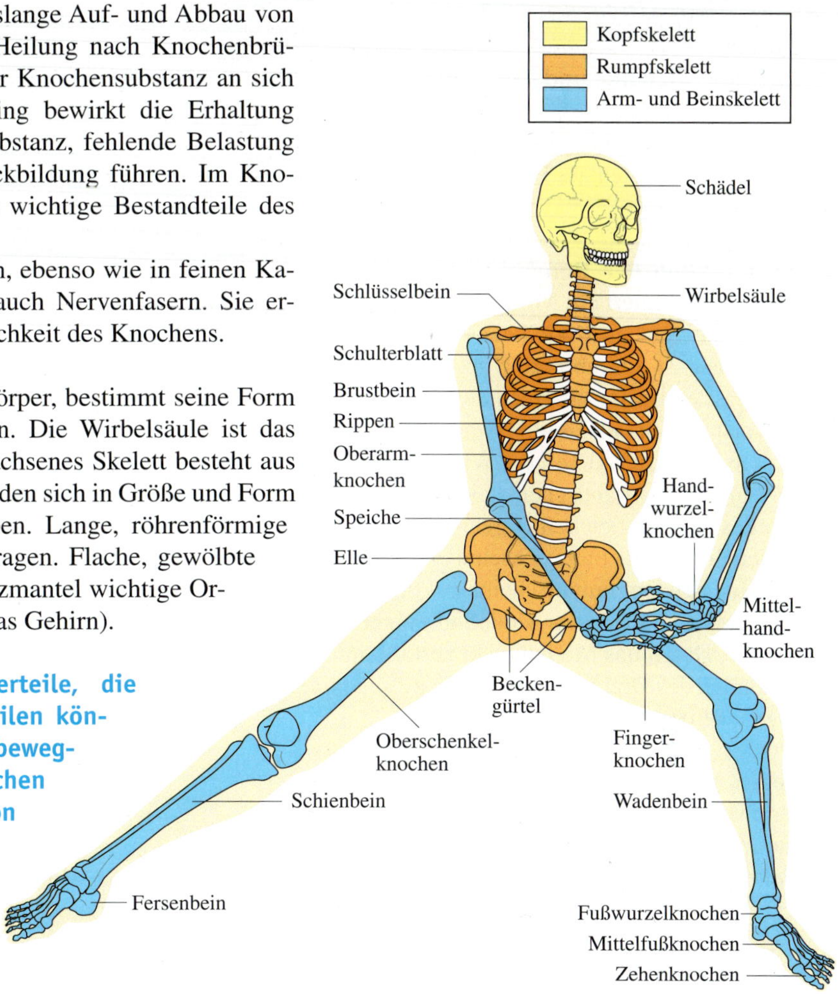

4 Skelett des Menschen

Aufgaben

1 Begründe die Richtigkeit dieser Aussage: „Knochen sind lebendige Körperteile." Denke dabei z. B. an Sportunfälle. Betrachte dazu auch den Längsschnitt durch einen Röhrenknochen. ↑4

2 Begründe, warum für Kinder und Jugendliche calciumreiche Nahrungsmittel (z. B. Milch, Milchprodukte) biologisch besonders wichtig sind. ↑5

3 Nenne die Hauptfunktionen des Skeletts und ordne ihnen jeweils drei Knochen zu.

4 Neugeborene haben noch überwiegend weiche Knochen, die sich erst nach der Geburt verfestigen. Formuliere eine Vermutung über die Angepasstheit dieser Eigenschaften.

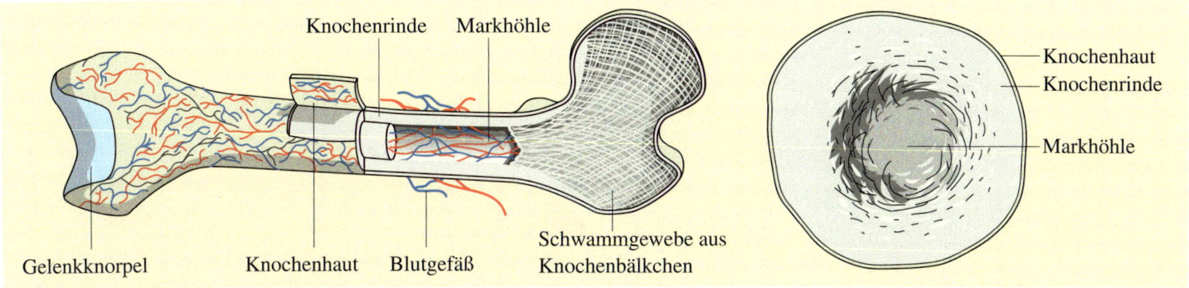

5 Oberschenkelknochen im Längsschnitt (links) und im Querschnitt (rechts)

Beobachten Untersuchen Experimentieren

Wirbelsäule, Gelenke und Muskeln

Wir bauen ein Modell der Wirbelsäule und führen einfache Untersuchungen zur Funktion von Gelenken und Muskeln durch.

1 Die Funktion der Bandscheiben in der Wirbelsäule – wir bauen ein Modell

a Baue ein einfaches Modell der Wirbelsäule. ↑1
Reihe dazu 24 durchbohrte Holzscheiben (z. B. aus dem Bastlerbedarf) auf einen dicken Draht auf. Sie entsprechen den 24 unverwachsenen Wirbeln, die den beweglichen Teil der Wirbelsäule bilden. Als Modelle für Bandscheiben kannst du Schaumgummischeiben gleichen Durchmessers verwenden. Schiebe nun immer abwechselnd eine Holzscheibe und eine Schaumgummischeibe auf den Draht. Beginne und beende das Modell mit einer Holzscheibe. Damit das Modell nicht zerfällt, müssen die Enden des Drahtes mithilfe einer Zange umgebogen werden.

b Versuche nun deine Modellwirbelsäule zu verbiegen. Was kannst du über ihre Beweglichkeit berichten? Beobachte besonders die Schaumgummischeiben beim Verbiegen des Drahtes. Ziehe Schlussfolgerungen zur Funktion der Bandscheiben.

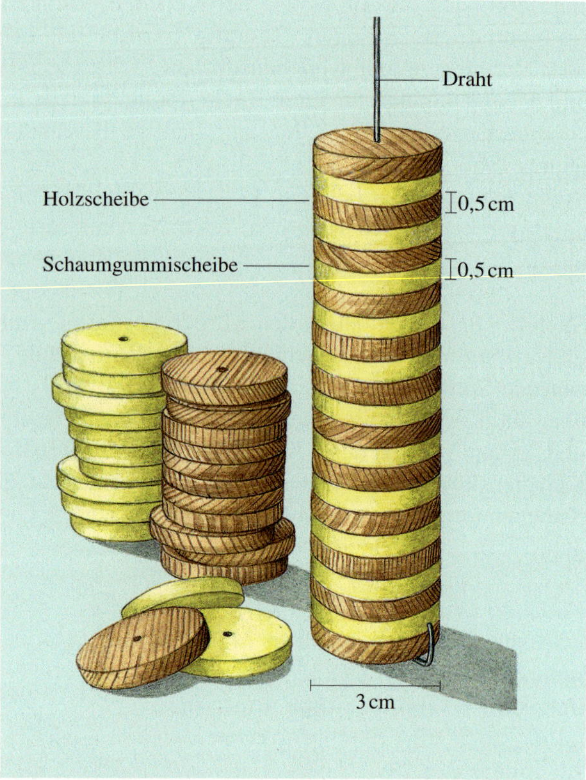

1 Modell der Wirbelsäule

2 Gelenke machen uns beweglich

a Führe mit deinem Oberarm, Unterarm, Finger und Daumen vorsichtig alle möglichen Bewegungen aus.
Beschreibe die Bewegungsmöglichkeiten dieser Körperteile.

b Ordne mithilfe der Abbildung ↑2 das Schulter-, Ellenbogen-, Finger- und Daumengrundgelenk den technischen Gelenken zu. Begründe.

3 Muskeln führen Bewegungen aus

Nimm ein schweres Buch in die rechte Hand und hebe und senke deinen Unterarm ganz langsam. Fühle dabei mit der linken Hand, welche Muskeln arbeiten und wie sie sich verändern. ↑3
Lasse bei der Liegestützübung einen Partner an deinem Arm fühlen, welcher Muskel arbeitet und wie er sich verändert. Führt die Versuche mit umgekehrter Aufgabenverteilung anschließend nochmals durch.Notiert eure Beobachtungen.

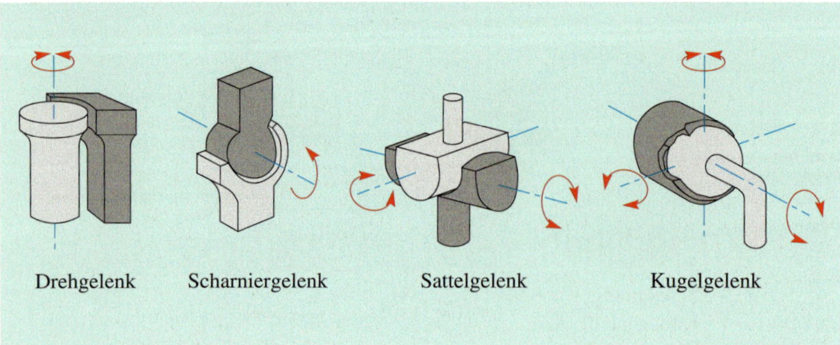

2 Technische Gelenke

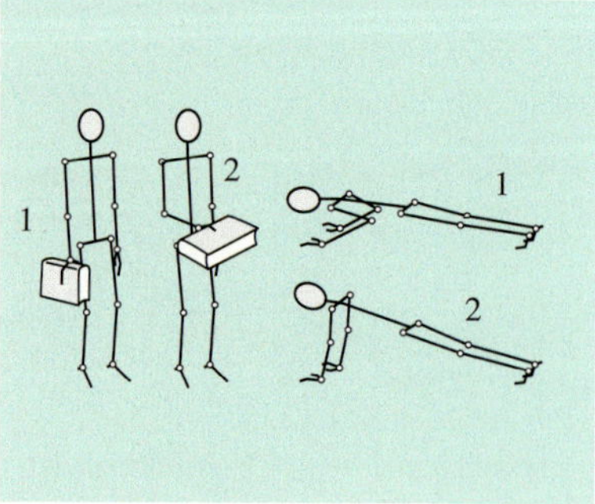

3 Schemazeichnungen

Bau und Funktion der Wirbelsäule

Die Wirbelsäule wirkt durch ihre Doppel-S-Form stützend und federnd. Sie besteht aus Wirbelknochen, die durch Bandscheiben verbunden sind. Diese haben außen einen festen Knorpelring, der sie in ihrer Position hält, und innen einen weicheren, mit Flüssigkeit gefüllten Kern. Gesunde Bandscheiben ermöglichen die Beweglichkeit der Wirbelsäule. Sie unterliegen mit steigendem Lebensalter einem natürlichen Verschleiß. Ungünstige Körperhaltungen und falsche Bewegungsabläufe können die Wirbelsäule und die Bandscheiben nachhaltig schädigen. ↑4, 7

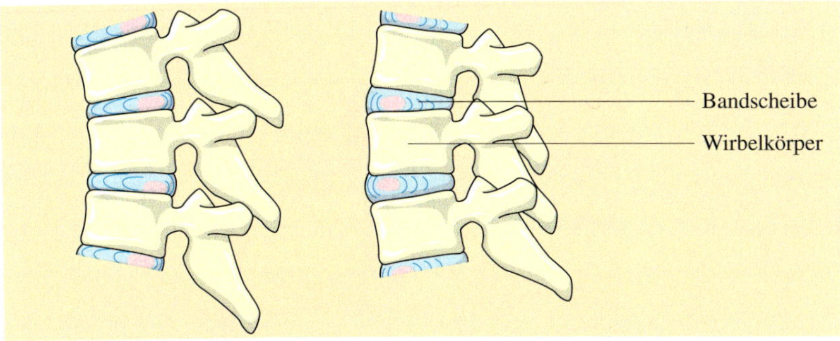

4 Die elastischen Bandscheiben machen die Wirbelsäule beweglich.

5 Tragen – wie ist es richtig?

6 Falsche Körperhaltungen können zu Haltungsschäden führen.

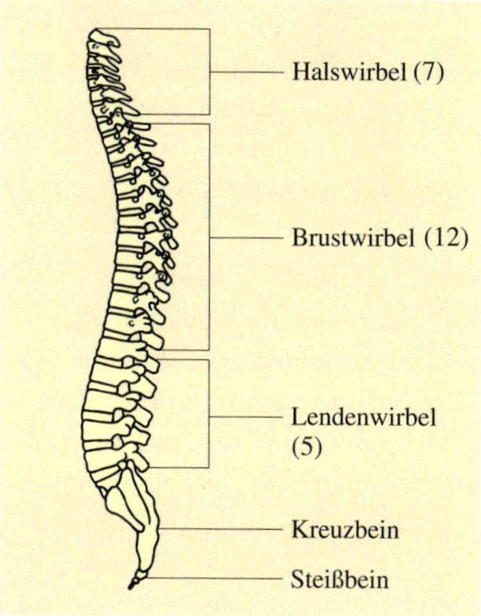

7 Wirbelsäule von der Seite

Die doppelt S-förmige Wirbelsäule ermöglicht den aufrechten Gang des Menschen. Bandscheiben zwischen den Wirbeln federn Stöße beim Gehen und Laufen ab und machen die Wirbelsäule beweglich.

Aufgaben

1 Beschreibe den Aufbau der Wirbelsäule. ↑4, 7

2 Erläutere die Funktion der Bandscheiben. Verwende dazu das Wirbelsäulenmodell ↑1 und die Abbildung ↑4 auf dieser Seite.

3 Achte einmal ganz bewusst auf deine Körperhaltung. Begründe, warum andauernde falsche Haltungen beim Sitzen, Stehen oder Heben zu Haltungsschäden führen können (z.B. Rundrücken, Hohlkreuz, seitliche Verkrümmung der Wirbelsäule). ↑6

1 Erläutere die Wirkungen eines regelmäßigen Fitness-Trainings auf den Organismus.

Erste Hilfe bei Verletzungen Plötzliche oder übermäßige Belastungen des Bewegungsapparats können zu Verletzungen führen, die sehr schmerzhaft sein können und deren Heilung lange dauern kann. Sie werden beispielsweise durch ungenügendes Warmmachen der Muskulatur vor Belastungen oder durch Stürze beim Sport verursacht. Häufig sind zum Beispiel Verstauchungen, Verrenkungen, Knochenbrüche oder Muskelzerrungen sowie auch Muskelkrämpfe. Ihre Erscheinungsbilder und einzuleitende Gegenmaßnahmen solltest du kennen.

Art der Verletzung	Erscheinungsbild	Gegenmaßnahmen
Verstauchung	Überdehnung eines Gelenks, meist verbunden mit einem Bluterguss, da Risse in der Gelenkkapsel und Zerrungen der Gelenkbänder auftreten.	Kühlen des Gelenks und Anlegen eines Stützverbandes.
Verrenkung	Der Gelenkkopf springt aus der Gelenkpfanne und verbleibt in einer unnatürlichen Stellung.	Körperteile ruhig stellen und einen Arzt aufsuchen.
Knochenbruch	Ein Knochen bricht und verbleibt oft in einer unnatürlichen Stellung. Bei einem geschlossenen Bruch bleibt die Haut über der Bruchstelle unverletzt. Bei einem offenen Bruch hat sich an der Bruchstelle eine offene Wunde ausgebildet.	Ruhig stellen des gebrochenen Knochens und der benachbarten Gelenke. Offene Wunden keimfrei abdecken. Ärztliche Hilfe ist erforderlich (z. B. Gipsverband).
Muskelzerrung	Plötzliche Überbelastung eines „kalten“ Muskels, wobei einzelne Muskelfasern beschädigt werden können.	Vor allem Ruhigstellen des verletzten Körperteils.

2 Erscheinungsbilder und Maßnahmen zur ersten Hilfe bei Verletzungen des Bewegungsapparats

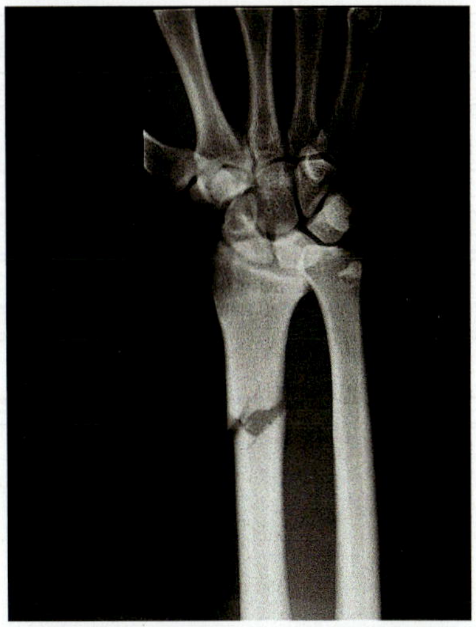

3 Knochenbruch im Röntgenbild

4 Ein Gipsverband wird angelegt.

Sind Muskeln beim Sport ermüdet, dann spürt man am nächsten Tag den schmerzhaften Muskelkater, der durch kleinste Muskelverletzungen verursacht wird. Die beste Behandlung sind Wärmeanwendungen (z. B. Sauna) und lockeres Training.

Körperlich-sportliche Betätigung hat vielfältige positive Wirkungen auf die Organsysteme des Körpers. Das Erkennen von Verletzungen am Erscheinungsbild ermöglicht die richtigen Erste-Hilfe-Maßnahmen.

Aufgaben

1 Erläutere Zusammenhänge zwischen energiereicher Ernährung, sitzender Tätigkeit, Gewichtszunahme und körperlichen Beschwerden.

2 Analysiere die Wirkung eines ausgewählten Fitness-Geräts. Ist es durch einfachere Übungen ersetzbar? Erläutere und begründe deine Meinung!

3 Beobachte deine Bewegungen beim Brustschwimmen. Begründe, warum Übergewichtigen Schwimmen als Sportart empfohlen wird.

4 Welche Sportart möchtest du gern ausüben? Lass dich z. B. von einer „Gesundheitskasse“ beraten. Erläutere einen für dich günstigen Trainingsplan.

1 Ausdauertraining (z. B. Joggen, Radfahren, Schwimmen) kann Herz-Kreislauf-Erkrankungen vorbeugen.

Lege eine Mappe mit dem Titel „Gesunder Mensch“ an und sammle darin Informationen und Tipps, die für deine gesunde Zukunft wichtig sind. Du kannst sie auch nach deiner Schulzeit aufbewahren und ergänzen. Halte die Augen offen und finde z. B. Beiträge in Zeitungen oder Zeitschriften, die Tipps für eine gesunde Lebensweise enthalten. Prüfe, ob es sich um Produktwerbung handelt und ob die Tipps umsetzbar sind. Löse unter Einbeziehung dieser Informationen die folgende Aufgaben und lege die Ergebnisse zur Bewertung vor.

Gesunde Ernährung

Beispielsweise verzichten Vegetarier auf Fleisch und andere setzen darauf. Die Empfehlungen der Deutschen Gesellschaft für Ernährung sehen einen Pro-Kopf-Fleischkonsum von 300 bis 600 Gramm je Woche vor. Wenn du Regeln für die gesunde Ernährung erarbeitest, solltest du immer auch an neuen Erkenntnissen dazu interessiert sein.

1. Stelle Regeln für deine gesunde Ernährung zusammen. Beachte gesammelte Hinweise ebenso wie Beobachtungen, was deinen Körper gesund und leistungsfähig macht. Ergänze die Regeln, sobald du neue Erfahrungen sammelst.
2. Stelle deine positiven und negativen Essgewohnheiten in einer Tabelle gegenüber. Führe über eine Woche ein Esstagebuch. Bewerte anschließend anhand der von dir aufgestellten Regeln, ob es sich um gesunde oder ungesunde Essgewohnheiten handelt.
3. Diskutiere: gegessen – trotzdem hungrig. Stelle fest, welche Nahrungsmittel dich satt machen und bei welchen Nahrungsmitteln du schnell wieder Hunger hast. Stelle sie in einer Tabelle einander gegenüber und ergänze sie, sobald du neue Erfahrungen gesammelt hast.
4. Stelle Regeln zusammen, wie viel und was du trinken solltest, um dich gesund zu ernähren und die Funktion der Ausscheidungsorgane zu unterstützen.
5. Vergleiche Formen der Fehlernährung bzw. Essstörungen. Sammle Informationen und finde selbst Vergleichskriterien (z. B. Symptome/Folgen/psychische Ursachen). Entscheide dich für eine der beiden Aussagen und begründe deine Meinung:

a) Essstörungen sind immer Reaktionen auf aktuelle gesellschaftliche Normen.

b) Essstörungen sind auch Reaktionen auf aktuelle gesellschaftliche Normen.

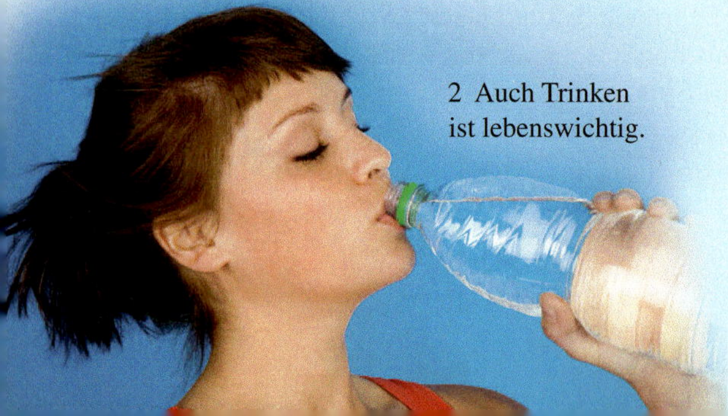

2 Auch Trinken ist lebenswichtig.

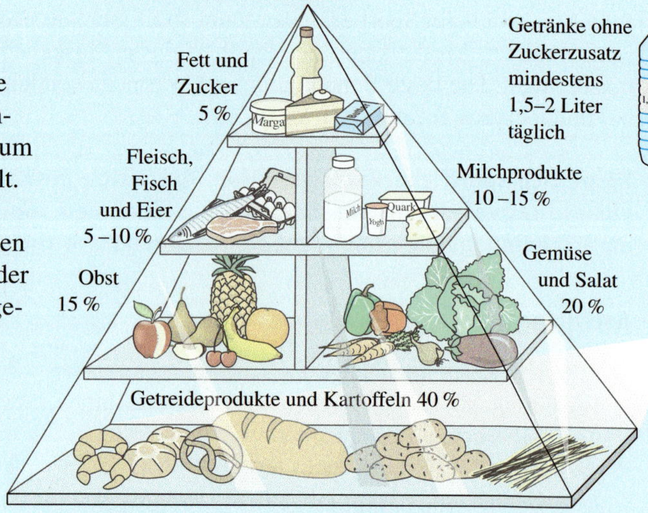

3 Die Ernährungspyramide stellt die Anteile verschiedener Lebensmittel bei einer ausgewogenen Ernährung dar.

6. Begründe, dass Zusatz- und Fremdstoffe in Nahrungsmitteln gefährlich sein können. Sammle Informationen darüber und ermittle, welche Stoffe problematisch sind.
7. Fastfood kontra Slowfood? Sammle Informationen zu beiden Ernährungsformen und finde selbst Vergleichskriterien. Schreibe einen Werbetext zu diesem Thema.
8. Bewerte die folgende Aussagen:
   a) Keiner kann etwas für seine Figur.
   b) Man ist, was man isst.
9. Leite aus den Ergebnissen 1 bis 8 Schlussfolgerungen für dein Ernährungsverhalten ab.

Gesunde Atemwege und frische Luft

Mit dem ersten Atemzug beginnt und mit dem letzten Atemzug endet das selbstständige Leben eines Menschen.

1. Stelle Regeln zusammen, wie du für frische Atemluft sorgen kannst. Beachte dabei das Raumklima zu Hause und in der Schule sowie den Aufenthalt im Freien. Beobachte, unter welchen Bedingungen dein Körper leistungsfähig ist. Ergänze die Regeln, sobald du neue Erfahrungen sammelst.
2. Erstelle eine Liste mit Erholungsräumen in deinem Umfeld, die für Spaziergänge sowie für Sport und Spiel im Freien besonders geeignet sind.
3. Begründe: Intensive sportliche Tätigkeit fördert die Funktionsfähigkeit der Lungen.
4. Erörtere die Notwendigkeit des Nichtraucherschutzgesetzes.
5. Beschreibe die Kampagne „rauchfrei" der BzGA (z. B. Ziele, Maßnahmen) und nimm Stellung dazu.

Herz und Kreislauf: O. K.!

1. Begründe, warum Herz- und Gefäßkrankheiten sowie Bluthochdruck Zivilisationskrankheiten sind.
2. Nenne drei Risikofaktoren für Herzinfarkt oder Schlaganfall. Beschreibe ihre Wirkung. Ziehe daraus Schlüsse für eine gesunde Lebensweise.
3. Erläutere Zusammenhänge zwischen Arteriosklerose und „Bewegungsarmut", vorwiegend aus Fleisch, Wurst und Milchprodukten bestehender Nahrung sowie gewohnheitsmäßigem Rauchen.

Fitness durch Training

1. Stelle einen Wochenplan zusammen, der ausreichend Bewegung und das Training möglichst vieler Muskeln ermöglicht.
2. Ziehe Schlussfolgerungen aus dem Sprichwort „Use it or lose it", das die Regenerationsfähigkeit des Körpers ausdrückt: Was man nicht nutzt, geht verloren.
3. Bewerte Sprüche wie „Sport ist Mord".
4. Begründe, warum das richtige Verhältnis zwischen Belastung, Entspannung und Trainingsintensität wichtig ist und warum man bei Überlastung auf die Signale des Körpers hören sollte.

Gesunde Lebensweise

1. Interpretiere die Definition des Begriffes Gesundheit durch die Weltgesundheitsorganisation: „ein Zustand des vollständigen körperlichen, geistigen und sozialen Wohlergehens und nicht nur das Fehlen von Krankheit oder Gebrechen."
2. Jeder zweite Mensch in Deutschland hält Gesundheit für das Wichtigste im Leben. Befrage deine Eltern, Nachbarn und Freunde dazu. Was verstehst du unter Gesundheit? Berichte darüber, was deinem Körper gut tut und was schlecht für ihn ist.
3. Erläutere den Zusammenhang zwischen ungesunder Lebensweise und möglicher Erkrankung sowie Verminderung der Lebensqualität an Beispielen verschiedener Organsysteme. Leite Schlussfolgerungen für dein eigenes Handeln ab.
4. Erläutere die Bedeutung von positiver Lebenseinstellung, dem „richtigen" Beruf, Haushaltsmanagement, Entspannung, ausreichendem Schlaf, Abhärtung, lebenslangem Lernen und gutem Selbstbewusstsein für die Lebensqualität.
5. Fertige eine ABC -Liste und gestalte sie mit Begriffen, deren Verständnis dazu beitragen kann, ein Leben lang gesund und leistungsfähig zu bleiben.

4 In Städten ist die Luft oft stärker mit Schadstoffen belastet (links). Bewegung an frischer Luft tut gut (rechts).

Überblick

Nahrung und Energiebedarf
Unsere Nahrung setzt sich aus Nährstoffen und Ergänzungsstoffen zusammen. Aus den Nährstoffen, den Kohlenhydraten, Fetten und Eiweißen, gewinnt der Körper Energie und Baustoffe. Baustofflieferanten für Wachstum und Erneuerung von Körperzellen sind hauptsächlich Eiweiße. Energie für die Aufrechterhaltung der Lebensfunktionen und für die Ausführung aller Tätigkeiten ist vor allem in Fetten und Kohlenhydraten gespeichert. Je anstrengender eine Tätigkeit ist, desto mehr Energie wird verbraucht. Der Energiegehalt der Nahrung wird in Joule oder in Kalorien gemessen.

Verdauung
Kohlenhydrate, Fette und Eiweiße müssen vor ihrer Verwertung in kleinere Moleküle zerlegt werden, weil sie nur in dieser Form von Blut und Lymphe zu allen Zellen des Körpers transportiert werden können. Die mechanische Zerkleinerung der Nahrung und die chemische Spaltung der Nährstoffe in ihre Bausteine bezeichnet man als Verdauung. Sie geschieht in den Organen des Verdauungssystems. Die Verdauungsvorgänge werden von Enzymen gesteuert.

Stoff- und Energiewechsel
Alle Vorgänge, die wie die Verdauung der Aufnahme, der Umwandlung oder dem Abbau von Stoffen dienen, gehören zum Stoffwechsel. Mit den Stoffwechselvorgängen sind Energieumwandlungen verbunden. Diese sind die Voraussetzung für den Ablauf der energiebedürftigen Lebensprozesse.

Gasaustausch in der Lunge
Durch die Atmung gelangt Luft über die Atemwege in die Lunge. Zwerchfell- und Zwischenrippenmuskulatur bewirken die Atembewegungen. Der Gasaustausch mit dem Blut findet durch die Wand der Lungenbläschen statt. Aus dem Blut diffundiert Kohlenstoffdioxid in die Lungenbläschen und umgekehrt gelangt Sauerstoff aus der Luft ins Blut. Er wird in den Körperzellen zur Verbrennung von Nährstoffen benötigt (Zellatmung oder „innere“ Atmung).

Blutkreislauf
Durch den Blutkreislauf wird jede Zelle des Körpers mit lebenswichtigen Stoffen versorgt und Abfallstoffe werden abtransportiert. Der Kreislauf besteht aus dem Lungen- und dem Körperkreislauf. Der Lungenkreislauf gewährleistet den Austausch von Sauerstoff und Kohlenstoffdioxid in der Lunge. Der Körperkreislauf bringt Blut zu allen Organen.
Das Blut fließt durch Arterien, Kapillaren und Venen. Arterien haben eine dicke Muskelschicht und führen das Blut vom Herzen weg. Durch die Lungenarterie wird sauerstoffarmes Blut zur Lunge gepumpt, durch die Aorta sauerstoffreiches zu den Organen. Über die Venen gelangt das Blut zum Herzen zurück. Der Stoffaustausch geschieht an den sehr dünnen Wänden der haarfeinen Blutgefäße, der Kapillaren.

Herz
Das Herz treibt den Kreislauf an. Es wirkt dabei wie eine Umwälzpumpe. Der Bau des Herzens ermöglicht, dass sauerstoffreiches und sauerstoffarmes Blut stets getrennt bleiben.

Funktionen des Blutes
Der flüssige Teil des Blutes, das Blutplasma, transportiert vor allem Nährstoffe und Abfallstoffe, Hormone und Salze. Die Blutzellen machen den festen Anteil des Blutes aus. Die roten Blutzellen dienen dem Sauerstofftransport. Die weißen Blutzellen ermöglichen die Bekämpfung von Krankheitserregern. Die Blutplättchen tragen zum Wundverschluss bei.

Skelett und Muskulatur
Das Skelett-Muskel-System hat Bewegungs-, Stütz- und Schutzfunktionen. Knochen bestehen aus einer hartfaserigen Außenschicht, aus Mineralien wie Calciumsalzen sowie aus lebenden Knochenzellen, die durch den Blutkreislauf versorgt werden. Gelenke zwischen Knochen ermöglichen die Beweglichkeit des Körpers. Die schnell arbeitende Skelettmuskulatur ist durch den menschlichen Willen steuerbar. Jeder Muskel enthält Blutgefäße, wird von Nerven versorgt und besteht aus Bündeln zahlreicher Muskelfasern. Die Energie für die Muskelarbeit wird durch die Zellatmung der Mitochondrien der Muskelzellen bereitgestellt.

Ausscheidungsorgane
Kohlenstoffdioxid, Wasser und Harnstoff fallen als nicht verwertbare Endprodukte des Stoff- und Energiewechsels an. Sie werden von Organen mit Ausscheidungsfunktion (Lungen, Haut, Nieren) aus dem Körper entfernt.
Jede Niere enthält etwa eine Million Nierenkörperchen, die als Blutfilter wirken und zusammen mit den ihnen angeschlossenen Nierenkanälchen Harn bilden.

alles klar?

1 Der Energiebedarf eines Menschen wird immer nur ungefähr angegeben. Warum ist dies sinnvoll? Wie kannst du überschüssige Energie wegschwitzen? Berechnet mithilfe der Tabellen, wie lange du bestimmte Aktivitäten ausüben musst, um den Energiegehalt von je 100 g der angegebenen Speisen zu verbrauchen.

Durchschnittlicher Energiegehalt einiger Nahrungsmittel (je 100 g)	
Majonäse	3200 kJ
Chips	2263 kJ
Milchschokolade	2176 kJ
Gummibärchen	1377 kJ
Bratwurst	1251 kJ
Pommes frites	950 kJ
Colagetränk	239 kJ

Durchschnittlicher Energieverbrauch verschiedener Tätigkeiten (kJ/h)	
Skilanglauf (8 m/h)	13 408
Brustschwimmen (50 m/min)	1 942
Fußballspielen	7 961
Tanzen	4 190
Radfahren	2 933

2 Jede lebende Zelle unseres Körpers leistet Arbeit. Mit der Nahrung nehmen wir die Energie dafür auf. Um im Sport fit zu sein, hast du vorher Traubenzucker zu dir genommen. Beschreibe den Weg des Traubenzuckers von der Mundhöhle bis zu den Muskeln. In welcher Form befindet sich der Traubenzucker und welche Organe muss er passieren?

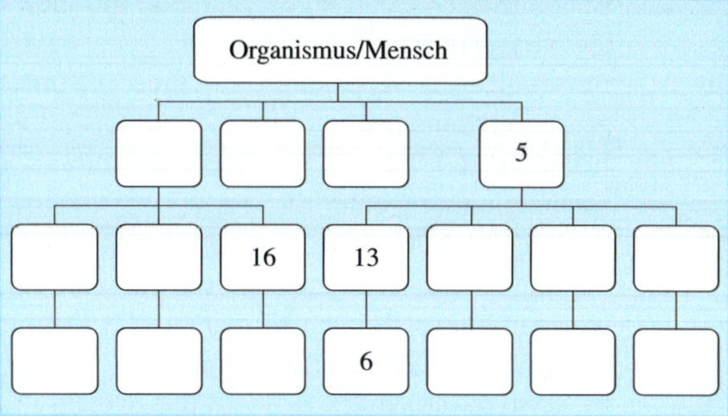

1 Organsysteme, Organe und Funktionen

3 Du hast gelernt, dass es verschiedene Organsysteme mit unterschiedlichen Organen bzw. Funktionen gibt. Übertrage die Übersicht in deinen Hefter. Ordne alle Zahlen, die vor den Begriffen stehen, ein: 1 Speiseröhre, 2 Herz-Kreislauf-System, 3 Dünndarm, 4 Gasaustausch, 5 Verdauungssystem, 6 zerkleinern und Einspeicheln der Nahrung, 7 Abtöten von Keimen, Beginn der Eiweißverdauung, 8 Nasen-Rachen-Höhle, 9 Nervensystem, 10 Magen, 11 Atmungssystem, 12 Säubern, Anfeuchten, Anwärmen der Luft, 13 Mundhöhle, 14 Luftröhre, 15 Transport des Nahrungsbreis zum Magen, 16 Lunge, 17 Weiterleiten der Atemgase, 18 Zerlegen von Nährstoffen und ihre Aufnahme ins Blut.

4 Erläutere den Zusammenhang von Struktur und Funktion am Beispiel der Gelenke.

5 Zwischen der körperlichen Aktivität, dem Pulsschlag und der Anzahl der Atemzüge besteht ein Zusammenhang. Kläre den Zusammenhang, indem du das Schema unten in dein Heft übernimmst und die Begriffe oder Sätze aus den Kästchen den richtigen Stellen zuordnest. ↑2

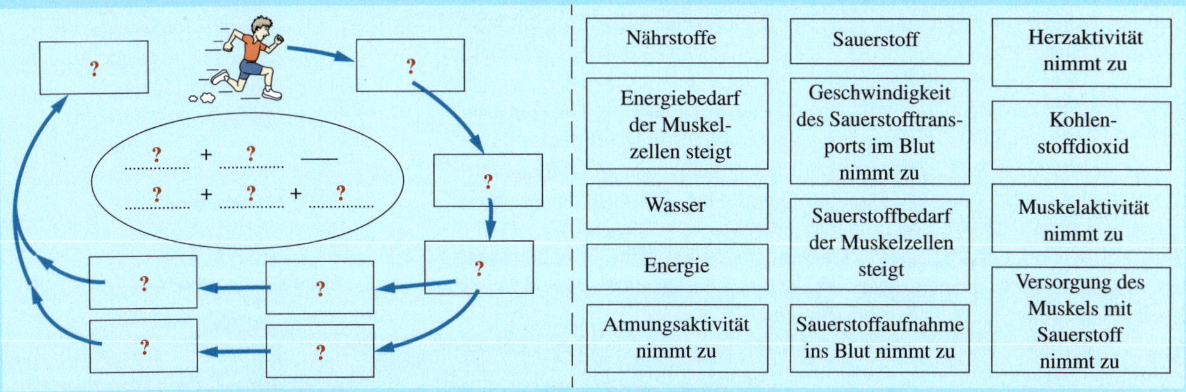

2 Zusammenhang zwischen körperlicher Aktivität, Pulsschlag und Atemzügen

Teste dich!

1 Im Verdauungskanal werden die Nährstoffe in ihre Bausteine gespalten.

a Benenne die Verdauungsorgane und gib ihre jeweilige Funktion an.

b Beschreibe die Verdauungsvorgänge in Magen und Dünndarm.

c Erläutere den Vorgang der Kohlenhydrataufspaltung anhand einer Skizze.

d Erkläre den Vorteil der starken Faltung der inneren Dünndarmwand. Finde weitere Beispiele im menschlichen Körper für das Prinzip der Oberflächenvergrößerung.

e Beweise durch ein Experiment das Sprichwort: „Gut gekaut ist halb verdaut!“

2 Die Atmungsorgane versorgen den Körper mit Sauerstoff.

a Erläutere die Begriffe Brust- und Bauchatmung.

b Im Körper findet ein Gasaustausch statt: Erläutere den Zusammenhang zwischen äußerer Atmung und Zellatmung.

c Beim Rauchen gelangen mit dem Tabakrauch auch Teerstoffe in die Lunge. Beschreibe, welche Auswirkungen du für die Lungenbläschen und die Sauerstoffversorgung der Organe erwartest.

3 Herz und Kreislauf sind für den Transport des Blutes verantwortlich.

a Fertige eine Skizze des Herzens an und beschrifte sie.

b Verdeutliche dir die Funktion der Herzklappen, wenn sich die Herzkammern zusammenziehen und wenn sie erschlaffen.

c Bei Paraden kommt es vor, dass Soldaten nach langem Stehen in Ohnmacht fallen, weil ihr Gehirn nicht ausreichend durchblutet wurde. Erkläre, wie es dazu kommen kann.

d Die Wand der Kapillaren besteht nur aus einer einzigen Zellschicht. Erläutere, weshalb das von Vorteil ist.

4 Ausreichende körperliche Bewegung und Sport wirken sich in vieler Hinsicht positiv auf die Gesundheit aus.

a Nenne gesundheitsfördernde Wirkungen, die dir bekannt sind.

b Es gibt viele Gründe für mangelnde körperliche Bewegung. Zähle einige auf.

c Viele Jugendliche treiben Sport in einem Verein. Beurteile, ob das ausreichend ist.

Die Farben zeigen, worauf es bei einer Aufgabe ankommt:
■ Sachverhalte wiedergeben ■ Wissen anwenden ■ komplexe Probleme lösen

Die Lösungen findest du im Anhang.

Schätze deine Kenntnisse und Fähigkeiten ein.

Aufgabe	Lerngebiet/Fähigkeit	Lösungshilfe	Auswertung
1	Ich kann die Verdauungsorgane benennen und die Verdauung als Abbau von Nahrung zu resorbierbaren Stoffen erläutern. Ich kann mithilfe von Experimenten Aussagen beweisen und das Prinzip der Oberflächenvergrößerung beschreiben.	58–62	Ordne dazu deiner Lösung im Heft ein Smiley zu: ☺ Ich konnte die Aufgabe richtig lösen. 😐 Ich konnte die Aufgabe nicht komplett lösen. ☹ Ich konnte die Aufgabe nicht lösen.
2	Ich kann die äußere Atmung erläutern. Ich kann den Vorgang der Zellatmung als Prozess, durch den Energie für den Organismus verfügbar wird, erläutern. Ich kann die lebensnotwendige Bedeutung des Sauerstoffs im Körper begründen. Ich kann Folgen der gestörten Funktion von Organen nennen.	66–69, 83, 95	
3	Ich kann den Bau des Herzens zeichnen und seine Teile benennen. Ich kann die Funktionen des Herzens und der Blutgefäße erläutern und den Blutkreislauf beschreiben.	73 75	
4	Ich kann positive Auswirkungen von Bewegung und Sport erläutern.	89, 96	

Was ist gesund?

Über Gesundheit und Krankheit entscheiden nicht nur die Risiken, denen sich Menschen aussetzen oder denen sie ausgesetzt sind. Viel wichtiger ist eine Lebensweise, die sich durch Optimismus, Bewegungsfreude, Stresstoleranz und Genussfähigkeit auszeichnet.

Gesund ist,

was Spaß macht!
Das ist die Sichtweise einer neuen Medizin, die sich nicht nur damit beschäftigt, was unserer Gesundheit schadet, sondern vor allem mit unseren natürlichen Fähigkeiten gesund zu bleiben.

Dass gesunde Ernährung und Bewegung im Alltag dazu beitragen, dass du fit bleibst, weißt du ja schon. In diesem Kapitel kannst du mehr darüber erfahren, was zu deiner Leistungsfähigkeit und deinem Wohlbefinden beiträgt und wodurch du eher aus der Form gerätst.

1 Wovon hängt es ab, ob Stress uns zu Höchstleistungen antreibt oder uns überfordert und krank macht?

4 Ist Alkohol eine „harmlose" Droge? Wie wirkt Alkohol und welche Schäden kann er bewirken?

2 „Computerspiele machen mir eben mehr Spaß als das Training im Sportverein. Na und? Ist das schlimm?"

3 „Klar will ich gesund bleiben! Aber wenn ich mich dafür stressen muss …"

5 Jugendliche werden besonders leicht von Drogen abhängig. Warum?

6 Wie giftig ist Nikotin? Wie wirkt es und warum macht es so leicht süchtig?

7 In die Drogenabhängigkeit hineingerutscht? Es gibt Möglichkeiten, so eine Entwicklung zu verhindern: Sag nein!

Gesundheit – Risikofaktoren und Schutzfaktoren

Gesundheit ist nicht nur auf körperliches Wohlbefinden beschränkt. Ebenso gehören dazu psychische (seelische) Ausgeglichenheit und intakte Beziehungen zu anderen Menschen (z. B. in der Familie, in der Schulklasse, im Sportverein).
Gesunderhaltung ist für die Menschen schon lange eines der wichtigsten Lebensziele. Jedoch bewältigen viele Menschen ihre Alltagsaufgaben nicht mehr, ohne zwanghaft nach Genussmitteln (Drogen) oder Medikamenten zu greifen, die ihr Wohlbefinden scheinbar positiv beeinflussen.

1 Stimmungsschwankungen mit Höhen und Tiefen – was tun?

Beobachten **Untersuchen** Experimentieren

1 Was meinst du: Wie entsteht Gesundheit?
Bewerte die folgenden Aussagen: 4 bedeutet „trifft voll zu“, 3 „trifft teilweise zu“, 2 „trifft weniger zu“, 1 „trifft überhaupt nicht zu“.

A Wer krank wird, ist überwiegend selbst schuld.
B Wer nie krank wird, hat eben Glück.
C Wenn man auf sich achtet, bleibt man gesund.
D Man kann für seine Gesundheit nicht viel tun.
E Jeder ist für seine Gesundheit selbst verantwortlich.
F Gute Gesundheit ist überwiegend eine Sache des Zufalls.

Addiere die Zahlenwerte bei den Aussagen A, C und E zu einer Summe V und bei den Aussagen B, D und F zu einer Summe Z. Ist die Summe V größer als die Summe Z, dann glaubst du, dass du selbst für deine Gesundheit verantwortlich bist und sie aktiv beeinflussen kannst. Ist die Summe Z größer als die Summe V, dann nimmst du eher an, keinen Einfluss auf deine Gesundheit zu haben, und schreibst sie dem Zufall zu.

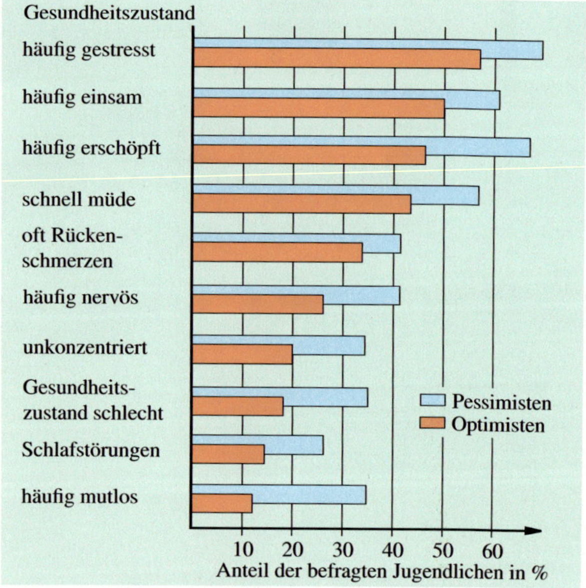

2 Der Einfluss positiver und negativer Zukunftsaussichten auf den Gesundheitszustand

2 Ist Gesundheit Einstellungssache?
Bild ↑2 zeigt das Ergebnis einer Befragung von 10 000 Jugendlichen und jungen Erwachsenen im Alter von 14 bis 25 Jahren zu ihrem Gesundheitszustand. Dabei wurde unterschieden, ob die Befragten die Zukunft für sich eher positiv sahen (Optimisten) oder eher negativ (Pessimisten). Versuche die Unterschiede zu erklären.

Gesundheit und Krankheit

Wenn wir uns gesund fühlen, funktioniert unser Körper, ohne dass wir viel davon spüren. Eine Störung der geregelten Abläufe vermindert die körperliche und manchmal auch die geistige Leistungsfähigkeit. Wir fühlen uns dann unwohl oder sogar krank. Oft treten deutliche körperliche Anzeichen auf, wie zum Beispiel Schmerzen oder Fieber.

Risikofaktoren In den letzten 150 Jahren sind die Krankheiten, die durch Krankheitserreger hervorgerufen werden, stark zurückgegangen. ↑S. 36 ff. Dafür haben die Zivilisationskrankheiten zugenommen. Zu ihnen gehören vor allem Herz-Kreislauf-Erkrankungen und Krebs, psychosomatische Erkrankungen wie Schlaf- und Essstörungen und psychische Erkrankungen wie Depressionen. Zum Ausbruch und zum Verlauf dieser Krankheiten tragen vor allem Faktoren bei, die mit unserer modernen Lebensweise zusammenhängen: viel Stress, wenig Bewegung, Zeitdruck, falsche Ernährung, Alkoholkonsum und Rauchen.

Schutzfaktoren Jeder weiß heute um die genannten Risikofaktoren. Aber selbst wenn man alle meidet, gibt es keine Garantie, dass man gesund bleibt. Forschungsergebnisse belegen, dass unsere Gesundheit vor allem von Schutzfaktoren bestimmt wird, die nicht nur damit zu tun haben, ob wir uns gesund ernähren, ausreichend bewegen oder auf Alkohol und Zigaretten verzichten. Vielmehr hängt unsere Gesundheit entscheidend von positiven Erlebnissen ab: der Erfahrung zum Beispiel,
- dass wir Ereignissen nicht willkürlich ausgeliefert sind,
- dass wir mit Aufgaben weder über- noch unterfordert werden,
- dass wir Situationen beeinflussen und gestalten können.

Aus solchen Erfahrungen formt sich eine Grundhaltung gegenüber der Welt und dem eigenen Leben, die darüber entscheidet, wie gut wir mit den Belastungen des Alltags fertig werden. Gesundheit ist also mehr als die Abwesenheit von Krankheit. Wir können unser Wohlbefinden durch unsere Lebensweise beeinflussen und dadurch Erkrankungsrisiken verringern.

Gesundheit ist die Fähigkeit, trotz Mängel, Störungen und Schäden (körperlicher oder seelischer Art) leben, arbeiten, genießen und zufrieden sein zu können.

Zur Diskussion

Wer bleibt gesund?
Eine Forschungsgruppe im Hamburger Universitätskrankenhaus Eppendorf befragte mehr als 60 Personen zwischen 30 und 60 Jahren, die längere Zeit nicht krank waren und sich körperlich und seelisch gesund fühlten. Auch sie waren von Lebenskrisen nicht verschont geblieben. Was hatten diese Gesunden getan, um nicht davon krank zu werden? Die Interviewten nannten die folgenden Handlungsmuster:
- Sich auf eigene Fähigkeiten besinnen.
- Einen Neuanfang machen.
- Aus der Krise lernen und das Beste daraus machen.
- Sich der Herausforderung stellen.
- Sich auf eine optimistische Grundhaltung stützen.
- Handeln und aktiv werden.
- Das Leid akzeptieren und trauern.

3 Auch der Rückhalt im Freundeskreis trägt zum Wohlbefinden bei.

Aufgaben

1 Erläutere anhand der Ergebnisse der WHO-Studie „Health Behaviour in School-aged Children", die du im Internet findest, für Deutschland:
a den gegenwärtigen Gesundheits- und Krankheitsstatus von Jugendlichen,
b das Gesundheits- und Freizeitverhalten von Jugendlichen.

2 Risiko- und Schutzfaktoren wirken sich verschieden stark auf die Gesundheit aus. Erläutere den Unterschied zwischen beiden Faktorengruppen.

3 Nenne Gründe dafür, dass das Meiden der Risikofaktoren noch keine Gesundheit garantiert.

4 Schreibe auf, welche Erlebnisse deine Gesundheit positiv beeinflusst haben könnten.

Stresserleben und Stressbewältigung

Alle kennen ihn, fast alle haben ihn: Stress! Wer in unseren Zeiten keinen Stress hat, mit dem stimmt etwas nicht. Wer Stress hat, gehört dazu.
Dabei ist mit Stress nicht zu spaßen. Stress ist zwar einer der wirksamsten Antriebe für unser Handeln und befähigt uns dazu, große Leistungen zu vollbringen. Zu viel und zu lang anhaltender Stress kann jedoch auch krank machen. Wovon hängt es ab, ob sich Stress letztlich nachteilig auf unsere Gesundheit auswirkt?

1 Der Schulalltag ist oft mit Stress verbunden.

Beobachten **Untersuchen** Experimentieren

2 Jeder reagiert anders auf Stress.

1 Stressauslöser Stress bekommst du nicht aus heiterem Himmel. Mit dem Wochen-Stress-Test kannst du herausfinden, was dich denn eigentlich stresst. Notiere für jeden Tag, wie oft du

A sehr viel und unter Druck arbeiten musstest,
B zu wenig Zeit für Freizeitaktivitäten hattest,
C mit anderen Menschen Ärger oder Probleme hattest,
D an dir und deinen Fähigkeiten gezweifelt hast,
E schlecht oder zu wenig geschlafen hast,
F dich für andere Menschen verantwortlich gefühlt hast.

Ergänze die Liste. Werte den Test nach einer Woche aus. Jedes Stressereignis zählt einen Punkt. Je höher deine Gesamtpunktzahl ist, desto mehr Stress hattest du. Vergleiche deinen Wert und die Stressfaktoren mit denen deiner Mitschülerinnen und Mitschüler.

2 Ob dir Stress zu schaffen macht oder du sogar davon krank wirst, hängt vor allem davon ab, wie du mit Stressereignissen umgehst. Es gibt viele Bewältigungsmethoden, die unterschiedlich effektiv sind. Beurteile, ob die folgenden Methoden deinen Stress verringern, kaum eine Wirkung haben oder ihn sogar noch verschlimmern:

A Ich diskutiere das Problem mit meinen Eltern oder anderen Erwachsenen.
B Ich versuche, nicht über das Problem nachzudenken.
C Ich versuche, meine Probleme durch Alkohol oder andere Drogen zu vergessen.
D Ich reagiere mich ab, zum Beispiel durch Tanzen oder Sport.
E Ich ziehe mich zurück.
F Ich akzeptiere die Situation, weil ich sie doch nicht ändern kann.

Stress gehört zum Leben

Stress – positiv oder schädlich? Stress ist eine Anpassungsreaktion des Körpers an Belastungen jeglicher Art. Auch bei sportlicher Betätigung gerät unser Körper in Stress. Er reagiert mit einer enormen Kraftbereitstellung, indem er Funktionen drosselt, die nicht lebenswichtig sind. Dadurch werden wir leistungsfähiger. Dieses uralte Programm sicherte unseren stammesgeschichtlichen Vorfahren das Überleben. Inzwischen haben sich die Stressauslöser verändert, aber das Programm ist dasselbe. Auch heute kann es uns leistungsfähiger machen, wenn es uns gelingt, mit den Stressereignissen fertig zu werden. ↑3 Sind wir aber ständig überfordert, macht dieser Dauerstress (Disstress) uns langfristig krank.

Stressauslöser Stress ist eine individuelle Angelegenheit. Das gilt sowohl für die Ereignisse, die wir als stressig erleben, als auch für unsere Reaktionen darauf. Da jeder Mensch anders ist, kann ein Ereignis den einen fürchterlich nerven und in große Wut versetzen, während es den anderen überhaupt nicht aus der Ruhe bringen kann.

1. Die Stressauslöser	2. Die Stressreaktion	3. Du selbst
Du kannst versuchen, deine Stressdosis zu verringern, indem du einige Stressauslöser vermeidest (z. B. den Wecker früher stellen, um nicht schon wieder in Hektik zu geraten und zu spät zu kommen), ausschaltest (z. B. das ständig klingelnde Handy abstellen) oder zumindest entschärfst (z. B. zu laute Musik leiser stellen).	Du kannst mit Methoden, die eine kurzfristige Erleichterung bewirken, gezielt deine Erregung drosseln, weiteres Aufschaukeln verhindern und dir eine kurze Erholung ermöglichen, z. B. indem du dich ablenkst und an etwas Angenehmes denkst, dir selbst gut zuredest, dich abreagierst oder durch Spontanentspannung.	Du kannst langfristig deine persönliche Bewertungvon Stressereignissen verändern und deine Belastbarkeit erhöhen, z. B. durch Erlernen einer Entspannungstechnik oder systematische Problemlösung, und regelmäßig für angenehmen Ausgleich sorgen (z. B. durch regelmäßige sportliche Aktivitäten).

3 Ansatzpunkte für die Bewältigung von Stresssituationen

Stress gehört zum Leben. Werden Stressereignisse bewältigt, führt das zu einer Leistungssteigerung. Bei zu viel oder zu lang andauerndem Stress besteht die Gefahr der Überforderung, die sich in Form von Krankheiten äußern kann. Aber Stressbewältigung lässt sich trainieren.

Schon gewusst?

Zwei Stresstypen
Bei Stress wird unser Körper vor allem durch zwei Hormone alarmiert: Adrenalin und Cortisol. Immer sind beide Hormone an der Stressreaktion beteiligt. Forscher haben jedoch an Spitzhörnchen herausgefunden, dass bei einigen Tieren mehr Adrenalin, bei anderen mehr Cortisol freigesetzt wird. Die „Adrenalin-Tiere“ waren aggressiv und feindselig. Sie starben öfter an Herzinfarkten, die ängstlichen und hilflosen „Cortisol-Tiere“ öfter an Krebs oder Infektionskrankheiten. Auch Menschen reagieren sehr unterschiedlich auf Stressereignisse. Die Forscher vermuten daher, dass die Persönlichkeit wesentlich darüber entscheidet, welche Krankheiten durch schädlichen Stress hervorgerufen werden können.

4 Spitzhörnchen dienen als Versuchstiere in der Stressforschung.

Aufgaben

1 Bei Stressereignissen schlägt beispielsweise das Herz schneller und der Blutdruck steigt.

a Nenne weitere Symptome, die du aus eigenem Erleben kennst.

b Versuche den biologischen Sinn dieser körperlichen Reaktionen zu erklären.

2 Stressbewältigungsmethoden können deinen Stress verringern, wirkungslos sein oder ihn verschlimmern. Woran liegt das? Erläutere.

3 Betrachte nochmals das Ergebnis deines Wochen-Stress-Tests. Was kannst du tun, um deine Stressereignisse besser zu bewältigen? Nenne und vergleiche Ansatzpunkte dafür.

Gesundheit fühlt sich für uns meist ganz normal an. Man ist körperlich fit, hat oft gute Laune und viel Energie – nicht nur für die täglichen Aufgaben, sondern auch um mit Freunden all das zu tun, was Spaß macht.

1 Musik macht Spaß!

2 Entspannung trägt zum Abbau von Stress bei.

Was uns gesund hält

Die Gesundheit fördern Verschiedene Faktoren fördern die Gesundheit: viel Bewegung, eine ausgewogene Ernährung mit wenig Fast Food und Softdrinks, gute Freundschaften, ausreichend Schlaf, Freude an dem, was man tut, und die Fähigkeit, seine Probleme mit oder ohne Hilfe zu lösen.

Zivilisationskrankheiten Erkranken kann man nicht nur durch Mikroorganismen. Auch die Lebensweise kann die Gesundheit gefährden. Alle Krankheiten, die durch unsere Lebensweise beeinflusst oder ausgelöst werden, bezeichnet man als Wohlstands- oder Zivilisationskrankheiten. ↑4 Viele von ihnen entwickeln sich langsam und unbemerkt. Häufig werden sie chronisch, das heißt, sie treten nicht nur vorübergehend auf, sondern über Monate oder gar Jahre. Die Krankheitsursachen sind vielfältig. ↑5 Meist führen mehrere Faktoren zum Krankheitsausbruch.

Jugendliche sind betroffen Auch Jugendliche sind von Zivilisationskrankheiten betroffen. Zwar ist Karies durch Vorsorge und gute Pflege der Zähne zurückgegangen. Aber Übergewicht und psychosomatische Beschwerden infolge von Schulstress und der Orientierung an problematischen Schönheitsidealen gefährden die Gesundheit der Jugendlichen.

3 Jugendliche beim Wildwasserfahren

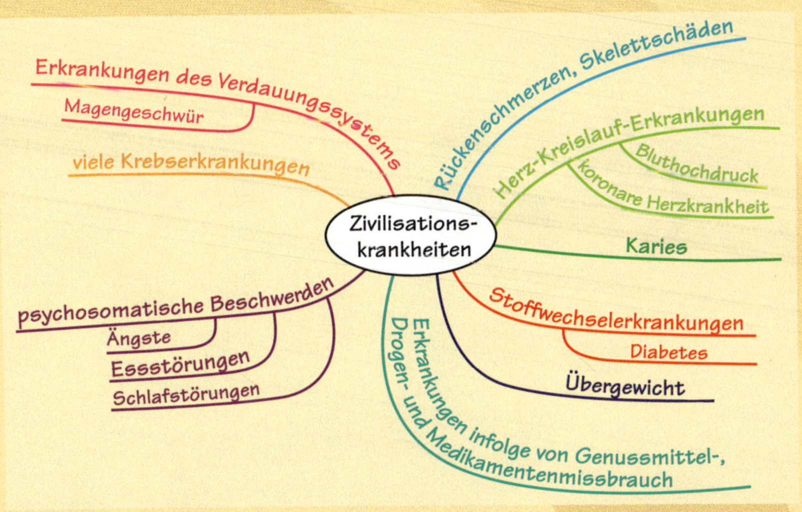

4 Zivilisationskrankheiten werden durch unsere Lebensweise begünstigt.

mangelnde körperliche Bewegung
unausgewogene oder übermäßige Ernährung
Überlastung im Berufsleben
Disstress
Umweltchemikalien
Lärmbelästigung
Reizüberflutung
Alkohol-. Tabak- und Arzneimittelmissbrauch

5 Ursachen für Zivilisationskrankheiten

6 In Kochkursen lernen Jugendliche, wie man sich gesund ernährt und leckere Mahlzeiten selbst zubereitet.

FALLBEISPIEL 1

Marcus hatte bis zu seinem 11. Lebensjahr keine Gewichtsprobleme. Er kam zeitig aus der Schule, aß zu Hause zu Mittag und spielte am Nachmittag viel Fußball oder fuhr Rad.
Seit der 7. Klasse hat er zweimal wöchentlich Nachmittagsunterricht und versorgt sich mittags im Supermarkt. Auch seine Interessen haben sich stark verändert. Wann immer er kann, sitzt er am Computer. Mit seinen Freunden verabredet er sich zu Chat- und Videopartys mit Softdrinks und Chips. Jetzt, mit 15, stellt er fest, dass er immer mehr zunimmt und nicht mehr so fit ist. Was kann er tun?

FALLBEISPIEL 2

Nicole hatte in der Grundschule durchweg gute Noten. Die Schule machte ihr Spaß und ihr war keine Aufgabe zu viel. Mit dem Wechsel zur Realschule wurden ihre Noten schlechter. Nicole strengte sich viel mehr an als zuvor. Doch ihre Eltern und Lehrer lobten sie seltener wegen ihrer Leistungen. Bald hatte Nicole das Gefühl, zu den Schlechten in der Klasse zu gehören. Immer öfter hatte sie morgens Bauchschmerzen. Manchmal musste sie sich sogar übergeben und konnte nicht in die Schule gehen. Vor wichtigen Arbeiten kann Nicole nachts nicht schlafen. Immer öfter wird sie bleich und kann kaum sprechen, wenn die Lehrerin sie anspricht. Ihre Schulangst wird immer schlimmer. Was kann Nicole tun?

Aufgaben

1 Schreibe auf, wann du dich besonders gesund fühlst. Beschreibe, wie es dir dann geht.

2 Erläutere deinem Banknachbarn, was eine Zivilisationskrankheit ist und schreibe deine Definition auf.

3 Informiere dich über drei der genannten Zivilisationskrankheiten. ↑4 Welche Krankheitsursachen aus Tabelle ↑5 kannst du den Krankheiten zuordnen? Begründe.

4 Lies dir die beiden Fallbeispiele durch. Versetze dich in die Situation von Nicole und Marcus. Beschreibe, wie sie sich fühlen. Diskutiere mit deinem Banknachbarn, ob die beiden ihre Probleme jeweils allein lösen können. Was würdet ihr Marcus und Nicole raten?

5 Erläutere, welche Verhaltensweisen deine eigene Gesundheit bedrohen könnten. Nenne Möglichkeiten zur Änderung deines Verhaltens.

Alles unter Kontrolle?

Endlich Wochenende! Alle freuen sich auf die Party, die zwei Mitschüler steigen lassen. Viele Gäste haben alkoholische Getränke mitgebracht: Bier, Wein, Sekt, Schnaps, vor allem aber Alkopops. Und geraucht wird natürlich auch – das gehört für manche einfach dazu.

Gegen Mitternacht ist allerdings für einige die Party schon vorbei: Sie haben mit anderen um die Wette getrunken. Ergebnis: Filmriss! Was ist hier schief gelaufen?

1 Partys halten viele für eine Gelegenheit, zu rauchen und Alkohol zu trinken.

Beobachten Untersuchen Experimentieren

1 Erste Erfahrungen Zigaretten rauchen und Alkohol trinken ist unter Erwachsenen weit verbreitet. Kein Wunder, dass Jugendliche neugierig darauf sind, auszuprobieren, wie sich das anfühlt.

a In welchem Alter sollten Jugendliche deiner Meinung nach ihre ersten Erfahrungen mit dem Rauchen und Trinken machen? Begründe.

b Schätze das Durchschnittsalter der Jugendlichen beim Erstkonsum von Zigaretten und Alkohol.

c Wenn du dich im Internet (www.bzga.de) über das Alter informierst, wirst du feststellen, dass der Erstkonsum in den vergangenen Jahren immer früher erfolgte. Erläutere, woran das liegen könnte.

2 Erklärungsversuche Die meisten Menschen rauchen oder trinken wegen der Wirkungen von Nikotin und Alkohol auf ihr Empfinden und Erleben. In einer Befragung gaben 12- bis 16-Jährige an, dass sie wenigstens einmal pro Woche Alkohol trinken …

- wegen der Geselligkeit,
- weil es schmeckt,
- um abzuschalten,
- um sich Mut zu machen,
- weil alle trinken.

a Welchen dieser Motive kannst du zustimmen und welchen nicht? Begründe deine Meinung.

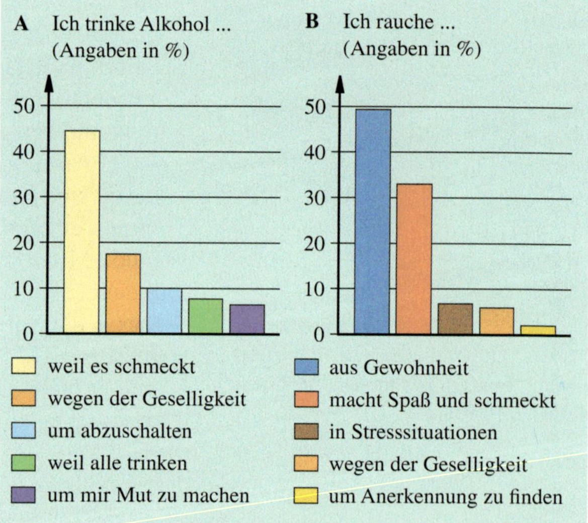

2 Jugendliche der 8. Klasse geben an, warum sie regelmäßig rauchen oder Alkohol trinken.

b Vergleiche dein Ergebnis mit Bild ↑2A.

c Fallen dir Trinkmotive ein, die in der Liste fehlen?

d Zähle auf, aus welchen Gründen vermutlich geraucht wird. Vergleiche dein Ergebnis mit Bild ↑2B.

e Der Anteil der Jugendlichen, die angaben, „aus Gewohnheit“ zu rauchen, verdoppelte sich von Klasse 6 mit etwa 30 Prozent auf fast 60 Prozent in Klasse 10. Welchen Schluss kannst du daraus ziehen?

Drogen können süchtig machen

Wie wirken Drogen? Nikotin und Alkohol wirken – wie auch die „harten" Drogen Heroin, Kokain, Ecstasy, LSD usw. – im Gehirn auf das so genannte Belohnungssystem. Das ist ein Gehirnbereich, der natürlicherweise, also ohne Drogeneinnahme, immer bei Verhaltensweisen aktiviert wird, die unserem eigenen Überleben oder dem unseres Nachwuchses dienen (zum Beispiel wenn wir essen, trinken, Sex haben oder eine Herausforderung meistern). Mit diesen Verhaltensweisen sind gute Gefühle verbunden, die entstehen, weil im Belohnungssystem bestimmte Botenstoffe freigesetzt werden. Alle Drogen greifen so in den Haushalt der Botenstoffe im Belohnungssystem ein, dass gute Gefühle entstehen, ohne dass wir etwas dafür getan haben – allerdings nur für kurze Zeit! Drogen werden deshalb als „Abkürzungen zum Glück" bezeichnet.

Warum Drogen süchtig machen können Wird eine Droge nur gelegentlich konsumiert, kann das Gehirn sein natürliches Gleichgewicht im Haushalt der Botenstoffe meist wieder herstellen (das ist von der jeweiligen Droge abhängig). Wird sie jedoch häufig konsumiert, stellt sich das Gehirn auf die regelmäßige Zufuhr ein. Nach einiger Zeit ist das Gehirn so sehr an die Zufuhr von außen gewöhnt, dass es nicht mehr ohne die Droge auskommt. Wenn dem Gehirn die Droge vorenthalten oder die Zufuhr verringert wird, treten Entzugserscheinungen wie Nervosität, Gereiztheit, Abgeschlagenheit, Depressivität und Aggressionen auf.

Warum werden Jugendliche besonders leicht süchtig? Das Gehirn von Jugendlichen verändert sich schneller als das von Erwachsenen. Erfahrungen mit Drogen graben sich daher sehr viel schneller und stabiler ins jugendliche Gehirn ein. Dabei entsteht ein so genanntes Suchtgedächtnis, das der Drogenkonsument meist sein Leben lang nicht mehr loswird.
Je früher und je mehr Alkohol, Nikotin und andere Drogen ein Mensch zu sich nimmt, desto abhängiger wird sein Belohnungssystem im Gehirn.

Wer regelmäßig Drogen wie Nikotin und Alkohol konsumiert, stört das Gleichgewicht der Botenstoffe im Belohnungssystem des Gehirns nachhaltig. Das Gehirn gewöhnt sich so an die Zufuhr der Drogen (Suchtgedächtnis), dass es mit Entzugserscheinungen reagiert, wenn ihm die Droge vorenthalten oder die Zufuhr verringert wird.

3 Die Droge Alkohol ist gesellschaftlich akzeptiert.

Schon gewusst?

Was ist Sucht?
Ob jemand als süchtig gilt, hängt von folgenden Kriterien ab:
1. Kontrollverlust. Der Genusstrinker kann nach dem zweiten Glas aufhören, während der Süchtige nicht in der Lage ist, den Konsum zu kontrollieren und sich in der Regel betrinkt.
2. Dosissteigerung. Genießer trinken stets in Maßen, während Süchtige immer mehr von ihrer Droge brauchen. Sie steigern die Menge oder die Qualität.
3. Abstinenzunfähigkeit. Genusstrinker kommen wochenlang ohne Alkohol aus, während Süchtige ohne Alkohol nicht leben können.
4. Entzugserscheinungen. Genusstrinker können auch ohne Alkohol gut drauf sein, während Süchtige wegen der Gewöhnung des Gehirns unter Entzugserscheinungen leiden.
5. Interessenverlust. Bei süchtigen Trinkern dreht sich das Leben zunehmend um Alkohol und dessen Beschaffung.

Aufgaben

1 Überlege und erläutere, warum es überhaupt im Gehirn ein Belohnungssystem gibt.
2 Begründe, warum man Drogen als „Abkürzungen zum Glück" bezeichnet.
3 Erläutere, welche Möglichkeiten sich daraus für drogenfreie Wege zum Glücklichsein ergeben.
4 Die meisten Jugendlichen glauben, ihren Drogenkonsum unter Kontrolle halten zu können. Begründe, weshalb diese Annahme naiv ist.
5 Es gibt auch Sucht ohne Drogenkonsum. Nenne einige Verhaltenssüchte. Beurteile, ob die Suchtkriterien auch auf diese passen.

Nicht nur Drogen machen süchtig

Wenn Carla von der Schule kommt, schaut sie zuerst nach, ob sich einer ihrer vielen virtuellen Freunde gemeldet hat. Sie verbringt täglich mehrere Stunden am Computer, um Freunde zu finden, zu chatten, zu flirten und Beziehungen zu pflegen. Mit ihrer Familie redet sie kaum noch. Manchmal steht sie spät abends noch einmal auf, um die letzten E-Mails abzurufen. Einen Tag ohne ihre Netzkontakte kann sie sich nicht vorstellen. Kann es sein, dass Carla süchtig ist?

1 Viele Jugendliche verbringen täglich mehrere Stunden vor dem Bildschirm.

Beobachten ***Untersuchen*** *Experimentieren*

Computernutzung im Kindes- und Jugendalter

Viele Kinder und Jugendliche verbringen täglich mehrere Stunden vor dem Fernseher, am Computer oder mit dem Gameboy. Aktivitäten wie Sport und andere Hobbys, aber auch Hausaufgaben und Freunde werden dann meist vernachlässigt. Der übermäßige Medienkonsum ist oft mit Bewegungsmangel und falscher Ernährung verbunden. Er kann auch zu Schlaf- und Konzentrationsstörungen, Gereiztheit und Nervosität führen.

1 Wissenschaftler haben die Computernutzung von Kindern und Jugendlichen untersucht und ihnen eine Reihe von Fragen gestellt. ↑2

a Beantworte die Fragen für dich selbst und notiere deine Antworten.

b Vergleiche deine Antworten mit denen deiner Mitschüler. Erläutert: Was fällt euch auf? Gibt es Unterschiede zwischen Mädchen und Jungen?

2 Als Spieler mit übermäßigem, also „exzessivem" Konsum wurden Kinder und Jugendliche eingestuft, die zwei- bis dreimal pro Woche für mindestens zwei Stunden am Computer spielen.

Wie viele Stunden spielst du an einem normalen Nachmittag nach der Schule?
Wie häufig spielst du Computerspiele?
Spielst du auch um Ärger zu vergessen?
Hast du schon mal etwas Wichtiges vergessen, weil du die ganze Zeit gespielt hast?
Hattest du schon mal das Gefühl, du hast zu viel gespielt?
Hattest du schon mal Streit mit Freunden oder der Familie, weil du zuviel am Computer gespielt hast?
Denkst du auch noch nach dem Spielen, zum Beispiel während des Unterrichts, über ein besonders spannendes Spiel nach?

2 Fragebogen zur Computernutzung

a Diskutiere dieses Kriterium in einer Kleingruppe.

b Kinder und Jugendliche, die übermäßig am Computer spielen, neigen dazu, Probleme mit sich selbst auszumachen, anstatt mit anderen darüber zu sprechen. Sie berichten häufiger von Konzentrationsproblemen im Unterricht. Erörtert mögliche Zusammenhänge.

Sucht ohne Drogen

Abhängig vom eigenen Verhalten Unter Sucht verstehen die meisten Menschen die Abhängigkeit von einer Droge wie Alkohol oder Cannabis. Es gibt aber auch Abhängigkeiten, bei denen gar kein Stoff konsumiert wird. Man nennt sie Verhaltenssüchte. Am weitesten verbreitet ist die Spielsucht. Dabei handelt es sich um ein eigentlich normales Verhalten, das übermäßig, also exzessiv ausgeübt wird und alle Kriterien einer Sucht erfüllt. ↑S.113 Zwischen 6 und 8 Prozent der Deutschen gelten als verhaltenssüchtig. Weltweit sind Millionen von Menschen betroffen.

Welche Verhaltenssüchte gibt es? Vermutlich kann jedes Verhalten zur Sucht werden. Derzeit sind zwar nur Spielsucht und Essstörungen medizinisch anerkannt. Aber Psychologen behandeln auch Menschen, die süchtig sind nach Arbeit, Sex, Sport oder Einkaufen. Immer öfter sind auch Kinder und Jugendliche von einer oder mehreren Formen von Mediensucht betroffen: Computerspielen, Chatten, Telefonieren und SMS-Schreiben oder Fernsehen.

Wie kann man vom eigenen Verhalten süchtig werden? Alle Verhaltensweisen, die süchtig machen können, haben eine belohnende Wirkung. Sie führen im Belohnungssystem des Gehirns zur Freisetzung bestimmter Botenstoffe und lösen so gute Gefühle aus. Je öfter man sich so verhält, desto mehr Botenstoffe werden freigesetzt. Nach einiger Zeit gewöhnt sich das Gehirn an die erhöhte Botenstoffmenge und kommt nicht mehr ohne sie aus. Um sich wieder gut zu fühlen, muss der Süchtige das Verhalten aufrechterhalten. Hört er damit auf, hat er Entzugserscheinungen. An der Entstehung und Aufrechterhaltung einer Verhaltenssucht sind also die gleichen Mechanismen beteiligt wie bei einer Drogensucht.

Nicht nur Drogen, sondern auch exzessiv ausübte Verhaltensweisen stören das Gleichgewicht der Botenstoffe im Belohnungssystem des Gehirns. Das Gehirn gewöhnt sich auch an die Zufuhr der eigenen Botenstoffe, sodass es mit Entzugserscheinungen reagiert, wenn das exzessive Verhalten nicht aufrechterhalten wird.

Schon gewusst?

Lotto kann reich machen, aber auch süchtig!
Nach einer Studie können etwa 15 Prozent der Lottospieler nicht mehr ohne das Glücksspiel leben. Lottosüchtige spielen häufiger und geben mehr Tipps ab, als sie sich vornehmen. Zwar sind die Geldeinsätze vergleichsweise gering. Dennoch verschulden sich die meisten Lottosüchtigen. Sie versuchen Verluste durch höhere Einsätze auszugleichen. Dabei werden berufliche und soziale Aktivitäten vernachlässigt.

3 Spielautomat

Aufgaben

1 Erläutere die Unterschiede und Gemeinsamkeiten von Drogensucht und Verhaltenssucht.
2 Informiere dich im Internet über Handysucht. Nenne mögliche Hilfen für Betroffene.
3 Bei Drogensucht besteht die Möglichkeit, auf die Einnahme des Suchtmittels völlig zu verzichten. Erörtert, ob das auch für Verhaltenssüchte gilt.
4 Heute arbeiten Kinder bereits in der Grundschule mit dem Computer. Befürworter meinen, so könnten Kinder lernen verantwortlich mit Medien umzugehen. Kritiker behaupten, Kinder würden dadurch bereits frühzeitig „angefixt". Diskutiert in der Klasse.

4 Handys – ein Suchtmittel?

Rauchst du noch oder lebst du schon?

Zigaretten rauchen und Alkohol trinken ist unter Erwachsenen weit verbreitet. Diese Alltagsdrogen sind in der Gesellschaft so sehr akzeptiert, dass dafür sogar ganz legal Werbung betrieben wird. Jugendliche sind also ständig mit Zigaretten und Alkohol konfrontiert und müssen lernen, verantwortlich damit umzugehen. Was sind die Unterschiede zwischen Genuss, Missbrauch und süchtigem Konsum?

1 Plakate einer Anti-Rauch-Kampagne

2 Selbst viele Raucher finden überquellende Aschenbecher ekelerregend.

Umgang mit Alltagsdrogen

Probierverhalten Die Neugier zu befriedigen, wie sich das anfühlt, eine Zigarette zu rauchen oder Alkohol zu trinken – das gehört für viele Jugendliche zum Erwachsenwerden einfach dazu. Einige stellen fest, dass es ihnen gar nicht schmeckt, und lassen fortan die Finger davon.

Risikokonsum Manchen reicht dieser Probierkonsum nicht. Sie wollen zeigen, dass sie sich die Welt der Erwachsenen erobern und sich gleichzeitig abgrenzen, sie wollen sich selbst und ihre Grenzen austesten. Benutzen sie dazu Zigaretten und Alkohol, können sich riskante Verhaltensmuster ausprägen, die möglicherweise in die Abhängigkeit führen.

Keine Macht den Drogen Es gibt Jugendliche, die ihr Leben ohne Zigaretten und Alkohol nicht mehr bewältigen und den Konsum nicht mehr kontrollieren können. Doch so weit muss es nicht kommen.

- Am besten ist es, gar nicht erst damit anzufangen, sein Wohlbefinden mit Suchtmitteln steuern zu wollen. Denn eine Sucht kann sich schnell entwickeln, das Aufhören fällt jedoch unendlich schwer. Vorbeugen ist also besser als Reparieren.
- Ein wichtiger Aspekt ist das Wissen über Wirkungen, Nebenwirkungen und Folgerisiken. Nur wer ein Suchtmittel einzuschätzen weiß, kann sich in Acht nehmen.
- Auch wenn die Neugier noch so groß ist und der Freundeskreis Druck ausübt: Nein zu sagen ist keine Schwäche, sondern das Durchsetzen gegen den Gruppenzwang beweist Selbstbewusstsein und Willensstärke.
- Um Spaß zu haben, brauchst du keine Suchtmittel. Gemeinsame Unternehmungen und Hobbys mit Gleichaltrigen können dazu beitragen, den eigenen „Kick" auszulösen.

Steckbrief

Nikotin

Der erste Kontakt mit Zigaretten findet oft schon im Kindesalter statt. Nach einer Statistik der AOK haben 69 Prozent der Acht- bis Zwölfjährigen schon geraucht – aus Neugier, als Mutprobe oder um in der Gruppe akzeptiert zu werden. Je früher der Körper mit Zigarettenrauch in Kontakt kommt, desto eher und stärker treten Gesundheitsschäden auf.
Nikotin ist der Hauptbestandteil des Tabaks. Beim Tabak handelt es sich um die getrockneten und zum Rauchen aufbereiteten Blätter der Tabakpflanze *(Nicotiana tabacum)*.

Herkunft Ursprünglich stammt die Tabakpflanze aus Mittelamerika. Bereits die Maya und die Azteken bedienten sich ihrer berauschenden Wirkung. Während der Tabak in Nordamerika in Pfeifen geraucht wurde, ist aus Südamerika auch das Kauen und Schnupfen bekannt.
Mitte des 16. Jahrhunderts kamen die Tabakpflanze und das Rauchen auch nach Europa.

Wirkstoff Tabak enthält mehr als 4000 Inhaltsstoffe, unter denen das Nikotin in erster Linie für die Wirkungen des Rauchens und die Entwicklung der Abhängigkeit verantwortlich ist. Nikotin gilt als sehr giftig: Für ein Kleinkind kann schon eine zerkaute Zigarette tödlich sein.

Wirkungsweise Beim Rauchen werden rund 30 Prozent des in der Zigarette enthaltenen Nikotins inhaliert und über die Lungenbläschen ins Blut aufgenommen. Innerhalb von sieben bis acht Sekunden gelangt das Nikotin ins Gehirn, wo es sich an besondere Bindungsstellen anlagert. In der Folge nimmt die Herzfrequenz zu, der Blutdruck steigt und die Hauttemperatur sinkt ab. Zugleich werden Aufmerksamkeit und Gedächtnisleistung gesteigert, und zwar durch die Beeinflussung von Botenstoffen im Belohnungssystem des Gehirns, die auch für das hohe Suchtpotenzial von Nikotin verantwortlich ist. Da mit der regelmäßigen Zufuhr der Droge die Zahl der Bindungsstellen für Nikotin schnell ansteigt, bewirkt ausbleibende Nikotinzufuhr Entzugserscheinungen.

Risiken und Folgeschäden Ungewohnter Tabakkonsum bewirkt Vergiftungserscheinungen wie Speichelfluss, Schwindelgefühl, Übelkeit, Erbrechen, Kopfschmerzen und Herzrasen. Wegen der schnellen Gewöhnung verschwinden sie schnell, was die Entstehung einer Nikotinabhängigkeit begünstigt.
Neben Nikotin verursachen vor allem die vielen Schadstoffe im Zigarettenrauch – darunter Kohlenstoffmonooxid, Formaldehyd oder Benzol –, von denen mehr als 40 nachweislich krebserregend sind, die gesundheitsschädigenden Folgen des Rauchens. Da sie auch im Nebenstromrauch enthalten sind, den der Raucher selbst nicht einatmet, sind so auch Nichtraucher gefährdet (Passivrauchen).
Der Teer im Rauch zerstört die Flimmerhärchen in den Atemwegen. Dadurch gelangen auch mehr Umweltgifte und Krankheitserreger in den Körper.
Er versucht sie durch erhöhte Schleimproduktion und Husten wieder auszuscheiden („Raucherhusten"). Häufige Langzeitfolgen sind chronische Bronchitis und andere Lungenerkrankungen.
Die chronische Verengung der Blutgefäße mindert langfristig die körperliche Leistungsfähigkeit und führt oft zu Herz-Kreislauf-Erkrankungen.

3 Tabakpflanzen auf dem Feld

4 Bereits Kinder beginnen mit dem Rauchen.

Steckbrief

Alkohol

Alkohol bezeichnet umgangssprachlich das in allen alkoholischen Getränken enthaltene Ethanol.
Im Alter zwischen 10 und 14 Jahren trinken viele Kinder und Jugendliche zum ersten Mal Alkohol – meist bei Familienfeiern oder im Freundeskreis. Jugendliche trinken, weil sie dazugehören und etwas erleben möchten, aus Langeweile oder um Hemmungen abzubauen. Je früher sie damit beginnen, desto größer ist die Gefahr von Missbrauch, Abhängigkeit und gesundheitlichen Folgeschäden.

Herkunft Alkoholische Getränke haben eine lange Tradition, die bis ins 4. Jahrtausend v. Chr. reicht. Zunächst waren sie den Wohlhabenden vorbehalten, weil die Grundstoffe der Alkoholherstellung in erster Linie der Ernährung dienten. Seit dem Mittelalter ist aber der Alkoholkonsum aller Gesellschaftsschichten belegt. Teilweise wurden Leibeigene und Tagelöhner sogar mit alkoholischen Getränken entlohnt.

Wirkstoff Ethanol ist eine klare, farblose Flüssigkeit, die durch Vergären von Traubenzucker aus stärke- oder zuckerhaltigen Grundstoffen gewonnen wird. Neben Weintrauben als traditionellem Rohstoff werden auch Getreidearten wie Weizen, Gerste, Mais und Reis sowie Kartoffeln, andere Früchte und Zuckerrohr verwendet. Daraus werden die am häufigsten konsumierten Alkoholika hergestellt: Biere, die 4–8, und Weine, die 10,5–14 Volumenprozent Alkohol enthalten. Alkoholgehalte von 40–50 Volumenprozent bei Wein- und Obstbränden werden durch Destillieren erreicht.

Wirkungsweise Alkohol wird über die Schleimhäute im Magen und im Dünndarm ins Blut aufgenommen und im Körper verteilt. 30 bis 60 Minuten nach der Aufnahme erreicht die Alkoholkonzentration im Blut den höchsten Wert. Ein Teil des Alkohols gelangt bereits nach wenigen Minuten ins Gehirn. Dort beeinflusst er die Informationsübertragung zwischen den Nervenzellen. In geringer Dosis wirkt sich das anregend aus, während bei höherer Dosierung die heitere Stimmung umschlagen kann. Mit ansteigendem Alkoholspiegel kommt es zu Sprach-, Wahrnehmungs- und Koordinationsstörungen, Gereiztheit, Aggressivität und Kontrollverlust. Schließlich stellen sich Benommenheit und Müdigkeit ein, die bei sehr hohem Alkoholspiegel bis zum Koma führen können.

Risiken und Folgeschäden Wegen der verminderten Reaktions- und Konzentrationsfähigkeit bestehen unmittelbare Risiken vor allem beim Autofahren unter Alkoholeinfluss. Der Alkohol im Blut wird zwar relativ rasch abgebaut. ↑2 Der „Kater“ stellt sich jedoch erst Stunden nach dem Rausch ein, weil ein Zwischenprodukt des Alkoholabbaus, das Acetaldehyd, länger im Körper verbleibt. Acetaldehyd verursacht auch die „Fahne“, denn ein geringer Teil davon wird mit der Atemluft ausgeschieden.
Alkohol greift Zellen im gesamten Körper an – nicht nur im Gehirn. Regelmäßiger hoher Alkoholkonsum schädigt die Leber, die Bauchspeicheldrüse und den Magen sowie das Herz und die Gefäße. Da die Droge auch in das Belohnungssystem eingreift, führt regelmäßige Alkoholzufuhr zu einer Vermehrung der Bindungsstellen im Belohnungssystem und damit langfristig zur Alkoholsucht.

1 Alkopops liegen bei Jugendlichen im Trend.

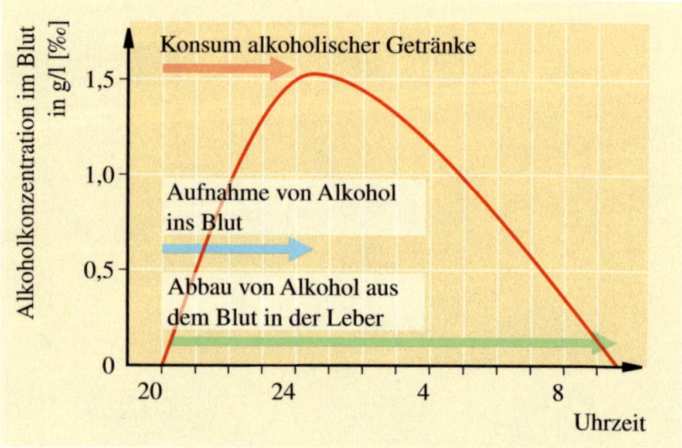

2 Resorption und Abbau von Alkohol im Körper

Beobachten **Untersuchen** Experimentieren

Tabletten – Helfer in der Not?

3 Wie soll ich das alles schaffen?

1 Frank ist 14 Jahre alt und besucht die 8. Klasse einer Sekundarschule. Seine Eltern setzen hohe Erwartungen in seine Zensuren und verlangen, dass er zu Hause mehr für die Schule arbeitet. Der gewünschte Erfolg bleibt jedoch mehr und mehr aus: Frank wirkt im Unterricht unruhig, unkonzentriert und lässt sich von seinen Nachbarn ablenken. Ein Gespräch mit dem Klassenlehrer und den Eltern stellt langfristig Besserung in Aussicht. Die Eltern wollen jedoch schnellen Erfolg ohne zusätzlichen Zeitaufwand. Franks Mutter erinnert sich an ein Medikament, das ihr der Hausarzt zur Beruhigung verschrieben hatte. Wenn es ihr geholfen hat, so denkt sie, wird es auch Frank helfen. Sie überredet Frank dazu, es einzunehmen. Nach einigen Tagen verschwindet tatsächlich seine Unruhe, doch er wirkt lustlos, desinteressiert und, wie sein Freund Rolf sagt, völlig daneben. Frank kapselt sich von den Mitschülern in der Klasse immer mehr ab. ↑3, 4
Diskutiert in eurer Klasse über den „Fall Frank". Ist Frank ein Einzelfall? Könnte nicht jeder gefährdet sein? Ist die Mutter schuld an allem? Was ist, wenn man wirklich einmal ein solches Medikament braucht? Wie würdet ihr in eurer Klasse mit dem Problem Frank umgehen? Ist Frank vielleicht schon abhängig?

4 Der Griff zur Tablette ist einfach, aber oftmals nicht ohne Folgen.

2 Findet Möglichkeiten, wie man Frank helfen kann. Bildet Arbeitsgruppen und nutzt dabei Methoden wie Gedankenkarte und Expertenbefragung. Ihr könnt auch ein Rollenspiel gestalten.

Steckbrief Medikamente zur Problemlösung?

Immer mehr Jugendliche nehmen leichtfertig ein Medikament ein, ohne sich über die Nebenwirkungen und Spätfolgen Gedanken zu machen. Tabletten, Pulver und Tropfen können gesundheitsgefährdend sein und abhängig machen. Man sollte sich immer überlegen, ob die Einnahme eines Medikaments wirklich nötig ist.

Schlafmittel sollen über Stress- und Leidensphasen für kurze Zeit verschrieben werden. Sie sollen den nötigen Schlaf sichern; Ursachen können sie nicht beheben.

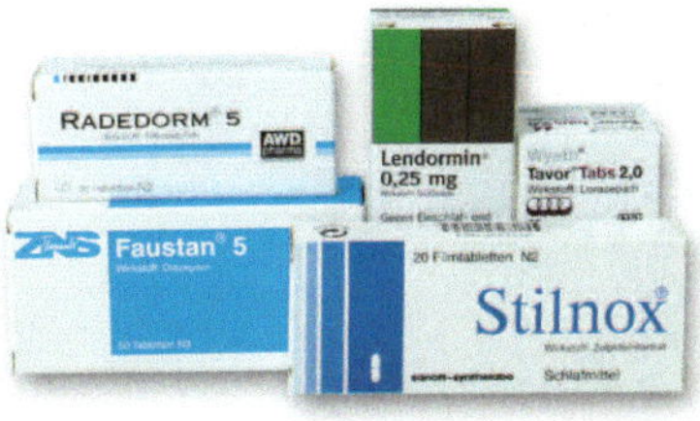

5 Damit kann man keine Probleme lösen.

Beruhigungsmittel werden bei ähnlichen Symptomen verschrieben: bei psychischer Belastung und dadurch bedingten Unruhezuständen. Auch sie bekämpfen nicht die Ursachen.
Aufputschmittel werden verabreicht, wenn Patienten unter krankhaften Müdigkeits- oder Erschöpfungszuständen leiden. Werden sie länger eingenommen, kann sich die Wirkung umkehren.

Überblick

Gesundheit und Krankheit
Gesund fühlen wir uns, wenn unser Körper funktioniert, ohne dass wir viel davon spüren. Krank fühlen wir uns, wenn eine Störung der geregelten Abläufe die körperliche und manchmal auch die geistige Leistungsfähigkeit vermindert.

Risikofaktoren
Zum Ausbruch und zum Verlauf von Krankheiten tragen heute vor allem Faktoren bei, die mit unserer modernen Lebensweise zusammenhängen.

Schutzfaktoren
Unsere Gesundheit wird vor allem von Schutzfaktoren bestimmt, die damit zu tun haben, ob wir regelmäßig die Erfahrung machen,
- dass wir Ereignissen nicht willkürlich ausgeliefert sind,
- dass wir mit Aufgaben weder über- noch unterfordert sind,
- dass wir Situationen beeinflussen und gestalten können.

Stress
Stress ist eine Anpassungsreaktion des Körpers an Belastungen. Unser Körper reagiert mit einer enormen Kraftbereitstellung, indem er Funktionen drosselt, die nicht lebenswichtig sind. Dadurch werden wir leistungsfähiger. Wenn wir mit den Stressereignissen nicht fertig werden, macht Stress uns langfristig krank.

Stressauslöser
Stress ist eine ausgesprochen individuelle Angelegenheit. Das gilt sowohl für die Ereignisse, die wir als stressig erleben, als auch für unsere Reaktionen darauf.

Stressbewältigung
Für die Bewältigung von Stressereignissen gibt es drei Ansatzpunkte: die Stressauslöser, die Stressreaktion und du selbst.
Und: Stressbewältigung lässt sich trainieren.

Drogenkonsum
Drogen wirken im Gehirn auf das Belohnungssystem. Sie greifen in den Haushalt der Botenstoffe ein und erzeugen so für kurze Zeit gute Gefühle.

Warum Drogen süchtig machen
Wird eine Droge häufig und regelmäßig konsumiert, stellt sich das Gehirn auf die regelmäßige Zufuhr ein. Nach einiger Zeit ist es so daran gewöhnt, dass es nicht mehr ohne die Droge auskommt. Deshalb treten Entzugserscheinungen auf, wenn dem Gehirn die Droge vorenthalten oder die Zufuhr verringert wird.

Umgang mit Drogen
Es gibt Jugendliche, die ihr Leben ohne Drogen nicht mehr bewältigen und den Konsum nicht mehr kontrollieren können. Doch so weit muss es nicht kommen, denn es bestehen Möglichkeiten, das Hineinrutschen in eine Drogenabhängigkeit zu verhindern.

1 Bewegung ist ein gutes Mittel zum Stressabbau und trägt zur Gesundheit bei.

2 Computerspiel als Droge

Sucht ohne Drogen
Nicht nur Drogen, sondern auch exzessiv ausgeübte Verhaltensweisen können süchtig machen, indem sie das Gleichgewicht der Botenstoffe im Belohnungssystem des Gehirns stören. Das Gehirn gewöhnt sich auch an die Zufuhr der eigenen Botenstoffe und reagiert mit Entzugserscheinungen, wenn das exzessive Verhalten nicht aufrechterhalten wird.

alles klar?

1 Die Weltgesundheitsorganisation WHO empfiehlt, zur Förderung der Gesundheit vor allem so genannte Lebenskompetenzen zu stärken. Lebenskompetent ist, wer sich selbst kennt und mag, kritisch und kreativ denkt, einfühlsam ist, sich mit anderen austauschen und Beziehungen gestalten kann, durchdachte Entscheidungen trifft, erfolgreich Probleme löst und Gefühle und Stress bewältigen kann. Überlege, wie sich diese Stärken auf die Gesundheit auswirken können.

2 Wer regelmäßig Sport treibt, erbringt in der Regel nicht schlechtere, sondern bessere schulische Leistungen. Finde eine Erklärung dafür. ↑3

3 In zwei Wochen steht eine Klassenarbeit an. Einer deiner Mitschüler klagt, dass er deswegen nur noch wenig schläft und sich tagsüber nicht konzentrieren kann. Was würdest du ihm raten? Begründe.

4 Deine Freundin trinkt regelmäßig alkoholische Getränke. Du sprichst sie darauf an. Sie spielt diese „Gewohnheit" herunter und behauptet, auf keinen Fall süchtig zu sein. Du schlägst ihr vor, das durch einen Selbsttest herauszufinden. Erläutere, wie sie dabei vorgehen könnte.

5 Einige Wissenschaftler bezeichnen die Botenstoffe im Belohnungssystem des Gehirns als „körpereigene Drogen". Sie behaupten, damit könne sich jeder Mensch gezielt gute Gefühle verschaffen. Nimm Stellung zu dieser Aussage.

6 Die Werbung zeigt uns eine schöne Welt, in der Freizeit, Urlaub, Abenteuer und Sexualität im Vordergrund stehen. Unbewusst verbindet man die gezeigten Bilder mit dem Produkt, für das sie werben.

a Suche die versteckten Botschaften in einem Werbeplakat. ↑4 Erläutere: Wofür wird geworben? In welcher Umgebung wird das Produkt gezeigt? Was erfährt man über seine Eigenschaften? Was wird versprochen, was wird verschwiegen? Was hat das mit deinen eigenen Wünschen zu tun?

b Beurteile, an welche Zielgruppe sich die Werbung wahrscheinlich richtet.

c Entwirf ein Plakat, das für das Nichtrauchen wirbt.

3 Bewegung ist gesund.

7 Es gibt Jugendliche, die ihr Leben ohne Zigaretten, Alkohol oder Haschisch (Cannabis) nicht mehr bewältigen und ihren Konsum nicht mehr kontrollieren können. Doch so weit muss es nicht kommen. Erläutere, wie man eine Drogenabhängigkeit verhindern kann.

4 „Geschmack verbindet." – Was soll das denn heißen?

Teste dich!

1 Ob wir gesund bleiben oder krank werden, hängt von Risiko- und Schutzfaktoren ab.
- **a** Nenne möglichst viele Risikofaktoren.
- **b** Erläutere, warum es keine Garantie gibt, gesund zu bleiben, auch wenn alle Risikofaktoren gemieden werden.
- **c** Beschreibe Erfahrungen, von denen unsere Schutzfaktoren abhängig sind.

2 Stress ist eine Anpassungsreaktion des Körpers an Belastungen jeglicher Art.
- **a** Nenne körperliche Reaktionen, die bei Stressereignissen typischerweise auftreten.
- **b** Begründe, warum Stress krank machen kann.
- **c** Nenne Ansatzpunkte für die Bewältigung von Stressereignissen.
- **d** Beurteile, ob Wütendwerden eine geeignete Stressbewältigungsmethode ist.

3 Drogen können süchtig machen.
- **a** Beschreibe, was dabei im Gehirn passiert.
- **b** Drogen werden als „Abkürzungen zum Glück" bezeichnet. Begründe.
- **c** Jugendliche sind besonders gefährdet. Erkläre.
- **d** Erläutere, woran du erkennst, ob jemand süchtig ist.
- **e** Ist ein Mensch, der ohne Glücksspiel nicht mehr leben kann, süchtig? Erkläre.

4 Wer Zigaretten raucht, gefährdet seine Gesundheit – und die seiner Mitmenschen.
- **a** Nenne Gesundheitsschäden, die durch die Inhaltsstoffe von Zigaretten entstehen.
- **b** Welcher Inhaltsstoff im Tabak ist die Ursache dafür, dass Rauchen zur Sucht werden kann? Beschreibe, wie es dazu kommt.
- **c** Werden durch das Rauchen auch andere Menschen gefährdet? Begründe.
- **d** Alle wissen, wie gefährlich Rauchen ist. Es steht auf jeder Zigarettenpackung. Geraucht wird trotzdem. Erkläre.

5 Wie gefährlich Alkohol ist, hängt von der getrunkenen Menge ab.
- **a** Nenne die Wirkungen, die Alkohol mit zunehmender Dosis im Gehirn hat.
- **b** Unter Alkoholeinfluss am Straßenverkehr teilzunehmen ist gefährlich. Erkläre.
- **c** Woher kommt der „Kater" am Morgen nach einer durchzechten Nacht? Erläutere.

6 Nicht nur Drogen, auch exzessiv ausgeübte Verhaltensweisen können süchtig machen.
- **a** Nenne einige Verhaltenweisen, die süchtig machen können.
- **b** Erläutere, was im Gehirn eines Menschen passiert, der verhaltenssüchtig wird.
- **c** Anders als bei Drogensucht besteht bei vielen Verhaltenssüchten nicht die Möglichkeit, völlig abstinent zu leben. Erkläre.

Die Farben zeigen, worauf es bei einer Aufgabe ankommt:
■ Sachverhalte wiedergeben ■ Wissen anwenden ■ komplexe Probleme lösen

› Die Lösungen findest du im Anhang.

Schätze deine Kenntnisse und Fähigkeiten ein.

Aufgabe	Lerngebiet/Fähigkeit	Lösungshilfe	Auswertung
1	Ich kann erklären, wie Risiko- und Schutzfaktoren die Gesundheit beeinflussen.	106, 107	Ordne dazu deiner Lösung im Heft ein Smiley zu:
2	Ich kann geeignete Stressbewältigungsmethoden nennen.	108, 109	☺ Ich konnte die Aufgabe richtig lösen.
3	Ich kann erklären, warum Drogen süchtig machen können.	112, 113	😐 Ich konnte die Aufgabe nicht komplett lösen.
4	Ich weiß, warum Zigarettenrauchen die Gesundheit gefährdet.	117	☹ Ich konnte die Aufgabe nicht lösen.
5	Ich kann erklären, welche Wirkungen Alkohol im Gehirn hat.	118	
6	Ich kenne Verhaltensweisen, die süchtig machen können, und weiß, wie Verhaltenssüchte entstehen.	114, 115	

Entwicklung – von der Befruchtung bis zum Tod

**Erst wenige Wochen alt und schon ein ganz eigener, unverwechselbarer Mensch – schutzlos, wenn keiner da ist, der die Hand über ihn hält.
Nicht erst mit seiner Geburt, schon Monate vorher beginnt ein wunderbares Abenteuer: Das Abenteuer des Lebens.**

Menschen pflanzen sich geschlechtlich fort.
Voraussetzung für die **Entwicklung** einer befruchteten Eizelle sind die in ihrem Zellkern neu kombinierten mütterlichen und väterlichen Erbanlagen.

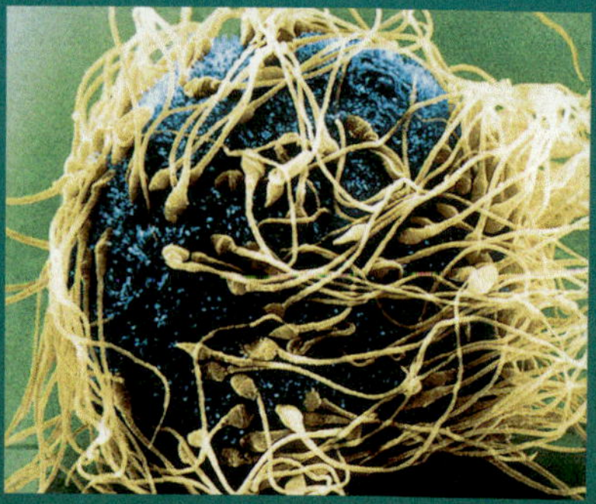

1 Spermien umringen eine Eizelle: Welche biologische Bedeutung hat die Befruchtung für die Entwicklung eines Menschen?

2 Verantwortliche Elternschaft beginnt lange vor der Geburt. Was gehört dazu?

3 Typisch männlich – typisch weiblich? Wie sehen dein Traummann oder deine Traumfrau aus?

4 Stehen und Laufen sind wichtige Entwicklungsschritte zur Selbstständigkeit eines Babys. Kann es nun seinen „eigenen Weg“ gehen?

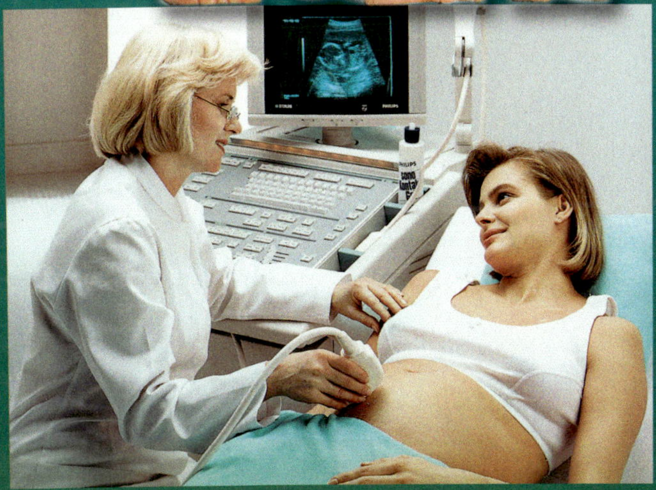

5 Ultraschalluntersuchungen gehören zu den Vorsorgeuntersuchungen bei einer Schwangerschaft. Warum sind diese so wichtig?

6 Fotos veranschaulichen die Individualentwicklung eines Menschen.
Welche Phasen gehören dazu?

In der Pubertät wird alles anders

Anne (14) ist „sauer“ auf ihre Mutter. Sie fühlt sich von den Erwachsenen unverstanden und zieht sich in ihr Zimmer zurück, wo sie Musik hört und von ihrem Lieblingssänger träumt. Paul, ihr ein Jahr älterer Bruder, liegt auch oft im Streit mit den Eltern. Er geht dann zum Fußball oder trifft sich mit seiner Clique.
Hat das mit der Pubertät zu tun, dass sich die Einstellungen, Bedürfnisse und Gefühle von Anne und Paul ändern?

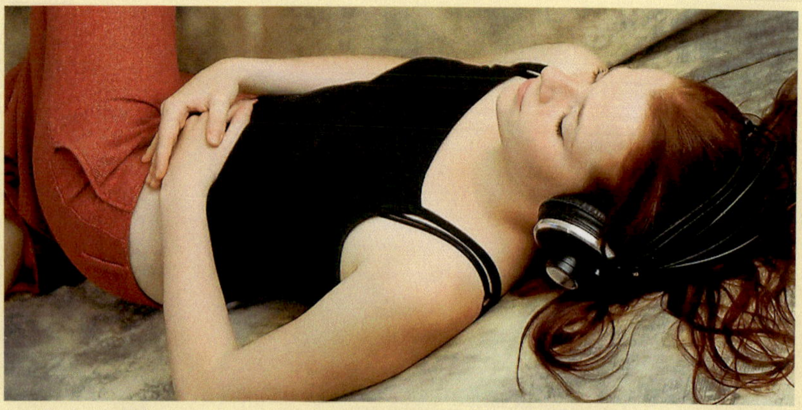
1 Pubertät heißt auch Veränderung der Gefühle.

Beobachten Untersuchen Experimentieren

2 Kennst du auch diese Situationen?

Typisch!?
Die Pubertät ist keine leichte Zeit. Viele Veränderungen stürmen auf die Jugendlichen ein und müssen bewältigt werden, zum Beispiel neue Freiheiten, andere Ansichten und sexuelle Regungen.

1 Entwerft in Gruppen zu den in den Abbildungen dargestellten Situationen Szenen, aus denen hervorgeht, was die einzelnen Personen sagen und denken. ↑2

2 Führt die Szenen in der Klasse auf. Wertet sie anschließend unter folgenden Gesichtspunkten aus:
- Wie haben sich die Spieler/Zuschauer gefühlt? Was haben sie empfunden?
- Wie realistisch ist die dargestellte Szene?

Veränderungen des Körpers und der Psyche

Der Körper verändert sich Mit dem Beginn der Pubertät treten neben psychischen Veränderungen auch viele Veränderungen im menschlichen Körper auf. Manche dieser Veränderungen erfolgen im Körperinnern, andere sind äußerlich sichtbar. ↑3

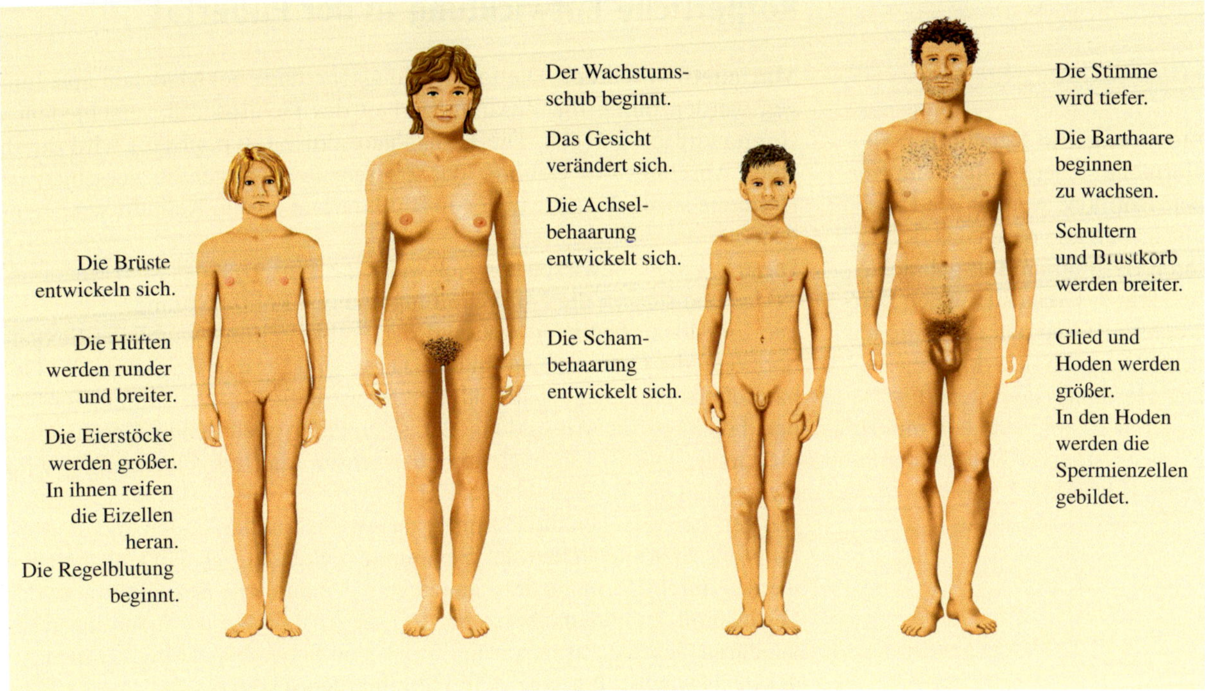

3 Körperliche Veränderungen zwischen Kindheit und Erwachsenenalter

Die bedeutendste Veränderung findet in den Geschlechtsorganen statt: Sie wachsen und beginnen mit der Reifung von Eizellen oder der Bildung der Spermienzellen.

Was verändert sich noch? Die Pubertät ist eine aufregende, oft auch mit Problemen behaftete Phase. Zeitlich liegt sie heute in Europa bei Mädchen etwa zwischen dem 10./11. und 17./18., bei Jungen zwischen dem 12./13. und 19./20. Lebensjahr. Stimmungs- und Gefühlsschwankungen gehören zum Alltag. Psychische Merkmale wie Selbstunsicherheit, Aggressivität, der Rückzug in die eigene Gedankenwelt, Trotz und das Streben nach Selbstbestimmung sind kennzeichnend. Die Worte „himmelhoch jauchzend – zu Tode betrübt“ beschreiben diese Schwankungen treffend.

Wer bin ich? Anne unterhält sich mit ihrer Freundin über alles, was die beiden so beschäftigt. In letzter Zeit sind ihnen merkwürdige Fragen durch den Kopf gegangen: „Wer bin ich eigentlich? Was denken die anderen von mir? Was ist wichtig in meinem Leben? Will ich so werden wie meine Eltern? Welchen Sinn hat das Leben überhaupt?“ ↑4 Die Entdeckung und Entwicklung ihrer Identität beschäftigt Jugendliche in der Pubertät oft mehr, als manchem Erwachsenen lieb ist. Sie probieren Neues aus, entwickeln Neigungen und Abneigungen und entdecken die eigene Sexualität.

4 Wer bin ich eigentlich?

Aufgabe

Welche Veränderungen werden in Text erwähnt? Bildet reine Mädchen- und Jungengruppen. Tauscht euch in diesen Gruppen darüber aus, wie ihr mit den genannten Veränderungen und damit verbundenen Problemen umgeht. Ermittelt, ob es dabei Unterschiede zwischen Mädchen und Jungen gibt.

Körperliche Entwicklung in der Pubertät

Basiskonzept

Steuerung und Regelung
Hormone steuern Abläufe im Körper: Hormone werden von Drüsen abgegeben und durch das Blut an ihren Bestimmungsort gebracht. So kann das Testosteron den Bartwuchs auslösen und das Östrogen den Menstruationszyklus regeln. Das Hormonsystem steuert und regelt in Zusammenarbeit mit dem Nervensystem die Lebensvorgänge im Körper.

Marionettentheater? Die Entwicklungsvorgänge bei Mädchen und Jungen werden durch die Zusammenarbeit des Gehirns mit verschiedenen Hormondrüsen geregelt. Die Hirnanhangsdrüse (Hypophyse) wird durch einen Abschnitt des Gehirns, das Zwischenhirn, angeregt, verschiedene Hormone abzugeben, die über den Blutkreislauf zu den Keimdrüsen gelangen.↑1
Diese Hormone bewirken beispielsweise das Einsetzen des Menstruationszyklus und steuern die Follikelreifung und den Follikelsprung.
Die Eierstöcke beginnen während der Follikelreifung weibliche Sexualhormone, die Östrogene, zu bilden. Diese sind für das Wachstum der Gebärmutterschleimhaut während des Menstruationszyklus verantwortlich und bewirken die Ausbildung der sekundären weiblichen Geschlechtsmerkmale: Die Brüste beginnen zu wachsen, die Schambehaarung wird dichter und das Becken wird breiter.
Bei den Jungen regen die Hormone das Wachstum der Hoden und die Reifung der Spermienzellen an. Bestimmte Zellen in den Hodenkanälchen werden durch Hormone dazu angeregt, das männliche Sexualhormon, das Testosteron, zu bilden. Dieses bewirkt die Ausbildung der männlichen sekundären Geschlechtsmerkmale: Brust- und Schambehaarung nehmen zu, der Penis wächst, Bartwuchs und Stimmbruch setzen ein.

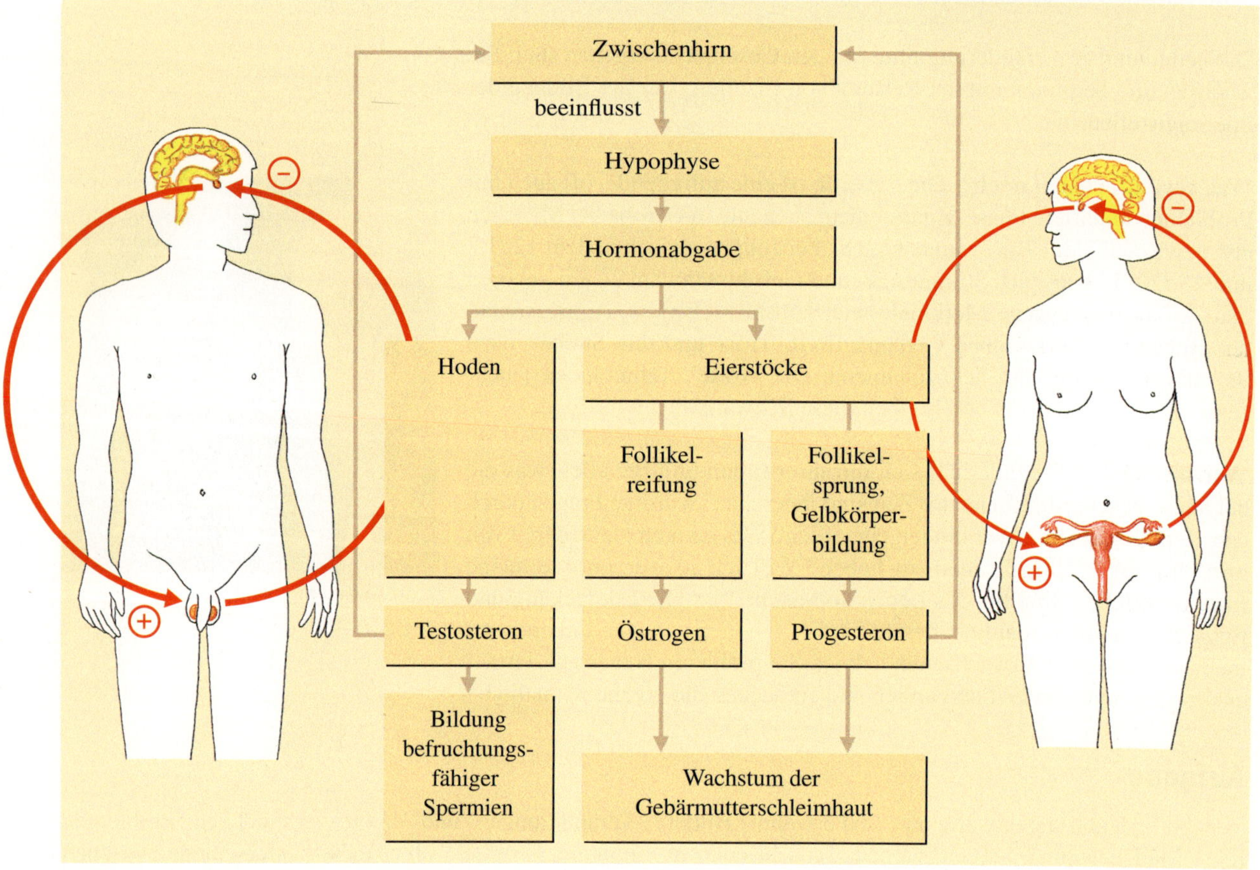

1 Hormonelle Steuerung der Entwicklung

Sexualität und Partnerwahl

Sexualität und Geschlecht Die sekundären Geschlechtsmerkmale sind es, die für die wechselseitige Anziehung der Geschlechter und die Wahl des Sexualpartners eine wesentliche Rolle spielen. Wir ziehen durch unser Verhalten, unsere Kleidung, durch eine bestimmte Mimik und Gestik die Aufmerksamkeit eines Partners auf uns: Wir flirten mit ihm. ↑2 Aus einem solchen Flirt kann sich Liebe entwickeln, in der wir Zärtlichkeiten austauschen, die körperliche Nähe suchen, Sehnsucht nacheinander haben und die „Schmetterlinge im Bauch" spüren.

Beim „Hair-flip" fährt das Mädchen mit den Fingern durch das Haar.

„Head-toss" ist eine schnelle Bewegung des Kopfes, die den Hals entblößt.

2 Flirtsignale

3 Gleichgeschlechtliches Paar

Geschlechtliche Beziehungen Die meisten Menschen sind heterosexuell: Sie wählen Partner des anderen Geschlechts.
Es gibt jedoch überall Menschen, die aus bisher noch nicht geklärten Ursachen Sexualpartner des eigenen Geschlechts bevorzugen (Homosexualität). ↑3 Männliche Homosexuelle werden in der Öffentlichkeit als Schwule, weibliche als Lesben bezeichnet. Bisexuelle Menschen fühlen sich gleichermaßen zum eigenen und zum anderen Geschlecht hingezogen.

Wir verstehen uns auch ohne Worte Ein junges Paar hat sich gefunden. Beide haben den Wunsch, miteinander zu schlafen. Sie fühlen sich jedoch nach dem „ersten Mal" nicht so, wie sie sich eine sexuelle Erfüllung vorgestellt haben. Über Hoffnungen, Träume, Wünsche und Ängste zu sprechen fällt oft nicht leicht, ist aber für das Verständnis des Partners nötig. Eine dauerhafte Beziehung verlangt Toleranz, Geduld und gemeinsame Anstrengung.

Der Traum meiner schlaflosen Nächte Wer hat sich nicht schon einmal Traummädchen oder Traumjungen in seiner Fantasie ausgemalt. ↑4 Unbewusst orientieren sich viele an Idolen aus Film, Fernsehen und Musikszene, die voll von gut „gebauten" Stars sind. Tatsächlich entsprechen die wenigsten Menschen im Aussehen solchen Sexsymbolen. So entstehen Leitbilder, die den Blick für die Realität trüben und zu ernsthaften Störungen des Sexualverhaltens oder auch zu Essstörungen führen können.

4 Traumfrau und Traummann?

Keimzellenbildung in den Geschlechtsorganen

Beim Baden kann man häufig nackte kleine Kinder beim Spielen beobachten. Sieht man sie von hinten, dann ist die Frage: „Junge oder Mädchen?" nicht leicht zu beantworten, denn sie unterscheiden sich kaum in ihrem Körperbau. Wenn sich die Kinder umdrehen und man die Vorderseite ihres Körpers sehen kann, fällt die Antwort allerdings nicht schwer. Von Geburt an unterscheiden sich Mann und Frau durch charakteristische Merkmale, die Geschlechtsorgane. Welche sind das? Und welche Funktion besitzen sie?

1 Junge oder Mädchen?

Spermienbildung

Bau und Funktion der männlichen Geschlechtsorgane Äußerlich sichtbar sind Penis und Hodensack. Im Hodensack liegen geschützt die paarigen Hoden und Nebenhoden. ↑2 Die Hoden sind die männlichen Keimdrüsen. In ihnen werden die männlichen Geschlechtszellen, die Spermien, gebildet und in den Nebenhoden gespeichert. In den Hoden wird außerdem das Geschlechtshormon Testosteron gebildet.

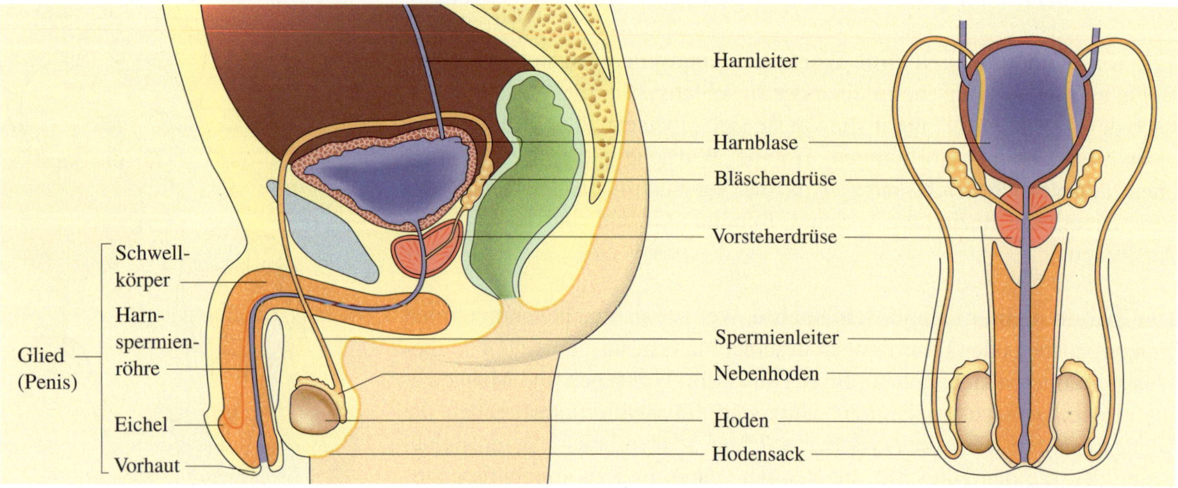

2 Überblick über den Bau und die Lage der männlichen Geschlechtsorgane

Bau und Bildung der Spermien Unter der Wirkung des Testosterons, das mit Beginn der Pubertät in steigender Konzentration gebildet wird, beginnen die Spermien heranzureifen. Aus Vorstadien der Spermien, die sich in den vielfach gewundenen Hodenkanälchen befinden, bilden sich durch Zellteilungen die reifen Spermien. ↑5, 6 Diese gelangen in die Nebenhoden, wo sie gespeichert werden und ihre endgültige Gestalt annehmen. ↑4 Ein Mann kann bis ins hohe Alter befruchtungsfähige Spermien bilden. Einen Zyklus wie bei der Frau gibt es nicht.

Beim Orgasmus werden die Spermien durch krampfartige Muskelbewegungen aus den Nebenhoden in die Spermienleiter und von dort durch die Harnspermienröhre nach außen gepresst. Gleichzeitig geben die Bläschendrüsen und die Vorsteherdrüse Sekrete ab, die sich mit den Spermien mischen und zusammen das Sperma bilden.

Schon gewusst?

Reifung der Spermien
Von der Pubertät an kann ein Mann in seinem Leben bis zu 12 Billionen Spermien bilden. Jedes Spermium benötigt zur Reifung etwa 64 Tage. Sie erfolgt bei 29 °C. Diese Temperatur ist im Hodensack vorhanden. Er schützt die Hoden vor Auskühlung, indem er sich durch Zusammenziehen der Muskulatur verdickt.

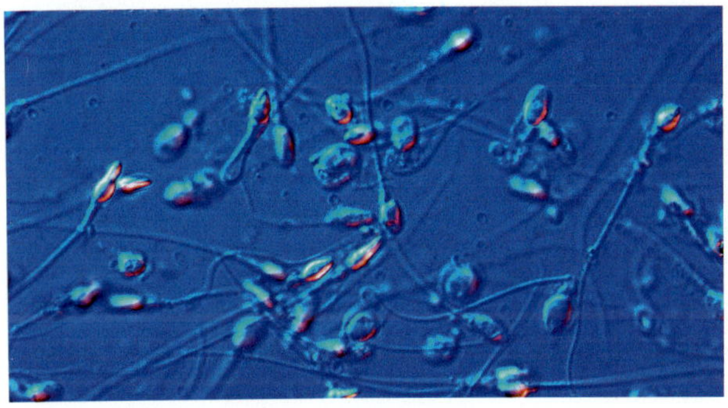

3 Menschliche Spermien im Mikroskop

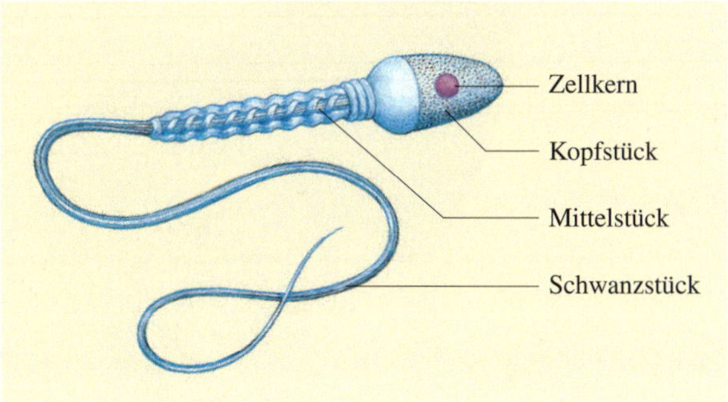

4 Bau eines Spermiums

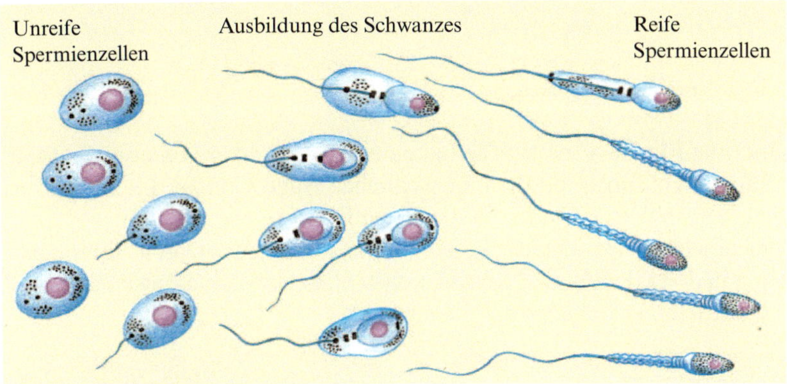

5 Bildung der Spermien im Hodengewebe

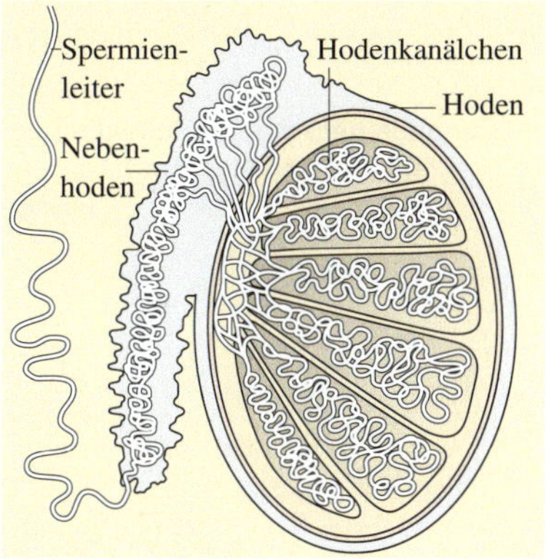

6 Hoden und Nebenhoden (Längsschnitt)

Zu den männlichen Geschlechtsorganen gehören der Penis, die Hoden und die Nebenhoden, die Spermienleiter, die Harnspermienröhre, die Vorsteherdrüse und die Bläschendrüsen. Mit Beginn der Pubertät werden in den Hoden befruchtungsfähige Spermien gebildet.

Aufgaben

1 Erläutere anhand der Abbildung den Bau und die Funktion der männlichen Geschlechtsorgane. ↑2 Nutze, wenn es notwendig sein sollte, weitere Nachschlagewerke.

2 Beschreibe den Bau eines Spermiums. Schließe vom Bau auf die Funktion der Teile. ↑4

3 Erläutere die Bildung und Reifung eines Spermiums. ↑5, 6

Bildung und Reifung von Eizellen

Bau und Funktion der weiblichen Geschlechtsorgane Äußerlich sichtbar sind der Kitzler sowie die großen und kleinen Schamlippen. Diese dienen dem Schutz der inneren Geschlechtsorgane: der Scheide, der Gebärmutter, den Eileitern und den Eierstöcken. ↑1
Die paarigen Eierstöcke, etwa pflaumengroß, sind die weiblichen Keimdrüsen. In ihnen werden die Eizellen gebildet. Außerdem produzieren sie die weiblichen Sexualhormone, die Östrogene und Gestagene.
Die Eizellen, die in den Eileitern befruchtet werden können, werden zur Gebärmutter transportiert und können sich dort – falls eine Befruchtung stattgefunden hat – bis zum geburtsfähigen Kind entwickeln.

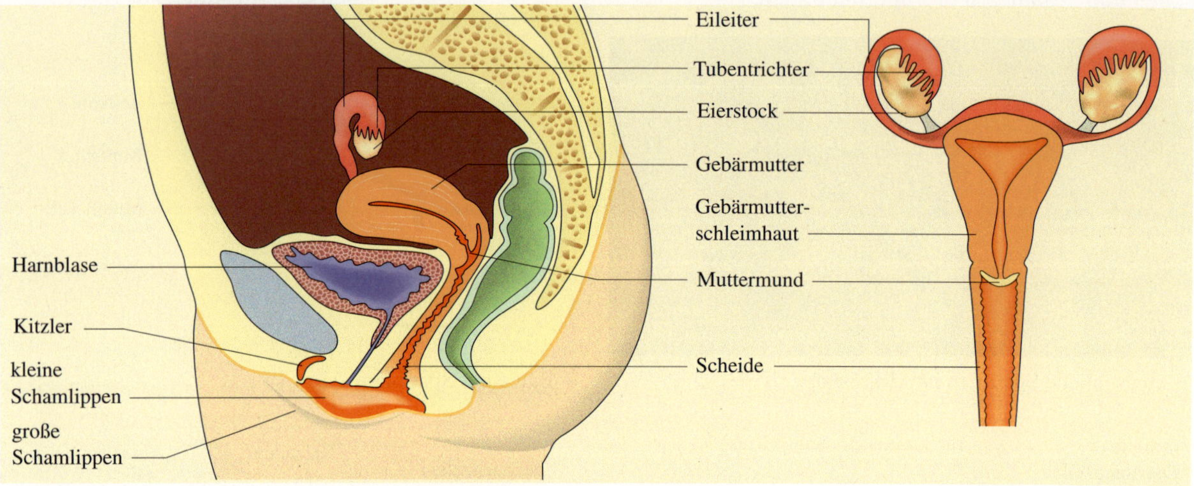

1 Überblick über den Bau und die Lage der weiblichen Geschlechtsorgane

Bau der Eizelle Eine Eizelle hat einen Durchmesser von etwa 0,15 mm und ist damit noch mit dem menschlichen Auge sichtbar. Im Zellplasma befindet sich der Zellkern mit den Erbanlagen.
Eine Eizelle kann sich nicht selbstständig bewegen. Durch Flimmerhärchen in den Eileitern und Kontraktionswellen der Eileitermuskulatur wird sie in Richtung Gebärmutter transportiert.

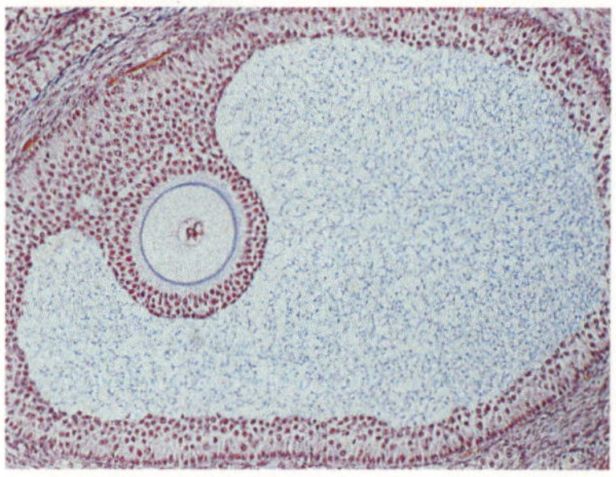

2 Follikel mit Eizelle

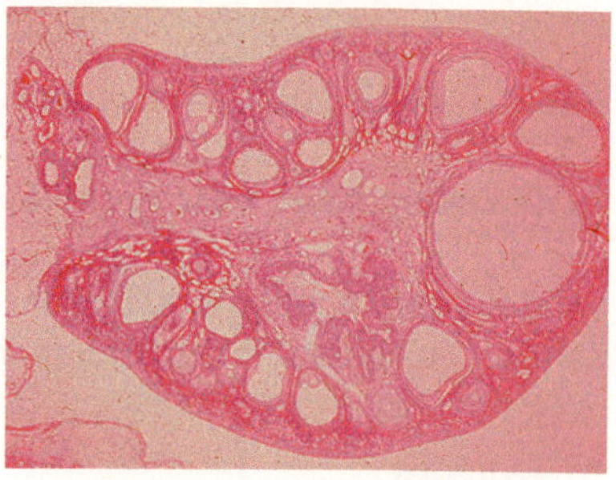

3 Follikelstadien (Eierstockquerschnitt)

Bildung und Reifung der Eizellen Die Entwicklung und Reifung der Eizellen erfolgt in zwei zeitlich getrennten Abschnitten: während der vorgeburtlichen Entwicklung eines Mädchens und nach der Pubertät.

Bereits in einem frühen Embryonalstadium entstehen durch Zellteilungen in jedem Eierstock mehrere Hunderttausend unreife Eizellen. Diese sind jeweils von Hüllzellen umgeben, mit denen sie zusammen als Primärfollikel bezeichnet werden. ↑4

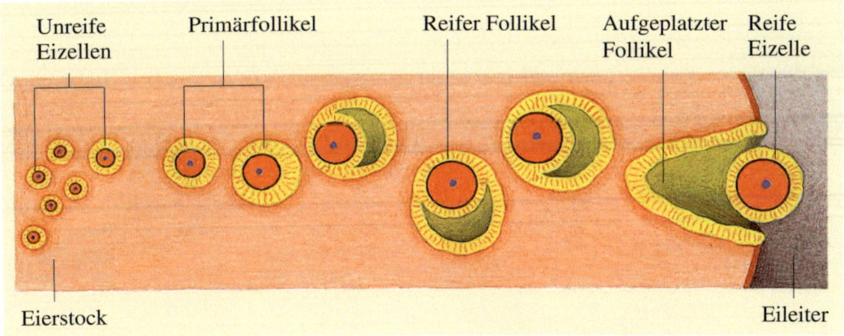

4 Reifung einer Eizelle bis zum Eisprung

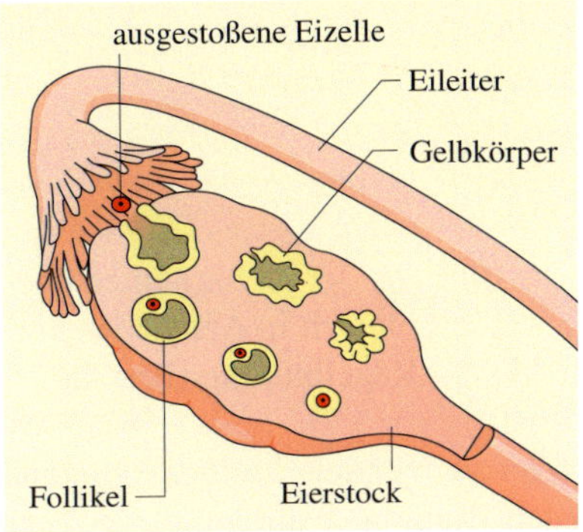

5 Aufnahme der Eizelle in den Eileiter

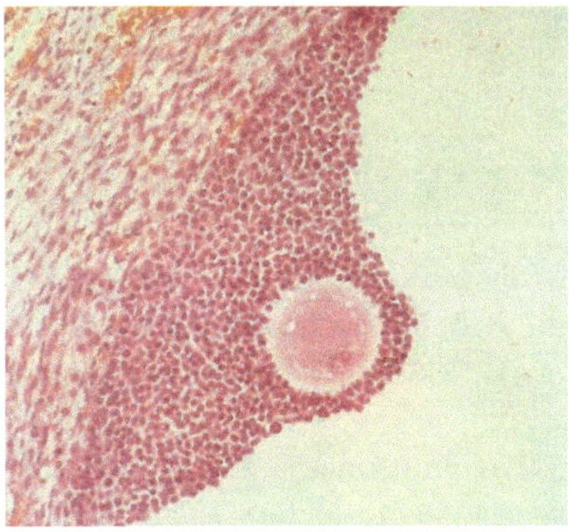

6 Eizelle kurz vor dem Eisprung

Mit Beginn der Pubertät reift monatlich eine Eizelle in einem der beiden Eierstöcke zu einer befruchtungsfähigen Eizelle heran. Dabei teilen sich die Hüllzellen des Primärfollikels und ordnen sich in mehreren Schichten so um die Eizelle an, dass im Innern des Follikels eine Follikelhöhle entsteht. Sie ist mit Follikelflüssigkeit gefüllt. ↑3, 4

Ist die Eizelle reif, kommt es zum Ei- bzw. Follikelsprung. Dabei platzt der Follikel an der Oberfläche des Eierstocks auf und die Eizelle wird mit der Flüssigkeit des Follikels in den Eileiter gespült. Dort kann die Eizelle befruchtet werden. Der Follikel entwickelt sich weiter zum Gelbkörper. Er bildet Hormone, die den Körper auf eine Schwangerschaft vorbereiten.

Zu den weiblichen Geschlechtsorganen gehören die Schamlippen, der Kitzler, die Eierstöcke, die Eileiter, die Gebärmutter und die Scheide. Mit Beginn der Pubertät reift monatlich in einem der beiden Eierstöcke eine Eizelle heran.

Schon gewusst?

Reifung der Eizellen

Im Gegensatz zu den männlichen Keimdrüsen, die nach Eintritt der Geschlechtsreife kontinuierlich große Mengen neuer Spermien bilden, enthalten die beiden Eierstöcke eines Mädchens bereits bei seiner Geburt etwa 600 000 unreife Eizellen. Etwa vom 12. bis zum 50. Lebensjahr, das heißt im fortpflanzungsfähigen Alter einer Frau, reifen aber nur etwa 400 Eizellen heran.

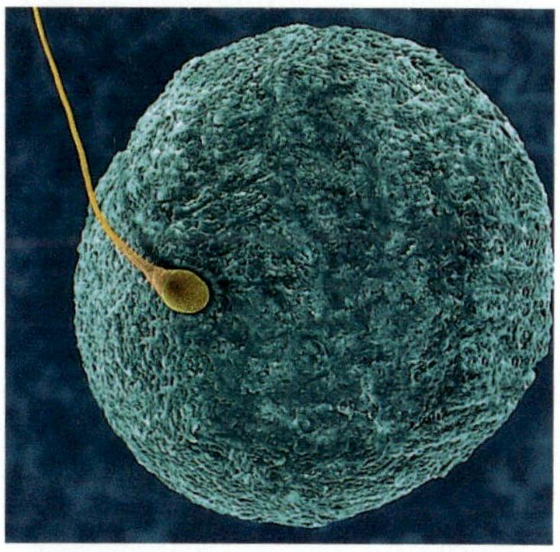

7 Spermium und Eizelle im Größenvergleich

Schon gewusst?

Wechseljahre

In dieser Zeit (meist zwischen dem 45. bis 50. Lebensjahr) verliert eine Frau ihre Fortpflanzungsfähigkeit. Die Bildung von Sexualhormonen nimmt ab. Schließlich erfolgt keine Menstruation mehr. Eine Schwangerschaft ist nicht mehr möglich. Aber auch in und nach den Wechseljahren können Frauen ein erfülltes Geschlechtsleben haben.

Aufgaben

1 Erläutere anhand der Abbildung den Bau und die Funktion der weiblichen Geschlechtsorgane. ↑1

2 Beschreibe Bildung und Reifung einer Eizelle. ↑4, 5

3 Vergleiche Eizelle und Spermium. Nenne Gemeinsamkeiten und Unterschiede.

Der Menstruationszyklus

Für Mädchen ist die erste Menstruation oder Regelblutung sehr wichtig. Sie signalisiert die Geschlechtsreife: Das Mädchen kann nun Kinder bekommen. Jetzt ist ein Besuch beim Frauenarzt sinnvoll. Er wird unter anderem kontrollieren, ob alle Organe in Ordnung sind, und das Mädchen bitten, einen Regelkalender zu führen.
Was versteht man unter Menstruation? Was passiert während des Menstruationszyklus?

1 Regelmäßiges Führen des Regelkalenders

Schon gewusst?

Beeinflussung der Menstruation
Der Menstruationszyklus ist ein sehr komplexer Vorgang, der durch die Wechselwirkung von Hormonen und Nervensystem gesteuert wird. Der zeitliche Ablauf des Zyklus kann deshalb durch äußere Einflüsse, z. B. Stress, variieren. In einigen Fällen (z. B. bei Essstörungen) bleibt die Regel sogar ganz aus.

Aufgaben

1 Beschreibe den Zusammenhang zwischen der Eireifung und den Veränderungen in der Gebärmutterschleimhaut.
2 Beschreibe die Wirkung der Hormone im Menstruationszyklus. ↑2
3 Stelle die hormonelle Steuerung des Menstruationszyklus in einer Tabelle dar. Beginne mit den Wirkungen der Hypophysenhormone FSH und LH.

Menstruationszyklus

Menstruation Bei der Menstruation tritt Blut aus der Gebärmutter über die Scheide nach außen. Diese Blutung wiederholt sich in Abständen von etwa 28 Tagen. Man spricht daher auch von der Regelblutung (Periode).

Menstruationszyklus Er umfasst die Zeit vom ersten Tag der Regelblutung bis zum letzten Tag vor der nächsten Blutung. Während dieser Zeit reift in einem der beiden Eierstöcke eine befruchtungsfähige Eizelle heran. Gleichzeitig wächst die Gebärmutterschleimhaut, um sich auf die Aufnahme der befruchteten Eizelle vorzubereiten.
Nach etwa 14 Tagen erfolgt der Eisprung. Die reife Eizelle wird in den Eileiter abgegeben und kann dort befruchtet werden. Wird sie nicht befruchtet, löst sich die Schleimhaut von der Gebärmutterwand ab. Dabei kommt es zur Menstruation, die etwa 4 bis 6 Tage dauert. Der Blutverlust beträgt insgesamt nur 50 ml bis 200 ml und wird schnell ersetzt.

Hormonelle Steuerung Der Menstruationszyklus wird unter anderem durch die Hormone der Hypophyse, FSH und LH, gesteuert. FSH bewirkt die Reifung eines Follikels. Dieser bildet zunehmend mehr Östrogene, die unter anderem das Wachstum der Gebärmutterschleimhaut fördern. ↑2
Nach dem Eisprung bildet sich der aufgeplatzte Follikel zum Gelbkörper um. Er produziert das Hormon Progesteron. Dieses bewirkt die Vorbereitung der Gebärmutterschleimhaut auf die Einnistung der befruchteten Eizelle. Erfolgt keine Befruchtung, bildet sich der Gelbkörper zurück. Dadurch sinkt die Menge des Progesterons, die Gebärmutterschleimhaut wird unter Blutungen ausgeschieden. ↑2, S.128/1

Mit Beginn der Pubertät setzt bei Frauen der Menstruationszyklus ein. In einem etwa 28-tägigen Rhythmus reifen befruchtungsfähige Eizellen heran. Der Zyklus wird durch Hormone gesteuert.

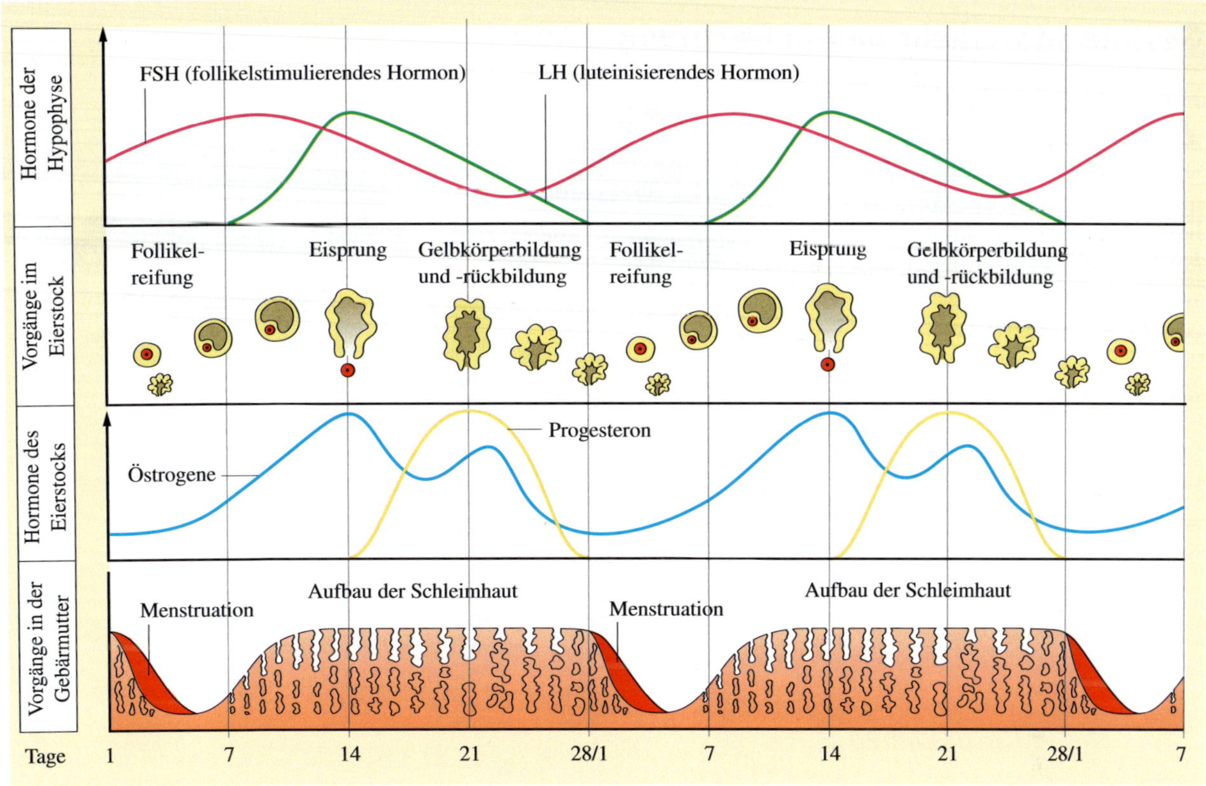

2 Übersicht zu den Vorgängen beim Menstruationszyklus

Beobachten **Untersuchen** Experimentieren

Einen Regelkalender auswerten

In einen Regelkalender wird eingetragen, wann die Menstruation beginnt und endet, ob sie stark oder schwach ist. Bild ↑3 zeigt Ausschnitte aus den Regelkalendern zweier Mädchen.
Bearbeitet in Gruppen jeweils einen Regelkalender (Aufgaben 1, 2).

1 Ermittelt die Tage, an denen vermutlich ein Eisprung stattfand.

2 Gebt für die drei abgebildeten Monate die jeweilige Zyklusdauer an. Vergleicht.

3 Vergleicht die Zyklen der beiden Mädchen hinsichtlich Zyklusdauer sowie Dauer und Stärke der Menstruation.

4 Begründet, weshalb Mädchen bzw. Frauen einen Regelkalender führen sollten.

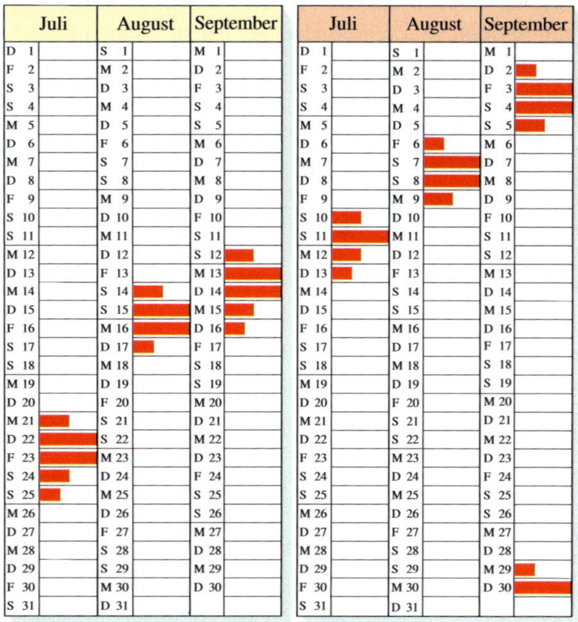

3 Beispiele für ausgefüllte Regelkalender

Geschlechtsverkehr und Befruchtung

Zwei Menschen, die sich lieben, sind gern zusammen. Sie fühlen sich zueinander hingezogen und sind auf vielfältige Weise zärtlich miteinander. Sie streicheln, küssen und liebkosen sich. Dabei werden sie sexuell erregt. Häufig entsteht auch der Wunsch, miteinander zu schlafen.
Durch Geschlechtsverkehr kann es zu einer Befruchtung und damit zu einer Schwangerschaft kommen. Was passiert während des Geschlechtsverkehrs? Wie entsteht neues menschliches Leben?

1 Wann ist der richtige Zeitpunkt, um miteinander zu schlafen?

Beobachten **Untersuchen** Experimentieren

Das erste Mal

Susanne und Frank sind ein Paar. Am 15. August hat Susanne in ihrem Tagebuch notiert:
„Am Samstag, es war der 13. August, fuhren Frank und ich zum Grundstück seiner Eltern, denn diese waren verreist. Wir hatten also das ganze Wochenende für uns. Wir fuhren Rad, gingen baden und sonnten uns. Am Abend dann ist es passiert. Frank und ich haben das erste Mal miteinander geschlafen. Keiner von uns war darauf vorbereitet. Nun habe ich Angst, dass ich schwanger bin. In einer Woche müsste ich meine Tage bekommen. Wenn ich doch nur schon Gewissheit hätte!“

1 Erläutere Bild ↑2.

2 Ist Susannes Angst, schwanger zu sein, berechtigt? Begründe deine Feststellung.

3 Was würdest du Susanne empfehlen, wenn sie tatsächlich schwanger sein sollte?

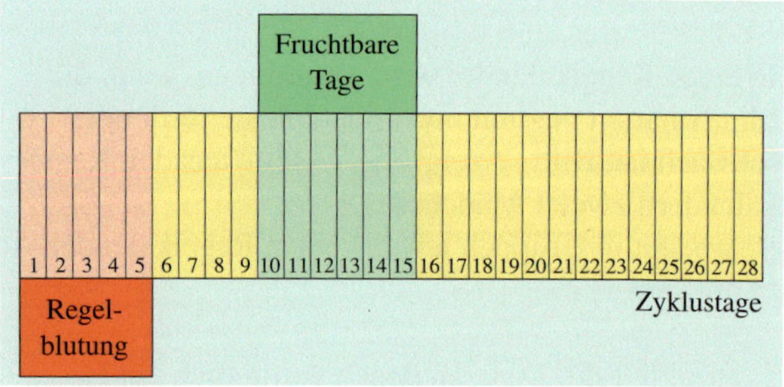

2 Fruchtbare Tage bei einem Zyklus von 28 Tagen

Geschlechtsverkehr und Befruchtung

Beim Geschlechtsverkehr gelangen Spermien des Mannes in die Scheide der Frau. Eine Befruchtung und Schwangerschaft sind mögliche Folgen.

Geschlechtsverkehr Wenn ein Mann und eine Frau einander mögen, haben sie auch den Wunsch, zärtlich zueinander zu sein. Sie möchten den anderen berühren, ihn umarmen, ihm zärtliche Worte sagen, ihn streicheln

und küssen. Dabei werden beide sexuell erregt. Der Wunsch, den anderen zärtlich zu lieben, wird immer stärker.
Die sexuelle Erregung zeigt sich auch körperlich. Der Penis des Mannes wird steif und richtet sich auf. Bei der Frau vergrößert sich der Kitzler und die Scheide sondert eine Flüssigkeit ab, die sie zur Aufnahme des Penis gleitfähig macht. Durch gegenseitige Bewegungen werden der Kitzler der Frau und der Penis des Mannes immer stärker gereizt, sodass Mann und Frau einen Orgasmus als sexuellen Höhepunkt erleben können. Dabei kommt es beim Mann zum Samenerguss, bei der Frau zieht sich die Muskulatur der Scheide rhythmisch zusammen. Das wird in der Regel als ein intensives Glücks- und Lustgefühl empfunden.

Befruchtung Beim Samenerguss eines Mannes gelangen Spermien in die Scheide. Diese wandern innerhalb weniger Stunden über die Gebärmutter in die Eileiter. Treffen sie dort auf eine Eizelle, dringen einige von ihnen in ihre Schutzhüllen ein. ↑5 Vor der Befruchtung vereinigt sich jedoch stets nur ein Spermium mit der Eizelle: Sobald die Zellmembranen von Spermium und Eizelle verschmelzen, wird ein Blockademechanismus aktiviert. Er verhindert, dass weitere Spermien in die Eizelle eindringen. Anschließend verschmilzt der Zellkern des Spermiums mit dem Zellkern der Eizelle. Damit ist die Befruchtung abgeschlossen: Es hat sich eine Eizelle gebildet, deren Zellkern sowohl die Erbanlagen von der Mutter als auch vom Vater in sich trägt. Aus ihr kann sich ein neuer Mensch entwickeln.
Nach dem Eisprung, der meist in der Mitte des weiblichen Zyklus erfolgt, ist eine Eizelle nur etwa 24 Stunden lebensfähig. Spermien können in den weiblichen Geschlechtsorganen 4 bis 5 Tage überleben. Die Tage vor und der Tag nach dem Eisprung sind daher die fruchtbarsten Tage im weiblichen Zyklus. Geschlechtsverkehr in dieser Zeit kann zu einer Befruchtung und damit zu einer Schwangerschaft führen.

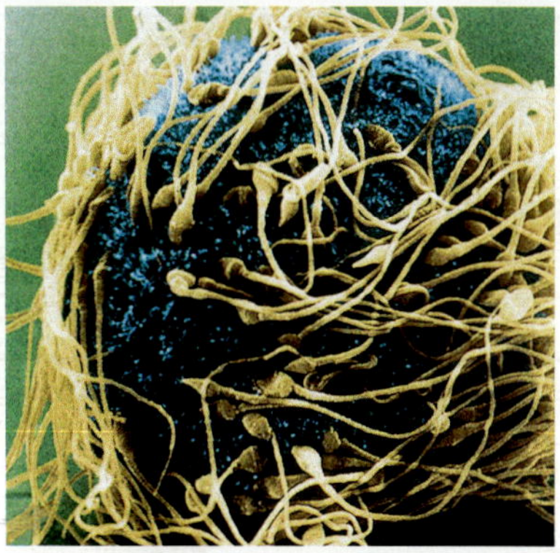

3 Spermien umringen eine Eizelle.

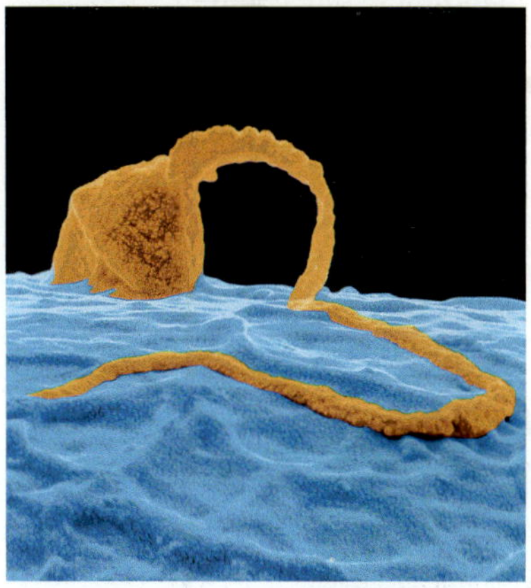

4 Nur *ein* Spermium kann die Eizelle befruchten.

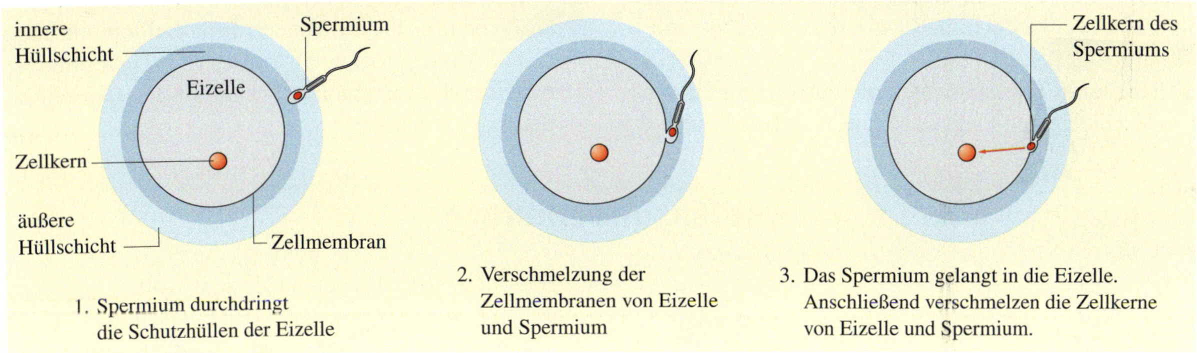

5 Die Befruchtung erfolgt im Eileiter.

Beim Geschlechtsverkehr werden Spermien in die Scheide der Frau übertragen. Die Verschmelzung der Zellkerne von Spermium und Eizelle wird als Befruchtung bezeichnet. Dabei entsteht eine befruchtete Eizelle, aus der sich ein neuer Mensch entwickeln kann.

Aufgaben

1 Beschreibe mithilfe der Abbildung den Ablauf bis zur Befruchtung einer Eizelle. ↑5

2 Erläutere, an welchen Tagen im Menstruationszyklus eine Befruchtung möglich ist.

Wenn Paare keine Kinder wollen

Jens und Antje sind ineinander verliebt. Wenn Jens seinen Arm um sie legt und sie küsst, läuft es Antje heiß und kalt den Rücken herunter. Beide mögen sich sehr und sind glücklich, wenn sie zusammen sein können. Vieles unternehmen sie in ihrer Freizeit gemeinsam.
Was ist, wenn es mehr wird? Wenn man miteinander schlafen möchte? Wie kann man sich vor einer ungewollten Schwangerschaft schützen?

1 Liebe ist auch, gemeinsame Entscheidungen zu treffen.

Beobachten **Untersuchen** *Experimentieren*

Jana und Olaf

Die Familie hat am Sonntag den Besuch der Messe geplant. Jana täuscht Zahnschmerzen vor und bleibt zu Hause. Olaf ist darauf vorbereitet und wartet auf der Straße auf das verabredete Zeichen. Als es endlich kommt, stürmt er die Treppe hinauf. Er möchte die Gelegenheit nutzen und mit Jana schlafen. Jana hat sich für Olaf schön gemacht, auch sie ist voller Erwartung. Sie weiß jedoch nicht, wie weit sie gehen soll …

1 Bereitet in Zweiergruppen die Fortsetzung dieser Geschichte vor. Geht dabei auf folgende Punkte ein:
- Welche Argumente verwenden Jana und Olaf, um ihr Ziel zu erreichen? Wie reagiert der Partner darauf?
- Aus welchen Gründen willigt Jana ein bzw. willigt Jana nicht ein, mit Olaf zu schlafen?
- Welche Argumente verwenden Jana und Olaf für bzw. gegen die Verwendung von Verhütungsmitteln?

2 Spielt die Diskussion in einem Rollenspiel nach.

3 Aufgaben für die Zuschauer: Protokolliert entscheidende Aussagen bzw. Strategien für den vermuteten Ausgang der Geschichte. Diskutiert diese anschließend in der Klasse.

Empfängnisverhütung

Menschen, die sich lieben und zärtlich zueinander sein wollen, möchten auch miteinander schlafen. Nicht immer ist damit der Wunsch nach einem Kind verbunden. Um eine ungewollte Schwangerschaft zu verhindern, sollten die Partner Verhütungsmittel benutzen oder Verhütungsmethoden anwenden.
Mechanische Verhütungsmittel, zum Beispiel Kondome oder Pessare, verhindern das Eindringen der Spermien in die Gebärmutter. Sie werden oft in Verbindung mit chemischen Verhütungsmitteln in Form von Salben, Sprays oder Zäpfchen verwendet, die Spermien abtötende Substanzen enthalten. Bei den natürlichen Methoden der Empfängnisverhütung werden die fruchtbaren Tage im Zyklus der Frau ermittelt. An diesen Tagen wird auf Geschlechtsverkehr verzichtet oder es wird ein zusätzliches Verhütungsmittel verwendet.

Kondom Das Kondom ist ein mechanisches Verhütungsmittel, das der Mann benutzt. Es ist eine hauchdünne Gummihülle, die vor dem Geschlechtsverkehr über das steife Glied gerollt wird. Dadurch fängt sie das Sperma beim Samenerguss auf.
Kondome und Femidome – das sind Kondome für Frauen – schützen als einzige Verhütungsmittel nicht nur vor einer Schwangerschaft, sondern auch vor sexuell übertragbaren Krankheiten wie Aids oder Hepatitis B. ↑2

2 Werbung für Kondome

Die Antibabypille Die Antibabypille, umgangssprachlich auch „Pille“ genannt, ist ein sehr sicheres, hormonelles Verhütungsmittel. Die Tabletten enthalten in der Regel eine, bei den erhältlichen Präparaten unterschiedliche Mischungen aus weiblichen Sexualhormonen, Östrogenen und Gestagenen. ↑3
Die Wirkung der „Pille“ beruht im Wesentlichen auf drei biochemischen Reaktionen: Östrogene und Gestagene unterdrücken bei regelmäßiger Einnahme die Ausschüttung der Hypophysenhormone FSH und LH. Sie verhindern auf diese Weise die Reifung einer Eizelle und einen Eisprung. Die Einnahme von Gestagenen verändert zusätzlich den Aufbau der Gebärmutterschleimhaut, sodass es einer möglicherweise doch befruchteten Eizelle unmöglich ist, sich dort einzunisten. Sie führt außerdem dazu, dass der Schleimpfropf im Gebärmutterhals zähflüssiger und fester wird. Den Spermien wird damit das Eindringen in die Gebärmutter erschwert.
Die „Pille“ muss vom Arzt verschrieben werden, da sie nicht von jeder Frau vertragen wird. Vor allem bei Frauen, die rauchen und unter Übergewicht leiden, besteht ein erhöhtes Thromboserisiko.

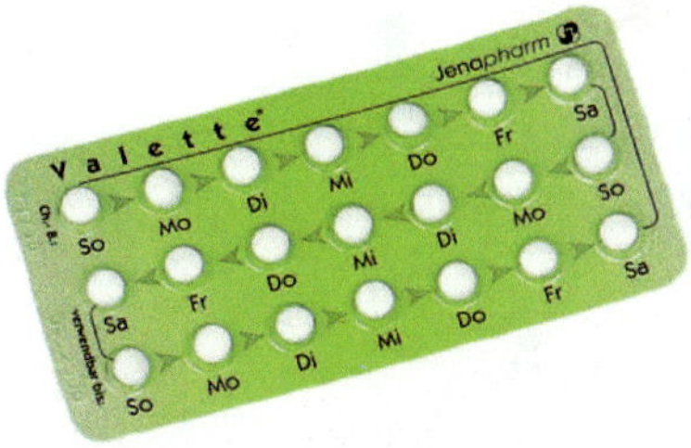

3 Die Pille

Verhütungspflaster Das Pflaster wird auf Bauch, Oberkörper – mit Ausnahme der Brust –, Gesäß oder der Außenseite des Oberarms platziert. Es funktioniert ähnlich wie die Pille, indem es Östrogene und Gestagene freisetzt, die über die Haut in die Blutbahn gelangen. Durch die Wirkung der Hormone wird der Eisprung unterdrückt und die Einnistung einer befruchteten Eizelle in die Gebärmutterschleimhaut verhindert.

Spiralen Die Spirale ist ein T-förmiger Kunststoffkörper, der vom Frauenarzt in die Gebärmutter eingesetzt wird und dort bis zu fünf Jahre verbleiben kann. Sie ist entweder mit Kupferdraht umwickelt oder mit Hormonen versehen. ↑5, 6

4 Femidom

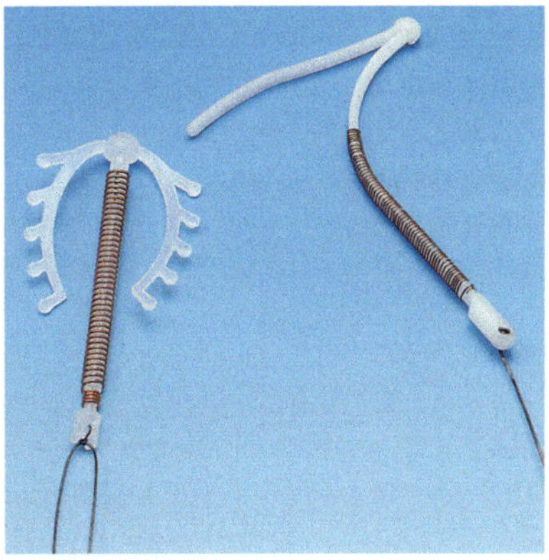

5 Kupferspiralen

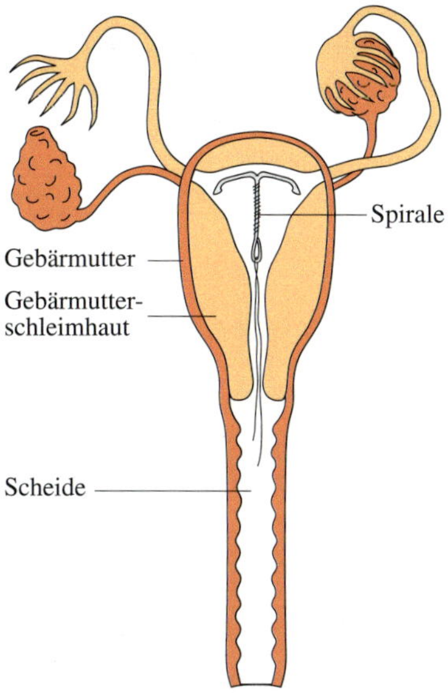

6 Platzierung einer Spirale in der Gebärmutter (schematisch)

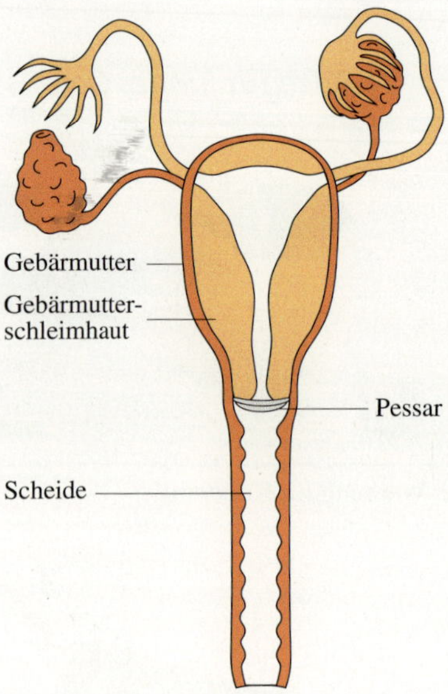

1 Das Pessar wird über den Muttermund gelegt.

Die Kupferspirale ruft eine örtliche Entzündung in der Gebärmutterschleimhaut hervor und verhindert so die Einnistung einer bereits befruchteten Eizelle. Die Hormonspirale gibt kontinuierlich Gestagene an den Körper ab. Diese verhindern eine Schwangerschaft unter anderem dadurch, dass der Schleim im Gebärmutterhals dickflüssig und damit zur unpassierbaren Barriere für die Spermien wird.

Pessar Das Pessar ist eine schalenförmige Gummimembran, die über den Muttermund gelegt wird und eine Barriere gegen eindringende Spermien bildet. ↑1 Es muss mindestens 10 Minuten vor dem Geschlechtsverkehr eingeführt und zusätzlich mit einer Spermien abtötenden Creme bestrichen werden. Das Pessar darf frühestens 6 bis 8 Stunden nach dem Geschlechtsverkehr entfernt werden.

Basaltemperaturmessung Bei dieser Methode wird die morgendliche Körpertemperatur gemessen und in eine Tabelle eingetragen. Charakteristischerweise steigt die Körpertemperatur nach dem Eisprung um etwa 0,5 °C und bleibt bis zur nächsten Regelblutung erhöht. ↑2 Vom dritten Tag mit erhöhter Temperatur bis zur nächsten Regelblutung kann man daher von unfruchtbaren Tagen ausgehen.

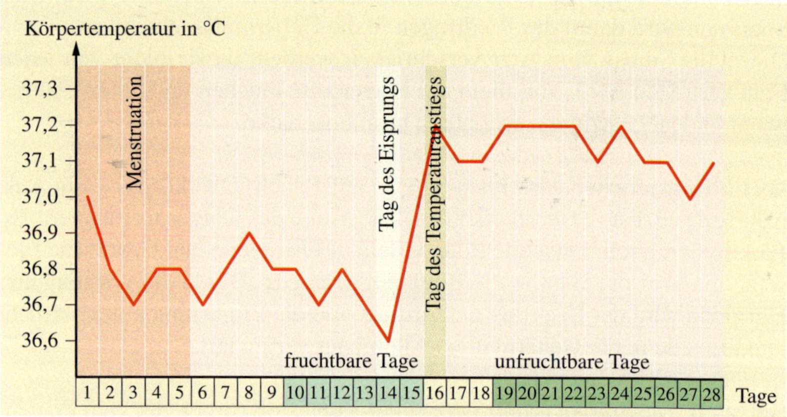

2 Verlauf der Körpertemperatur während eines 28-tägigen Zyklus

Kalendermethode Bei der Kalendermethode werden die fruchtbaren Tage rechnerisch ermittelt. Vorher müssen ein Jahr lang die Tage von einer Blutung zur anderen gezählt und aufgeschrieben werden. Diese Methode sollte nur bei einem sehr regelmäßigen Zyklus angewendet werden.

Es gibt natürliche, chemische, mechanische und hormonelle Mittel und Methoden der Schwangerschaftsverhütung. Zu den gebräuchlichsten Verhütungsmitteln zählen das Kondom und die „Pille".

Aufgaben

1 Erläutere die Wirkungsweise der „Pille".

2 Beschreibe den Verlauf der Temperaturkurve bei einem Zyklus von 28 Tagen. ↑2

3 Nenne Verhütungsmittel, die deiner Meinung nach für Jugendliche geeignet sind. Begründe.

4 Vergleiche die Verhütungsmittel. Finde Kriterien (z. B. Vorteile, Nachteile). Erarbeite eine Tabelle.

Zur Diskussion

Schwangerschaftsabbruch

Was geschieht bei einem Schwangerschaftsabbruch?
Bei einem Schwangerschaftsabbruch wird der Embryo aus der Gebärmutter entfernt. Bei der Absaugmethode werden der Embryo und die Gebärmutterschleimhaut über ein dünnes Röhrchen abgesaugt. In einigen Fällen erfolgt anschließend eine Ausschabung der Gebärmutter, um Gewebereste vollständig zu entfernen. Beim medikamentösen Schwangerschaftsabbruch werden durch Verabreichung der „Abtreibungspille“ so starke Wehen ausgelöst, dass die Gebärmutterschleimhaut und der Embryo ausgestoßen werden.

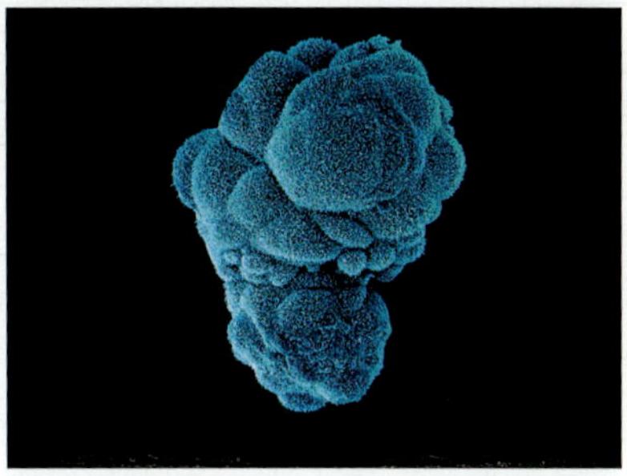

3 Sechs Tage nach der Befruchtung

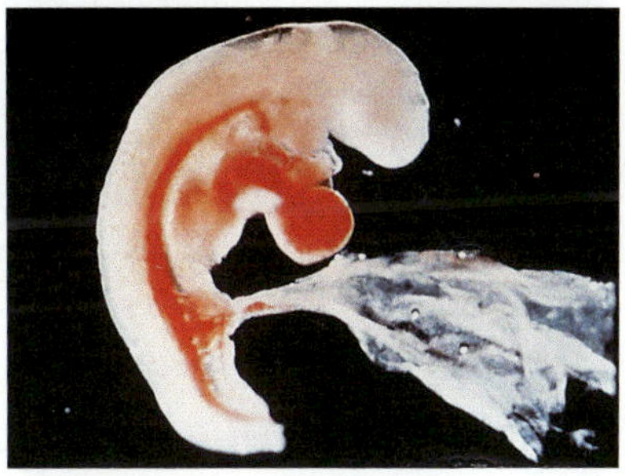

4 Vier Wochen alter Embryo

Wann beginnt menschliches Leben?
Diese Frage wird kontrovers diskutiert. Es gibt verschiedene Standpunkte:

1. Menschsein beginnt mit der Befruchtung, also der Verschmelzung von Eizelle und Spermium.
2. Menschsein beginnt mit der Einnistung der befruchteten Eizelle in die Gebärmutterschleimhaut.
3. Menschsein beginnt mit der Entstehung der Wahrnehmungs- und Empfindungsfähigkeit.
4. Menschsein beginnt mit der Geburt.

Traurig und befreit zugleich
Christiane ist 26 Jahre alt, Studentin und lebt allein. Ihr Schwangerschaftsabbruch liegt ein Jahr zurück. Sie berichtet: „Ich wusste, dass ich noch nicht stabil genug war, um ein Kind zu bekommen. Außerdem wollte ich mein Studium beenden. Beim Abbruch hatte ich Schmerzen, das hatte ich nicht erwartet. Ich möchte das nicht unbedingt noch einmal erleben. Trotzdem habe ich mein Handeln nicht als verantwortungslos empfunden. Ein wenig Trauer bleibt jedoch in meinem Herzen zurück.“

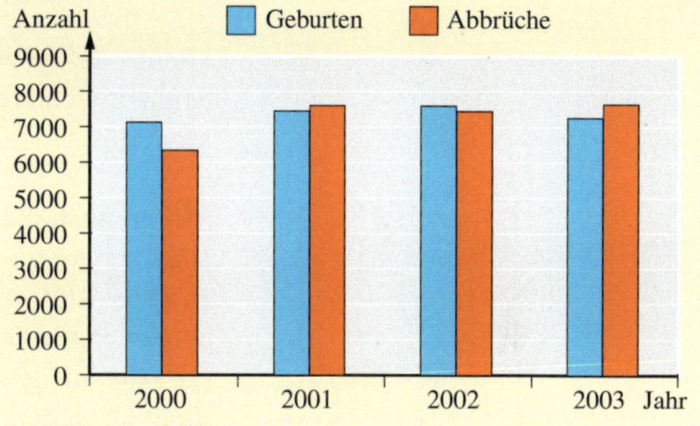

5 Geburten/Schwangerschaftsabbrüche bei Minderjährigen

Rechtliche Grundlagen
Der Abbruch einer Schwangerschaft ist nach § 218 des deutschen Strafgesetzbuches verboten und unter Strafe gestellt. Er kann jedoch nach § 218 a in drei Ausnahmefällen straffrei erfolgen:

1. Schwangerschaftsabbruch nach Beratung ohne Indikation: Die Schwangere verlangt den Abbruch und kann nachweisen, dass sie sich mindestens 3 Tage vor dem Eingriff hat beraten lassen. Der Abbruch muss innerhalb von 12 Wochen nach der Befruchtung erfolgen.
2. Schwangerschaftsabbruch mit kriminologischer Indikation: Die Schwangerschaft ist Folge einer Straftat, zum Beispiel einer Vergewaltigung. Der Abbruch darf nur bis zum Ende der 12. Woche nach der Befruchtung erfolgen.
3. Schwangerschaftsabbruch mit medizinischer Indikation: Die Schwangerschaft gefährdet das Leben oder beeinträchtigt die körperliche und seelische Gesundheit der Frau. Für den Abbruch gibt es keine zeitliche Befristung.

Wenn Paare unbedingt Kinder wollen

Louise Brown galt 1978 als Weltsensation. Sie war das erste „Retortenbaby“ – das erste durch künstliche Befruchtung gezeugte Baby – der Welt und wurde am 25. Juli 1978 in Großbritannien geboren.
Seitdem konnte vielen Paaren, die ungewollt kinderlos blieben, auf diese Weise geholfen werden.
Warum können manche Paare kein Kind bekommen? Welche Behandlungsmöglichkeiten bietet die moderne Medizin?

1 LOUISE BROWN: 1979, bei ihrem ersten Fernsehauftritt

Ungewollte Kinderlosigkeit

Alles scheint perfekt zu sein: Ein Paar hat sich gefunden und ist glücklich, die Ausbildung ist beendet oder man hat bereits einen Arbeitsplatz. Jetzt könnte das gewünschte Baby kommen. Aber es passiert einfach nichts. Schätzungen zufolge ist etwa jedes siebte Paar in Deutschland ungewollt kinderlos.

Mögliche Ursachen Ungewollte Kinderlosigkeit kann zahlreiche Ursachen haben. Sie lässt sich zu etwa 40 Prozent auf den Mann zurückführen, zu etwa 40 Prozent auf die Frau. Bei etwa 20 Prozent der Paare liegen bei beiden Partnern Hindernisse für das Eintreten der Schwangerschaft vor oder die Ursache kann nicht geklärt werden.
Viele Ursachen sind Folgen von Infektionen, Nachwirkungen von Operationen oder angeborene Fehlbildungen. Bei der Frau können zum Beispiel die Eileiter blockiert oder beschädigt sein. Es können hormonelle Störungen, zum Beispiel bei der Eizellreifung, vorliegen oder Eierstöcke, Eileiter oder Gebärmutter fehlgebildet sein. Beim Mann ist vor allem die Samenqualität entscheidend: Entweder ist die Anzahl der Spermien zu niedrig oder zu viele Spermien sind unbeweglich.
Auch das Alter, die Lebensweise und Umweltbelastungen spielen eine große Rolle für die Fruchtbarkeit. So entscheiden sich viele Paare heute erst spät für ein Kind. Im Alter nimmt jedoch die Fruchtbarkeit ab.

Behandlungsmethoden Die moderne Medizin bietet vielfältige Möglichkeiten, um Paaren, die ungewollt kinderlos bleiben, zu helfen. In Abhängigkeit von der Ursache kann zum Beispiel eine Spermienübertragung oder eine künstliche Befruchtung durchgeführt werden.

Wenn die Spermienanzahl des Mannes nicht ausreicht oder die Spermien nur eingeschränkt bewegungsfähig sind, ist eine Spermienübertragung oder Insemination möglich. Dabei wird aufbereitetes Sperma mit einem Katheter direkt in die Gebärmutter oder in einen der beiden Eileiter gespült, wo eine Befruchtung stattfinden kann. Der Spermienübertragung geht in der Regel eine hormonelle Bahndlung bei der Frau voraus, die dafür sorgt, dass mehrere Eizellen gleichzeitig heranreifen.

Befruchtung außerhalb des Körpers Bei der In-vitro-Fertilisation (lat.: Befruchtung im Glas) werden die Eizellen der Frau außerhalb des Körpers mit Spermien des Mannes befruchtet. Zur Vorbereitung ist auch hier eine hormonelle Anregung notwendig. Ist die Befruchtung erfolgt, werden maximal drei Embryonen in die Gebärmutter übertragen. ↑2 Dabei kann es auch zu einer Mehrlingsschwangerschaft kommen.
Die Möglichkeiten der Fortpflanzungsmedizin haben sich in den letzten Jahren ständig erweitert. Dennoch lässt sich auch heute der gewünschte Erfolg – die Geburt eines Kindes – nicht garantieren. Die tatsächliche Geburtenrate nach einer entsprechenden fortpflanzungsmedizinischen Behandlung liegt unter 20 Prozent.

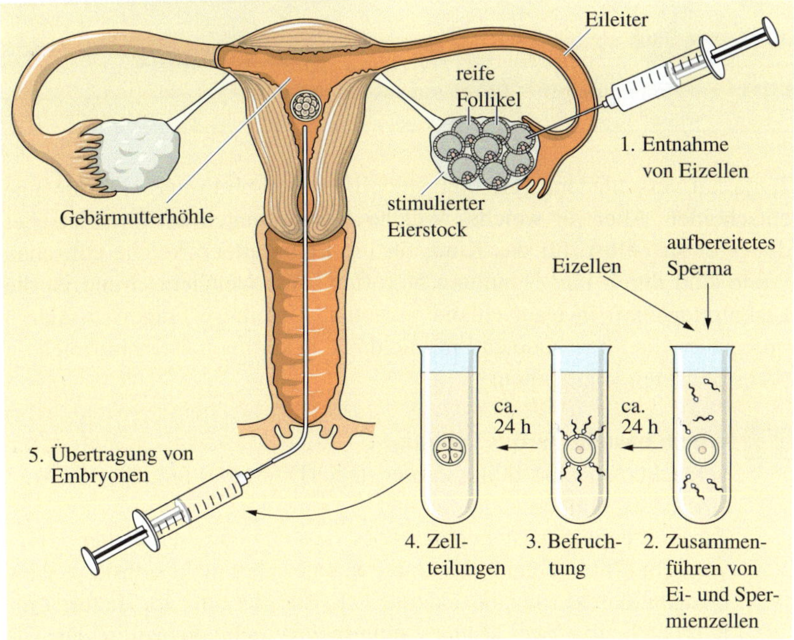

2 Künstliche Befruchtung: So wurden bis 2006 etwa 3 Millionen Babys gezeugt.

Für ungewollte Kinderlosigkeit gibt es zahlreiche Gründe. Die moderne Medizin kann betroffenen Paaren durch verschiedene Methoden helfen, zum Beispiel durch eine künstliche Befruchtung. Ein Behandlungserfolg ist jedoch nicht garantiert.

Schon gewusst?

Mehrlinge
Im Rahmen der künstlichen Befruchtung werden oft mehrere befruchtete Eizellen in die Gebärmutter übertragen. Dies führt häufig zu Mehrlingsschwangerschaften und -geburten. So waren im Jahr 2005 etwa 21 Prozent der Zwillings- und 53 Prozent aller Drillingsgeburten auf künstliche Befruchtung zurückzuführen.

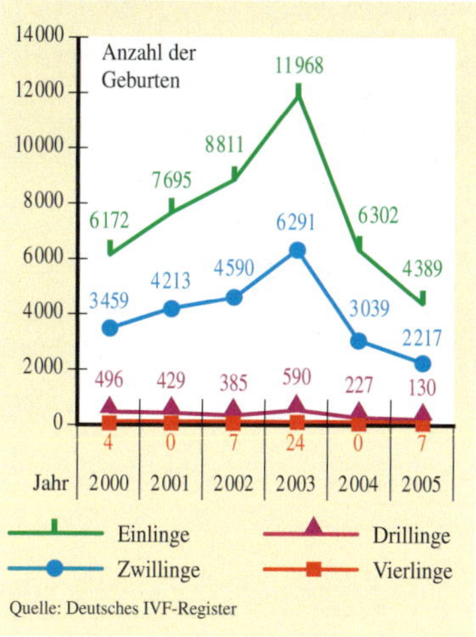

3 Geburten nach künstlicher Befruchtung

Aufgaben

1 Nenne Ursachen für ungewollte Kinderlosigkeit.

2 Beschreibe mithilfe von Abbildung 2 die Vorgehensweise bei der künstlichen Befruchtung.

Methode

Bewerten – Urteilen – Entscheiden: Leihmutterschaft

Tanja liest in der Zeitung, dass eine Griechin in einigen Monaten ihr eigenes Enkelkind zur Welt bringen wird. Sie darf für ihre eigene Tochter und deren Ehemann als Leihmutter fungieren.
Auch Tanja wünscht sich nichts sehnlicher als ein eigenes Kind. Doch aufgrund einer Operation kann sie kein Kind austragen. In ihren Eierstöcken reifen aber Eizellen heran, die durch In-vitro-Fertilisation mit Spermien ihres Mannes befruchtet werden könnten. Der so gezeugte Embryo könnte einer anderen Frau eingepflanzt werden, die das Kind austrägt und es nach der Geburt Tanja überlässt. Das ist jedoch in Deutschland verboten.

1 Darf eine Frau ihr eigenes Enkelkind austragen?

Tanja hat verschiedene Handlungsmöglichkeiten und muss sich für eine entscheiden. Aber für welche? Welche Auswirkungen hat ihre Entscheidung für sie selbst, für das Kind, für die Leihmutter? Welche ethischen Werte sind durch ihre Handlung betroffen? Aus welchem Grund ist die Leihmutterschaft in Deutschland verboten? Um diese Fragen zu klären und um zu einer begründeten Entscheidung zu kommen, ist es hilfreich, in sechs Schritten vorzugehen:

1 Worin besteht Tanjas Dilemma?

Versuche zunächst Tanjas Zwangslage (Dilemma) mit eigenen Worten zu beschreiben.
Tanjas Dilemma besteht darin, dass sie sich nichts sehnlicher wünscht als ein eigenes Kind. Sie kann es aber nicht selbst zur Welt bringen; das würde eine andere Frau als Leihmutter für sie tun. Ihr Kind hätte also zwei Mütter – eine soziale und gleichzeitig genetische Mutter und eine biologische, in deren Körper das Kind herangewachsen wäre.

2 Welche Handlungsmöglichkeiten hat Tanja?

Versuche zunächst selbst herauszufinden, welche Handlungsmöglichkeiten Tanja hat.

A Tanja verzichtet zeitlebens auf ein eigenes Kind.

B Da in Deutschland die Leihmutterschaft verboten ist, sucht Tanja im Ausland nach einer Frau, die das fremde Kind gegen Zahlung einer Entschädigung austrägt und es nach der Geburt Tanja und ihrem Mann überlässt.

Bewerten – Urteilen – Entscheiden: Leihmutterschaft

3 Welche ethischen Werte werden durch die Handlungsmöglichkeiten berührt?

Überlege zunächst selbst, welche ethischen Werte durch die beiden Handlungsmöglichkeiten betroffen sind.

A Tanja hat das Recht auf Selbstbestimmung. Solange kein Dritter zu Schaden kommt, kann ihr niemand verbieten sich fortzupflanzen, wobei sie auch Verfahren der Fortpflanzungsmedizin in Anspruch nehmen kann.

B Tanja geht ein gesundheitliches Risiko ein, denn sie muss sich hormonell behandeln lassen. Die Eizellen können ihr nur durch eine Operation entnommen werden. Auch die Leihmutter hat ein Recht auf Gesundheit. Mit einer Schwangerschaft sind jedoch Risiken verbunden. Die Leihmutter hat aber auch das Recht, Mitgefühl zeigen zu dürfen, indem sie Tanja hilft, das von ihr so sehnlichst gewünschte Kind zu bekommen. Dieses Kind hat ein Recht auf Fürsorge. Dazu gehört auch, das Tanja über seine Zukunftsperspektiven nachdenkt und abschätzt, welche Probleme es durch die Aufspaltung der Mutterschaft haben könnte.
Das Recht auf Gerechtigkeit ist betroffen, wenn durch die Leihmutterschaft die finanzielle Notlage von Frauen ausgenutzt wird. Reicht ein finanzieller Ausgleich für die Leistung der Ersatzmutter aus, die im Voraus nicht abschätzen kann, ob sie während der Schwangerschaft eine positive gefühlsmäßige Bindung zu dem Kind aufbauen wird?

4 Welcher ethischen Denktradition sind die Argumente verpflichtet?

Der deontologischen Denktradition entspricht zum Beispiel das Recht auf Selbstbestimmung und Glück.
Die konsequenzialistische Denktradition bewertet zum Beispiel die Folgen für die Ersatzmutter, die sich von dem von ihr ausgetragenen Kind trennen muss.
Ordne weitere Werte entsprechend zu.

5 Wie sollte Tanja sich begründet entscheiden?

Jetzt solltest du noch einmal über die beiden Handlungsmöglichkeiten mit allen Argumenten nachdenken und dann eine begründete Entscheidung treffen.
Tanja sollte sich für Handlungsmöglichkeit A oder Handlungsmöglichkeit B entscheiden, weil …

6 Welche Konsequenzen hätte Tanjas Entscheidung?

- für sie persönlich;
- für die Beziehung zu ihrem Partner;
- für das Kind;
- für die Leihmutter;
- für die Familie der Leihmutter;
- für die Gesellschaft.

Denktraditionen der ethischen Bewertung

Deontologische Argumentationsform: Ziel des Handelns ist, die Rechte der Menschen oder anderer Lebewesen zu wahren. Bestimmte Werte oder Prinzipien gelten dabei als unumstößlich. Diejenige Handlung wird als gut angesehen, die im Einklang mit diesen Werten oder Prinzipien steht (griech. *deon:* Pflicht).
Konsequenzialistische Argumentationsform: Die moralische Richtigkeit einer Handlung wird von ihren Folgen her bestimmt. Maßstab für die Beurteilung der Folgen ist der Nutzen für die Betroffenen.
Diejenige Handlung wird als gut angesehen, deren Folgen für das Wohlergehen aller Betroffenen optimal sind (lat. *consequentia:* Folge, Auswirkung).

Von der befruchteten Eizelle bis zur Geburt

Mit großem Aufwand versucht die Forschung eines der größten Rätsel des Lebens zu lösen: die Entstehung eines Menschen. Moderne Untersuchungsmethoden machen es möglich, die Entwicklung ungeborenen Lebens im Mutterleib zu beobachten und dabei zu neuen Erkenntnissen zu gelangen.
Wie entwickelt sich das Kind im Lauf der Schwangerschaft?
Was passiert bei der Geburt?

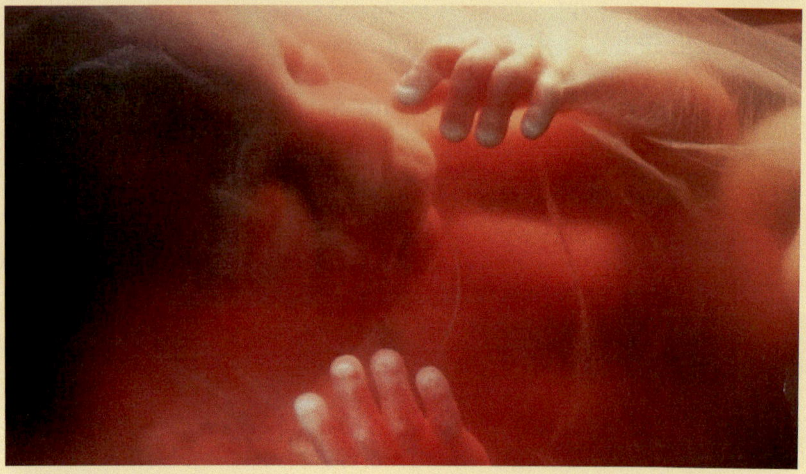

1 19 Wochen alter Fetus

Beobachten Untersuchen Experimentieren

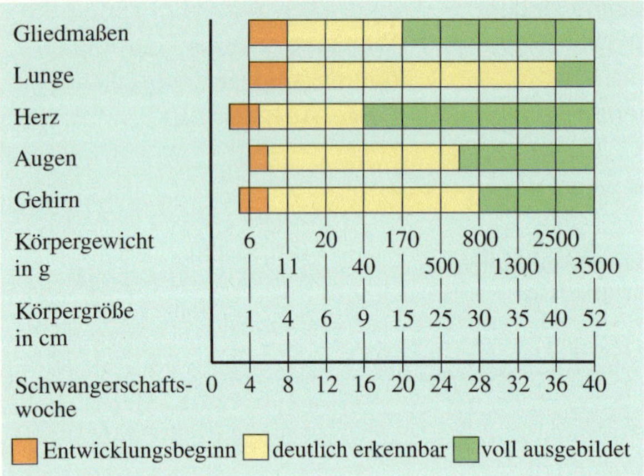

2 Entwicklung des ungeborenen Kindes

Das Kind entwickelt sich

Durch Untersuchungen während der Schwangerschaft gelangte man zu nebenstehenden Erkenntnissen. ↑2

1 Fertige mithilfe der angegebenen Werte für die Körpergröße eine Wachstumskurve an.

2 Werte die Übersicht zur Organentwicklung aus.

3 Leite aus deinen Ergebnissen eine Maßnahme zur gesunden Lebensweise der Schwangeren ab. Begründe.

Vorgeburtliche Entwicklung

Sobald die Zellkerne von Spermium und Eizelle miteinander verschmolzen sind, ist die Eizelle befruchtet. Die Entwicklung eines neuen Menschen beginnt. Bereits am Ende der zwölften Schwangerschaftswoche sind alle Organe des Kindes angelegt. Das sich entwickelnde Kind wird nun nicht mehr als Embryo, sondern als Fetus bezeichnet. Die noch verbleibenden Wochen der insgesamt neun Monate dauernden Schwangerschaft sind vor allem durch Wachstum und Reifung der einzelnen Organe gekennzeichnet.

Der Keim nistet sich ein Bereits während des Transports im Eileiter beginnt sich die Eizelle zu teilen. Aus der befruchteten Eizelle werden erst 2, dann 4, 8, 16 usw. Zellen, bis sich ein kugeliger Zellhaufen bildet. Man nennt ihn Keim. Er nistet sich etwa 6 Tage nach der Befruchtung in die Gebärmutterschleimhaut ein. ↑3
Mit der Einnistung des Keims in die Gebärmutterschleimhaut beginnt die Schwangerschaft einer Frau. Das nun gebildete Schwangerschaftshormon hCG sorgt dafür, dass der Gelbkörper bestehen bleibt und weiterhin das Hormon Progesteron bildet. Dadurch wird der Abbau der Gebärmutterschleimhaut verhindert. Die Regelblutung bleibt also aus.

Entwicklung des Embryos Durch weitere Zellteilungen ist aus der beerenähnlichen Zellkugel eine Hohlkugel (Blastozyste) entstanden. ↑3 An einer Stelle der Hohlkugel entsteht eine Ansammlung von Zellen, aus der im weiteren Verlauf der Embryo hervorgeht. Ein Teil der übrigen Zellen bildet später die mit Fruchtwasser gefüllte Fruchtblase aus, in der sich der Embryo geschützt entwickeln kann. Der andere Teil wächst mit feinen Ausstülpungen in die Gebärmutterschleimhaut hinein und bildet zusammen mit der Schleimhaut den Mutterkuchen, die Plazenta. Diese versorgt über die Nabelschnur das sich entwickelnde Kind mit allen lebensnotwendigen Stoffen und entsorgt seine Abbauprodukte.

Basiskonzept

Fortpflanzung
Lebewesen pflanzen sich fort. Dabei werden Erbinformationen weitergegeben. In der befruchteten Eizelle sind Erbinformationen von der Mutter und vom Vater kombiniert. Aus ihr entwickelt sich ein neuer Organismus.
Bei der ungeschlechtlichen Fortpflanzung gibt es keine Befruchtung, die Erbinformationen der Nachkommen stammen nur von einem Elternindividuum.

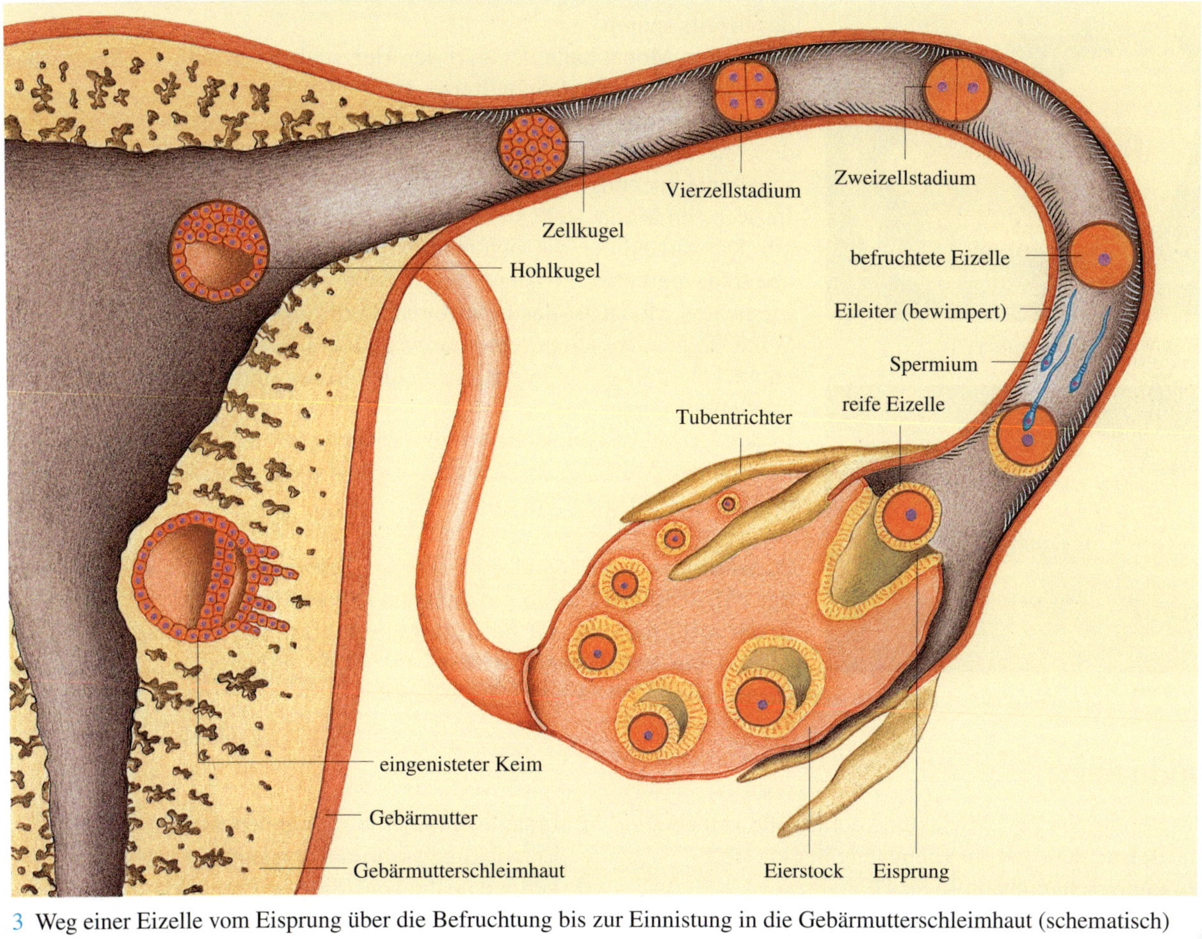

3 Weg einer Eizelle vom Eisprung über die Befruchtung bis zur Einnistung in die Gebärmutterschleimhaut (schematisch)

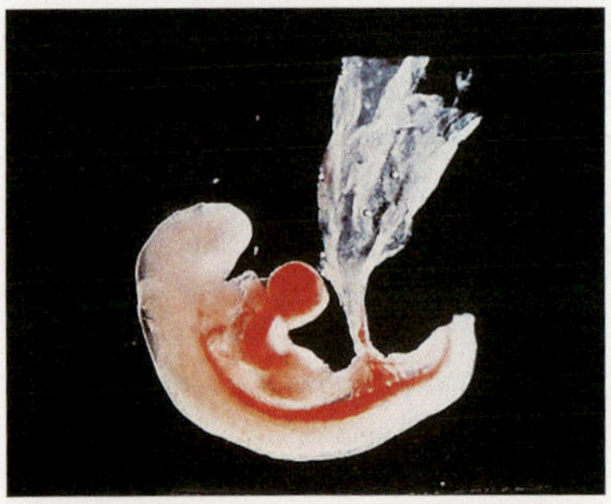
1 4 Wochen alter Embryo

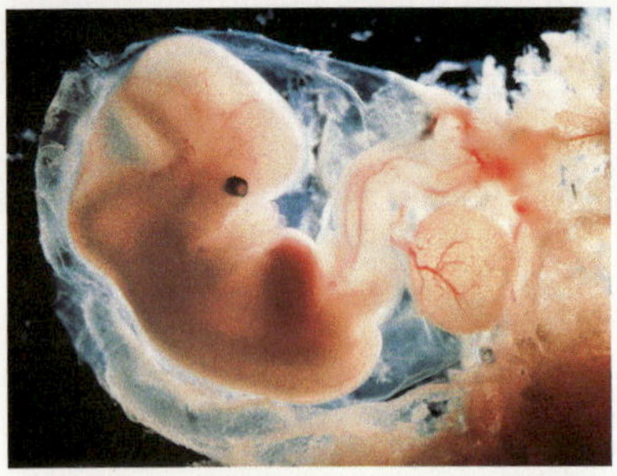
2 6 Wochen alter Embryo

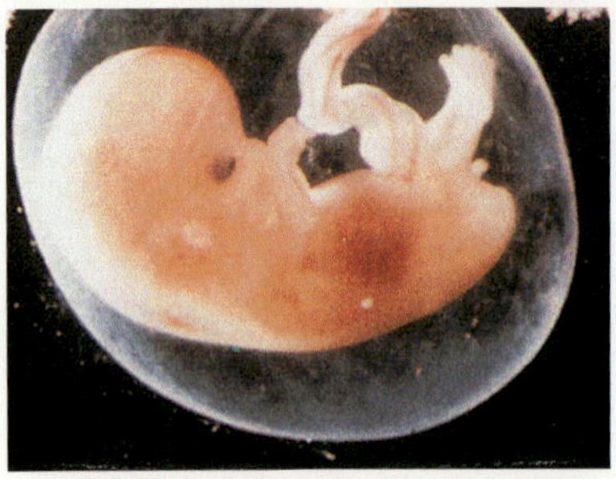
3 8 Wochen alter Embryo

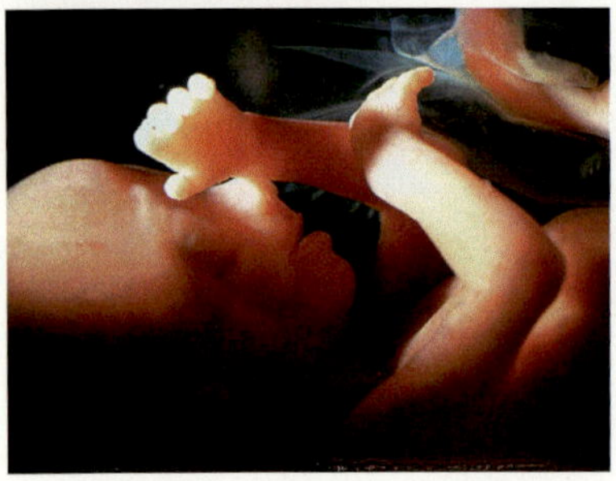
4 15 Wochen alter Fetus

In den ersten zwölf Wochen entwickelt sich der Embryo besonders rasch. Es bilden sich die Wirbelsäule sowie Anlagen für Kopf, Rumpf, Arme, Beine, Finger und Zehen. Alle größeren Organe und Organsysteme werden nun angelegt. Als erstes Organ hat sich das anfangs noch ungekammerte Herz gebildet, das jetzt schon anfängt zu arbeiten. ↑2 Es schlägt etwa 140- bis 150-mal in der Minute. Auch das entstehende Gehirn verarbeitet erste Impulse.

In der Zeit der Organentwicklung ist der Embryo für schädigende Umwelteinflüsse besonders anfällig, zum Beispiel für Umweltgifte, aber auch für Medikamente und Drogen. Die Mutter kann daher durch ihre Lebensweise viel zur gesunden Entwicklung des Kindes beitragen. ↑S.151

Am Ende der zwölften Woche haben Körperform und Gesicht menschliche Züge angenommen. Der Embryo ist jetzt etwa 6 cm groß und alle Organe sind bereits vorhanden. Sie müssen nur noch reifen und sich ausformen.

Entwicklung des Fetus Ab der dreizehnten Woche, also dem vierten Schwangerschaftsmonat, wird das Kind nicht mehr Embryo, sondern Fetus genannt. Er ist am Ende des vierten Monats etwa 15 cm groß und sieht bereits wie ein winziger Mensch aus. Arme und Beine sind voll ausgebildet, auch Finger- und Zehennägel sind vorhanden. Muskeln und Skelett entwickeln sich rasch. Manche Frauen können erste Bewegungen des Kindes bereits spüren.

Im fünften Monat kann der Arzt den Herzschlag von außen abhören. Das Kind reagiert nun auf Schallreize. Bei lauten Geräuschen schrickt es zusammen und sein Herz schlägt schneller. Zu diesem Zeitpunkt sind außerdem die äußeren Geschlechtsorgane gut entwickelt und bei einer Ultraschalluntersuchung sichtbar.

Im sechsten Monat stellt sich ein Rhythmus von Schlaf- und Wachphasen ein. Die Augenlider, die sich bereits in der zehnten Schwangerschaftswoche schützend über die Augen gelegt haben, öffnen sich.

Im siebten Monat ist der Fetus circa 35 cm groß und wiegt etwa 1300 g. Seine Organe, vor allem seine Lunge und sein Nervensystem, sind so weit entwickelt, dass er bei intensiver medizinischer Betreuung als Frühgeburt überleben könnte.

In den letzten beiden Monaten nimmt der Fetus vor allem an Größe und Gewicht zu. Am Ende der Schwangerschaft wiegt er etwa 2800 bis 3400 g und ist circa 50 bis 52 cm groß.

Während der neun Monate dauernden Schwangerschaft entsteht aus der befruchteten Eizelle ein geburtsfähiges Kind. Es wächst geschützt in der mit Fruchtwasser gefüllten Fruchtblase heran. Über die Plazenta und die Nabelschnur wird es mit allen notwendigen Stoffen versorgt.

Aufgaben

1 Beschreibe die Entwicklung der Eizelle von der Befruchtung bis zur Einnistung in die Gebärmutterschleimhaut. ↑3 S.147

2 Erstelle eine Zeitleiste mit den wichtigsten Entwicklungsschritten von Embryo und Fetus.

3 Vergleiche die abgebildeten Entwicklungsstadien. ↑1–4 Nenne erkennbare Veränderungen.

Geburt

Gegen Ende der Schwangerschaft nimmt das Kind meist eine für die Geburt günstige Körperhaltung ein. Arme und Beine sind eng an den Körper angelegt, der Kopf zeigt nach unten und das Gesicht ist dem Rücken der Mutter zugewandt.

Die Geburt kündigt sich an Die Geburt beginnt mit dem Einsetzen der Wehen, die mit unterschiedlich starken, krampfartigen Schmerzen im Unterleib verbunden sind. Von Wehen spricht man, wenn sich die Muskulatur der Gebärmutter in immer kürzer werdenden Abständen regelmäßig zusammenzieht. Durch sie wird der Geburtsweg erweitert.

Ablauf der Geburt Bei der Geburt unterscheidet man drei aufeinanderfolgende und mit Wehen verbundene Phasen:
In der Eröffnungsphase, in der die Wehen noch unregelmäßig und in relativ großen Abständen auftreten, weitet sich der Gebärmuttermund. Durch den Druck der stärker werdenden Wehen zerreißt die Fruchtblase und Fruchtwasser fließt aus. ↑5A, B
Wenn der Muttermund ganz geöffnet ist, beginnt die Austreibungsphase. Starke Wehen in kurzen Abständen drücken das Kind durch die Beckenöffnung und schließlich durch die Scheide nach außen. ↑5C, D Die Mutter kann diese Wehen durch Pressen unterstützen. Der schwierigste Teil ist die Geburt des Kopfes. Die Knochen des kindlichen Schädeldachs sind jedoch noch nicht fest verwachsen, sodass sie während der Geburt nachgeben können. Der Rest des Körpers wird oft in einer einzigen Wehe geboren. Da der Kontakt zwischen Mutter und Kind besonders wichtig ist, wird das Neugeborene dann erst einmal zur Mutter gelegt, warm zugedeckt und gestillt. Dann wird die Nabelschnur an zwei Stellen abgeklemmt und dazwischen durchtrennt.
In der letzten Phase der Geburt, der Nachgeburtsphase, treten ebenfalls Wehen auf. Sie führen dazu, dass sich die Plazenta von der Gebärmutterwand löst und mit der Fruchtblase und dem Rest der Nabelschnur als Nachgeburt ausgestoßen wird. ↑5E In der Zwischenzeit untersucht die Hebamme das Kind auf Missbildungen und Verletzungen, wiegt und misst es und überprüft seinen Allgemeinzustand.
Mit dem Ausstoßen der Plazenta ist der Geburtsvorgang beendet. Das Kind atmet und lebt nun selbstständig; es ist vom Blutkreislauf der Mutter unabhängig. Der gesamte Geburtsvorgang dauert bei Erstgebärenden zwischen 8 und 16 Stunden.

Die Geburt beginnt mit dem Einsetzen der Wehen. Sie wird in drei Phasen gegliedert: Eröffnungs-, Austreibungs- und Nachgeburtsphase. Bei der Geburt wird das Kind aus dem Körper der Mutter herausgepresst.

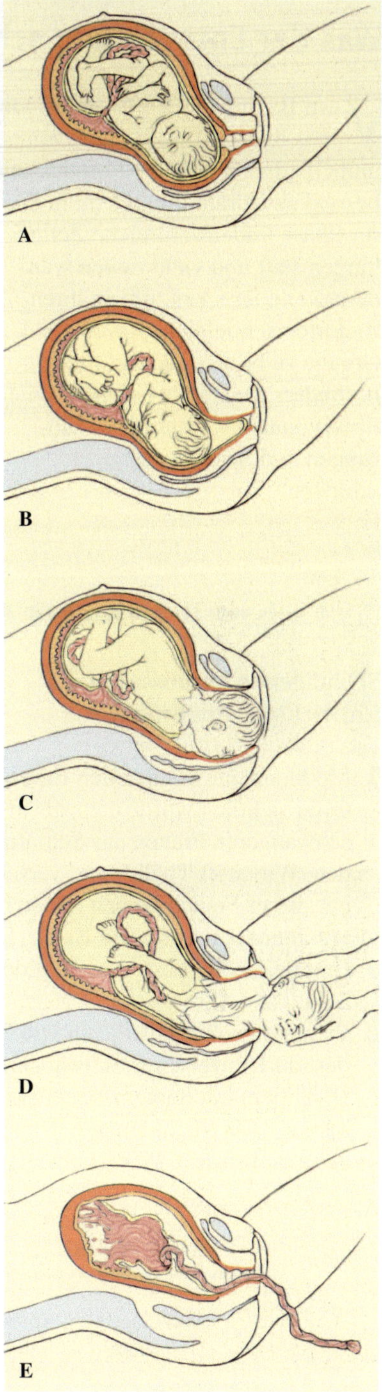

5 Ablauf einer Geburt

Aufgaben

1 Notiere für jedes Bild in der Randspalte eine passende Bildunterschrift. ↑5

2 Erkundige dich, wie groß und schwer du bei deiner Geburt warst. Vergleiche mit den Werten deiner Klassenkameraden.

Was der Entwicklung schaden kann

Vom Beginn des Embryonalstadiums bis zur Anlage aller Organe und Gliedmaßen ist die Entwicklung besonders störanfällig. Denn in dieser Phase finden zahlreiche Zellteilungen statt und viele Zellen wandern weite Strecken, um an ihren Zielorten schließlich Gewebe und Organe zu bilden. Worauf muss besonders geachtet werden, um die Embryonalentwicklung vor Störungen und Schädigungen zu schützen?

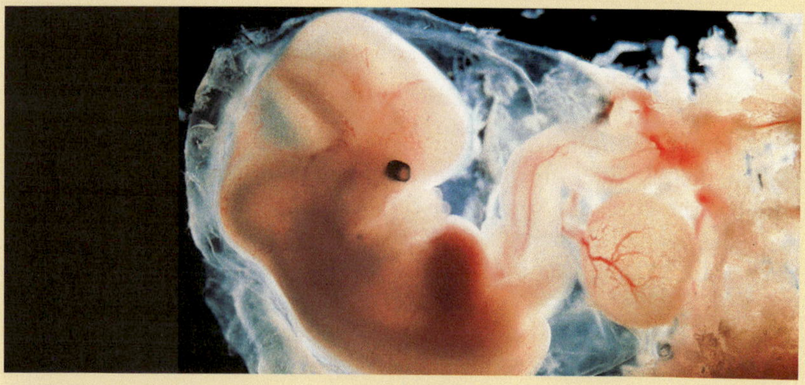

1 Das Herz schlägt schon.

Beobachten Untersuchen Experimentieren

Schädigende Einflüsse auf die Entwicklung des Embryos

1 Medikamente können den Embryo schädigen
Offensichtlich wurde dies, als in den 1950er Jahren schwangeren Frauen das Schlafmittel Contergan mit dem Wirkstoff Thalidomid verschrieben wurde. Kinder dieser Frauen kamen mit starken Missbildungen, vor allem der Arme und Beine, auf die Welt.

a Erkläre die Wirkung von Thalidomid anhand von Bild. ↑2

b Sammle Packungsbeilagen von Medikamenten. Findest du Hinweise für Schwangere?

c Diskutiere mit deinem Nachbarn oder deiner Nachbarin, ob du Medikamente in der Schwangerschaft nehmen würdest. Wenn ja, welche?

2 Infektionen können den Embryo schädigen
Eine Rötelninfektion in der frühen Schwangerschaft führt zu verschiedenen Fehlbildungen.

a Beurteile das Ausmaß der Schädigungen durch das Rötelnvirus anhand von Bild. ↑2

b Wie kann man sich vor Röteln schützen? Recherchiere im Internet und mache Vorschläge.

c Recherchiere im Internet, welche weiteren Krankheitserreger und Krankheiten der Mutter die Embryonalentwicklung schädigen können.

3 Versorgung mit Vitaminen
In Deutschland wird immer wieder auf eine unzureichende Versorgung der Schwangeren mit Folsäure hingewiesen. Informiere dich über die bedeutung von Folsäure im Internet und stelle Nahrungsempfehlungen für Schwangere zusammen.

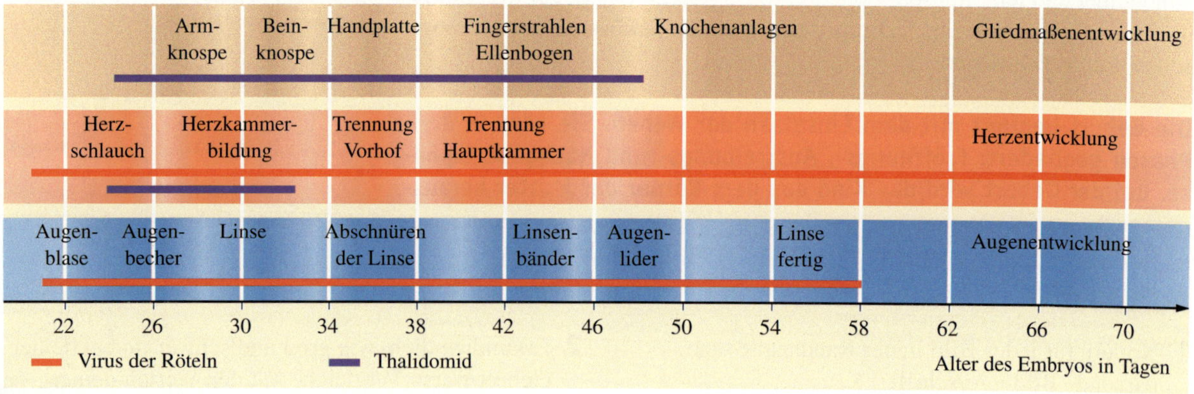

2 Schädigungen durch den Wirkstoff Thalidomid und das Rötelnvirus während der Schwangerschaft

Einflüsse auf das Kind im Mutterleib

Lebensweise Ein regelmäßiger Tag-Nacht-Rhythmus der Mutter macht sich bis in die ersten Lebenswochen des Säuglings hinein positiv bemerkbar. Alles, was mit gleichmäßigen, sanften Bewegungen zu tun hat, tut der Schwangeren ebenso gut wie dem Kind, also zum Beispiel Spazierengehen, Radfahren und Schwimmen. Wenn der Kreislauf in Bewegung gehalten wird, bekommt das Kind viel Sauerstoff. Auch mehr Ruhephasen als sonst und Entspannungsübungen tragen zum Wohlbefinden bei. Dagegen beunruhigen wechselhafte Lebensweise, Hektik und Lärm das Kind.

Ernährung Die Schwangere kann wesentlich zur gesunden Entwicklung ihres Kindes beitragen, wenn sie viel trinkt und sich abwechslungsreich und ausgewogen ernährt. Sie sollte ausreichend Eiweiß, Vitamine und Mineralien zu sich nehmen, bei Fleisch, Wurstwaren und Milchprodukten jedoch auf niedrigen Fettgehalt achten. In der Schwangerschaft ist auch eine ballaststoffreiche Ernährung wichtig. Eine Schwangere muss nicht für zwei essen – sie sollte aber auch keine Diät durchführen.

Genussmittel und Drogen In hohen Dosen kann Koffein zu Wachstumsstörungen oder gar zu einer Fehlgeburt führen. Ob der Genuss von Alkohol in geringen Mengen risikolos ist, lässt sich nicht mit Bestimmtheit sagen. Deshalb ist es sinnvoll, während der Schwangerschaft vollständig auf Alkohol zu verzichten. Besonders in den ersten Monaten kann Alkohol verheerende Schädigungen bewirken, denn in dieser Zeit werden das Nervensystem, die Knochen, die Sinnesorgane und das Herz angelegt. Die betroffenen Kinder sind klein und untergewichtig, zeigen Missbildungen und Wachstumsstörungen und haben in schweren Fällen nur geringe Überlebenschancen. Deutlich ist auch der Zusammenhang zwischen Zigarettenkonsum und einer erhöhten Fehlgeburtenrate. Durch jeden Zigarettenzug verengen sich die Blutgefäße, die das Kind mit Sauerstoff versorgen. Raucherinnen gebären deshalb häufig untergewichtige Kinder, die zudem besonders anfällig für Erkrankungen im Säuglingsalter sind.

Medikamente Auf Medikamente sollte in der Schwangerschaft so weit wie möglich verzichtet werden. Viele Wirkstoffe durchdringen die Plazentaschranke und können die Entwicklung des Kindes stören oder zu erheblichen Schädigungen führen. Die Schwangere sollte zusammen mit ihrem Arzt sehr genau prüfen, ob die Einnahme eines Medikaments unbedingt nötig und welches Präparat am ehesten geeignet ist.

Infektionskrankheiten Besonders gefürchtet sind die Röteln. Diese Virusinfektion tritt meist im Kindesalter auf und verläuft in der Regel ohne Komplikationen. Erkrankt aber eine schwangere Frau, kann es zu schweren Missbildungen beim Kind kommen. Herzfehler, Taubheit, Augenfehlbildung und geistige Behinderung können die Folgen sein. Die vorbeugende Impfung aller Mädchen gegen Röteln ist eine unbedingt notwendige Schutzmaßnahme. Gefährlich ist auch eine Infektion mit Toxoplasma. Dieser Einzeller kann durch rohes Fleisch oder durch Kontakt mit infizierten Haustieren, vor allem Katzen, übertragen werden. Die so verursachte Krankheit Toxoplasmose kann zu Hirn- und Augenschäden führen.

Schon gewusst?

Auch wenn die Schwangerschaft eine besondere Zeit für die Frau ist, sollte sie sich so natürlich wie möglich verhalten. Gesunde Lebensführung und gute medizinische Betreuung kommen direkt der Entwicklung des Kindes zugute.

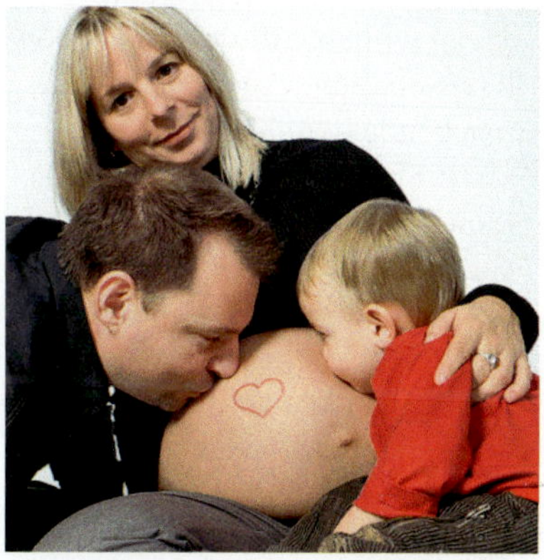

3 Gemeinsame Freude aufs Baby.

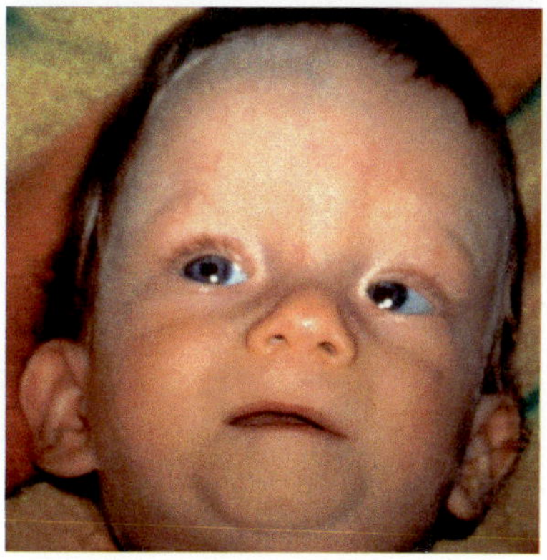

4 Alkoholkonsum der Mutter kann das Kind schwer schädigen. Äußerlich erkennbar sind Fehlbildungen im Gesicht.

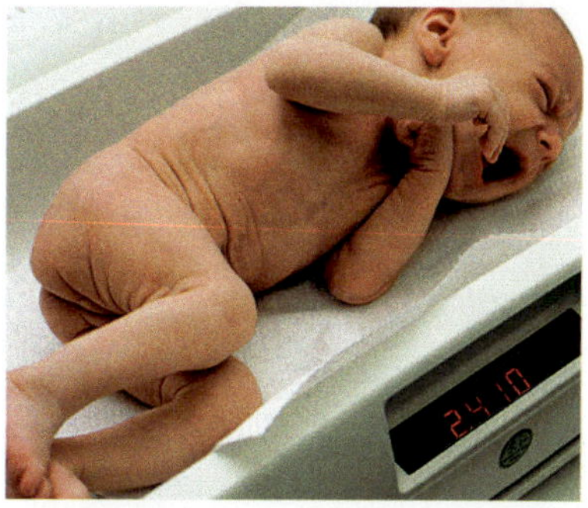

5 Untergewichtiges Neugeborenes

Methode

Bewerten – Urteilen – Entscheiden: Vorgeburtliche Untersuchungen

Sarah besucht ihre Freundin Katrin. Strahlend berichtet sie, dass sie schwanger ist. Sie zeigt Katrin auch ihren Mutterpass. Darin steht unter anderem, welche Untersuchungen in der Regel während der Schwangerschaft durchgeführt werden. Sarah will aber die vorgesehenen Ultraschalluntersuchungen nicht machen lassen. Katrin ist entsetzt: Sie kennt Eltern, die auf die Ultraschalluntersuchungen verzichtet haben und deren Kind kurz nach der Geburt an einem Herzfehler gestorben ist. Müsste es nicht selbstverständlich sein, diese Untersuchungen durchzuführen?

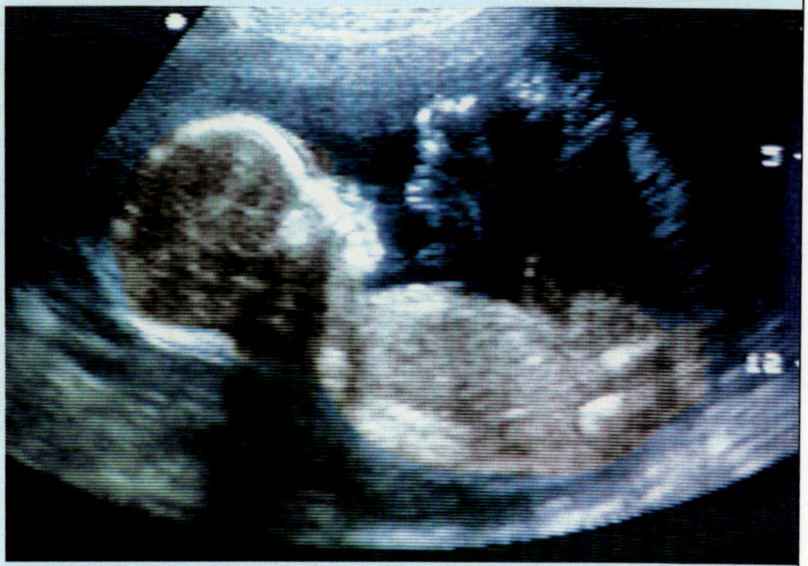

1 „Babyfernsehen" oder Gesundheitsprüfung? – Ultraschallbild eines Fetus im Mutterleib

Sarah ist verunsichert: Sicher wäre es toll, wenn sie schon vor der Geburt ihr Baby sehen und seine Entwicklung in ihrem Körper auf dem Bildschirm – sozusagen im „Babyfernsehen" – mitverfolgen könnte. Aber was, wenn mit dem Kind nicht alles in Ordnung ist? Sarah wäre es lieber, nicht alles so genau zu wissen. Sie möchte einfach nur „guter Hoffnung sein" und sich auf ihr Kind freuen. Schon vor der Geburt über eine mögliche Behinderung nachzudenken oder sogar vor die Entscheidung für oder gegen eine Abtreibung gestellt zu werden, würde Sarah sehr belasten. Die meisten Kinder kommen doch gesund zur Welt. Katrin sieht dagegen eine Ultraschalluntersuchung als Chance: Wenn bei einem Kind zum Beispiel ein Herzfehler schon im Mutterleib diagnostiziert wird, kann ihm vielleicht frühzeitig geholfen werden. Die Freundinnen merken, dass sie nicht genau wissen, was sich überhaupt durch vorgeburtliche Untersuchungen feststellen lässt und was die Befunde für das Kind und seine Eltern bedeuten. Sarah möchte sich nun genauer informieren, bevor sie die angebotenen Untersuchungen durchführen lässt.

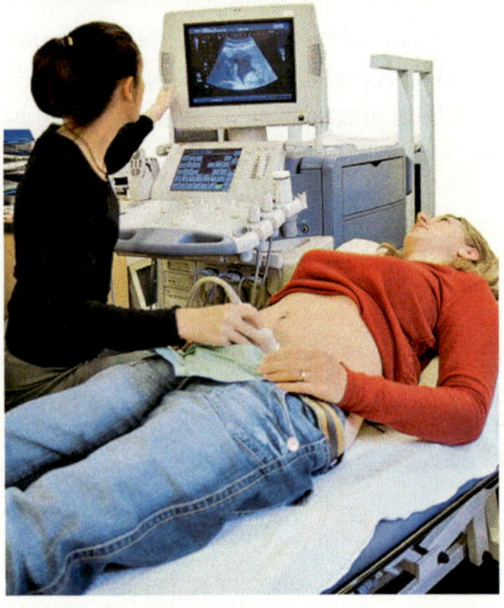

2 Ultraschalluntersuchung

Schwangerenvorsorge

Im Mutterpass sind regelmäßige Blut- und Urinuntersuchungen vorgesehen. Dabei werden der Hämoglobingehalt des Blutes und der Blutdruck bestimmt. Nitrit, Zucker oder Eiweiße im Urin können auf Harnwegsinfektionen, Schwangerschaftsdiabetes oder Nierenprobleme hinweisen. Mögliche Auffälligkeiten werden frühzeitig festgestellt und können entsprechend behandelt werden. Außerdem ertasten Arzt oder Hebamme Lage und Größe des Kindes und beurteilen anhand seiner Herztöne, ob es ihm gut geht.

Bewerten – Urteilen – Entscheiden: Vorgeburtliche Untersuchungen

Ultraschalluntersuchung

Durch die Ultraschalluntersuchungen lassen sich Lage, Größe, Entwicklungsstand und Geschlecht des Ungeborenen feststellen, aber auch Missbildungen oder bestimmte Auffälligkeiten. Eine verdickte Nackenfalte beispielsweise kann auf geschädigte Erbanlagen hinweisen. Jedoch sind die Ergebnisse der Ultraschalldiagnostik nicht immer zuverlässig.

Erst wenn ein auffälliger Befund vorliegt, würde der Arzt Sarah weitergehende Untersuchungen vorschlagen.

Bei diesen Methoden ist ein Eingriff in den Körper der Frau nötig und es besteht auch ein gewisses Risiko einer Fehlgeburt. ↑3

Fruchtwasseruntersuchung

Diese Untersuchung kann in der 14. bis 20. Schwangerschaftswoche durchgeführt werden. Mit einer dünnen Nadel werden unter Ultraschallkontrolle durch die Bauchdecke der Frau hindurch etwa 20 ml Fruchtwasser aus der Gebärmutter entnommen. Die darin enthaltenen Zellen des Fetus werden anschließend in einer Kulturflüssigkeit vermehrt. An ihnen lassen sich Anzahl und Bau der Erbanlagen untersuchen und durch gezielte Untersuchungen des Erbmaterials auch bestimmte erblich bedingte Stoffwechselkrankheiten feststellen. Auf die Untersuchungsergebnisse muss man etwa zwei Wochen warten. Das Fehlgeburtsrisiko liegt bei 0,5 bis 1 Prozent. Das heißt: Lassen sich 200 Frauen untersuchen, kommt es bei ein bis zwei von ihnen zu einer Fehlgeburt.

Chorionzottenbiopsie

Eine Chorionzottenbiopsie kann schon relativ früh während der 10. bis 12. Schwangerschaftswoche stattfinden. Dabei werden embryonale Zellen aus dem sich bildenden Mutterkuchen, der Plazenta, entnommen. Die Ergebnisse lassen ähnliche Aussagen zu wie die Fruchtwasseruntersuchung, liegen aber bereits nach 1 bis 8 Tagen vor. Das Risiko einer Fehlgeburt beträgt 0,5 bis 2 Prozent.

Nabelschnurpunktion

Ab der 16. Schwangerschaftswoche kann mit einer Nadel aus der Nabelschnur kindliches Blut entnommen werden. Die Blutuntersuchung gibt Auskunft über mögliche Infektionen oder genetisch bedingte Krankheiten sowie eine Rhesusunverträglichkeit. Die Wartezeit beträgt 2 bis 4 Tage und das Fehlgeburtsrisiko liegt bei 1 bis 3 Prozent.

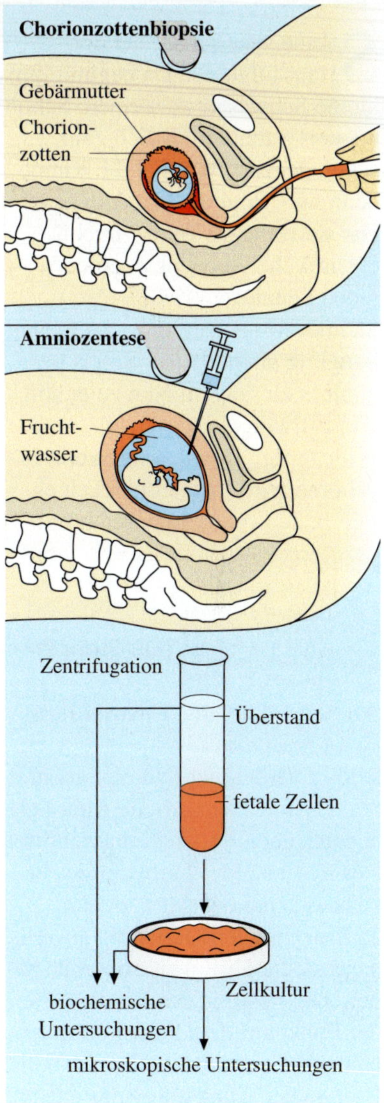

3 Methoden zur Gewinnung embryonaler oder fetaler Zellen für vorgeburtliche Untersuchungen

1 Bereitet eine Diskussionsrunde zum Thema vor und führt diese durch.

a Bildet in der Klasse mehrere Pro- und Kontragruppen. Tragt jeweils die Argumente zusammen, die für bzw. gegen die beschriebenen vorgeburtlichen Untersuchungen sprechen.

b Wählt aus jeder Gruppe einen Vertreter oder eine Vertreterin aus, die an einer Diskussionsrunde in der Klasse teilnehmen.

c Wertet den Verlauf der Pro-und-Kontra-Diskussion gemeinsam aus.

2 Informiert euch über Risiken während der Schwangerschaft aufgrund von Infektionen, Medikamenten, Strahlung, Nikotin, Alkohol, anderen Drogen oder Rhesusunverträglichkeit.

3 Recherchiere, was man unter einer Fehlgeburt versteht und wie sie sich auf die betroffenen Frauen und ihr Umfeld auswirkt.

Vom Säugling zum Kleinkind

Sabine sitzt gerade bei den Hausaufgaben. Da beginnt ihre kleine Schwester zu weinen. Schon wieder! Sabine fühlt sich ganz schön genervt. Was hat die Kleine denn nur? Sind die Windeln nass? Hat sie Hunger? Tut ihr irgendetwas weh? Wenn sie doch nur reden könnte!
Sabines Mutti kommt und legt den Säugling an die Brust. Sofort beginnt er zu saugen. Nun ist er still und zufrieden.
Wie „fertig" ist ein Kind, wenn es geboren wird? Wie entwickelt es sich in den ersten Lebensjahren?

1 Der Säugling wird gestillt.

Beobachten **Untersuchen** *Experimentieren*

„Meilensteine" der Entwicklung

Bild ↑2 verdeutlicht durch Farbstreifen das durchschnittliche Alter bei bedeutsamen Entwicklungsschritten. Der Beginn jedes Farbstreifens bezieht sich auf das Alter, in dem 25 Prozent aller Kinder die jeweils dargestellte Fertigkeit erworben haben. Die Position des Kindes bzw. der Punkt auf dem Farbstreifen geben an, mit welchem Alter etwa die Hälfte aller Kinder über das entsprechende Können verfügt. Das Ende des Farbstreifens entspricht dem Alter, in dem sich 90 Prozent aller Kinder die entsprechende Fertigkeit angeeignet haben.

1 Beschreibe die Entwicklung des Kindes im ersten Lebensjahr.

2 Versuche mithilfe deiner Eltern eine ähnliche Übersicht zu erarbeiten, in der deine Entwicklungsschritte angegeben sind. Ergänze durch weitere Beispiele.

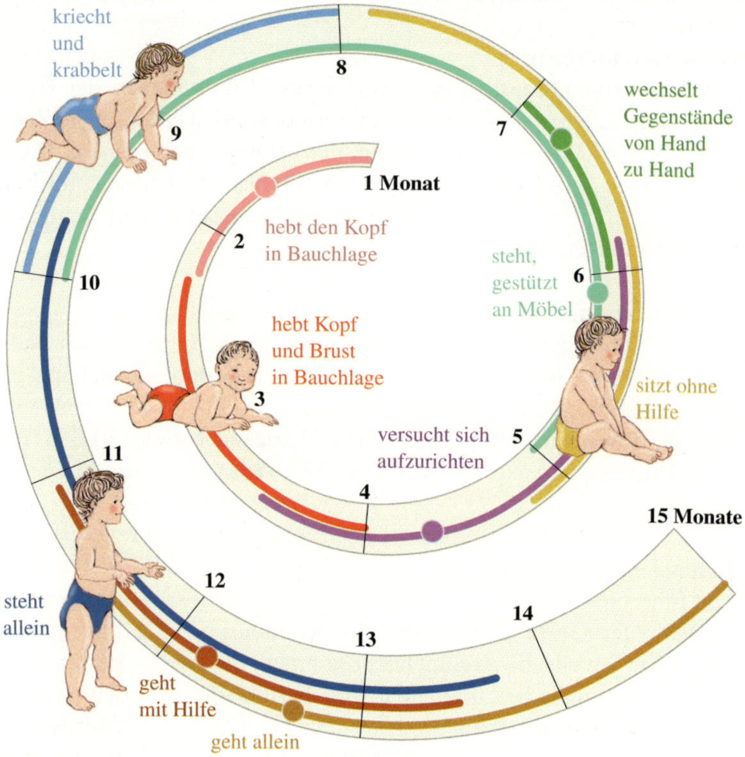

2 Durchschnittsalter bedeutsamer Entwicklungsschritte in den ersten 15 Lebensmonaten

Entwicklung nach der Geburt

Nach der Geburt muss sich das Baby auf eine gänzlich neue Umgebung einstellen. Dabei helfen ihm einige wenige angeborene Verhaltensweisen. Viele Fähigkeiten, die es in seinem späteren Leben kann und braucht, muss es jedoch lernen.

Angeborenes Verhalten Das Neugeborene kann unabhängig vom Körper der Mutter existieren. Es hat auch schon vor der Geburt lebenswichtige Fähigkeiten entwickelt, die ihm helfen, seine Bedürfnisse zu erfüllen. So kann es greifen, saugen sowie durch Laute und Schreien kundtun, wie es sich fühlt und was es braucht.
Das Schreien ist für das Kind die einzige Möglichkeit, um auf sich aufmerksam zu machen. Wird es dann gefüttert, gestreichelt oder umhergetragen, beruhigt es sich bald wieder. Sobald der Säugling an die Brust der Mutter angelegt wird, saugt er sich an der Brustwarze fest und trinkt. Saugen und Trinken muss das Neugeborene nicht lernen. Es ist ein angeborener Reflex, ebenso wie das Greifen. ↑3 Berührt man die Handfläche des Säuglings mit dem Finger, so packt er zu. Einen ähnlichen Greifreflex zeigen auch die Zehen. Dieses Verhalten weist auf die Entwicklung des Menschen aus tierischen Vorfahren der Primatenreihe hin. Hier werden die Neugeborenen als „Traglinge" mitgeführt, die sich im Fell der Mutter festklammern.

Lernen Mit zunehmendem Alter nimmt das Kind seine Umwelt immer aufmerksamer wahr. Es lernt, seine Körperbewegungen immer besser zu beherrschen, sodass es erst sitzen, dann stehen, später krabbeln und laufen kann. Je mehr es sich selbstständig aufrichten und bewegen kann, desto mehr beginnt das Kind, seine Umgebung zu erforschen. Indem es alles betastet, schmeckt und riecht, lernt es die Welt kennen. Es lernt, Sprache zu gebrauchen, und baut erste soziale Kontakte zu Menschen außerhalb der Familie auf.
Um diese Dinge zu lernen, braucht das Kind vertraute Personen, die es nicht nur liebevoll versorgen, sondern auch mit ihm spielen, sprechen und es berühren. Nur dann kann es ein Urvertrauen ausbilden und sich geborgen fühlen. Kinder, die ohne feste Bezugspersonen aufwachsen, haben es später oft schwer, Vertrauen zu sich und anderen zu entwickeln.

Trotz angeborener Verhaltensweisen wie Saugen, Schreien und Greifen ist das neugeborene Kind hilflos und auf liebevolle Betreuung durch feste Bezugspersonen angewiesen. Nur durch Liebe und Zuwendung kann es ein grundlegendes Vertrauen in sich und andere gewinnen.

Schon gewusst?

Stillen
Nach der Geburt sondern die Brustdrüsen Muttermilch ab. Mit ihr erhält der Säugling alle für seine Entwicklung notwendigen Nährstoffe und Vitamine. Außerdem schützen die Antikörper der Mutter das Kind vor Infektionen. Stillen bedeutet für das Kind nicht nur die Aufnahme von Nahrung. Durch den engen Körperkontakt mit der Mutter erlebt es Ruhe, Wohlbefinden und Geborgenheit.

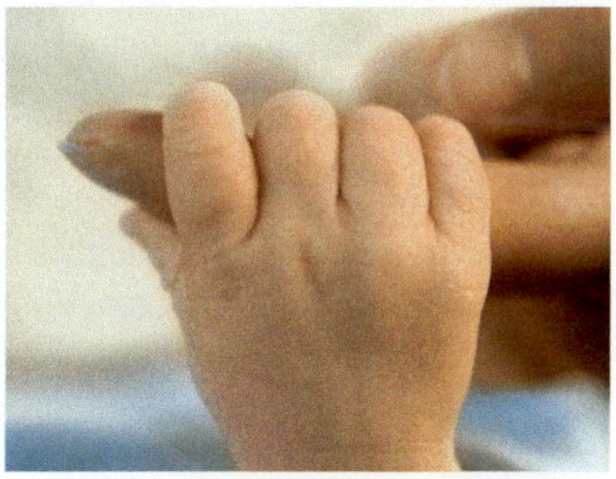

3 Der Greifreflex lässt sich schon beim Neugeborenen beobachten.

4 Das Baby spürt Haut und Duft der Mutter. Es fühlt sich geborgen.

Aufgaben

1 Nenne wichtige „Meilensteine" in der Entwicklung eines Kindes während der ersten Lebensjahre.
2 Leite aus dem Text Regeln für den Umgang mit Säuglingen und Kleinkindern ab. Begründe.
3 Wechseln die Bezugspersonen von Babys häufig, reagieren sie ängstlich, werden unruhig und schlafen schlecht. Erkläre diese Erscheinungen.

Entwicklung in den ersten Lebensjahren

Sich bewegen lernen An der Reaktion der Eltern auf sein Schreien und im Spiel mit ihnen erlebt das Kind die Wirkung seines Handelns. Die Rückmeldung durch die Eltern prägt sein Urvertrauen und lässt in ihm ein Gefühl der Sicherheit wachsen. Es bewegt sich mutiger, intensiver und vielfältiger, wenn jemand dabei ist und sein Bewegungsspiel freundlich begleitet und unterstützt. Diese Erfahrung ist von entscheidender Bedeutung für den Aufbau des Selbstwertgefühls. Ganz von selbst scheint der Säugling etwa ab dem 5. Lebensmonat vom Rücken auf den Bauch zu rollen und umgekehrt. Etwa bis zum Ende des 9. Monats wird er das Sitzen gelernt haben. Dazu müssen aber – was für alle Entwicklungsschritte gilt – die nötigen körperlichen Fähigkeiten ausgebildet sein. Mit dem Sitzen und erst recht mit dem Stehen und Laufen ab dem 10. bis 12. Monat erlangt das Baby seine erste echte Selbstständigkeit. Jetzt kann es seinen „eigenen Weg“ gehen, sich abwenden oder Hilfe suchend zu den Eltern kommen. Die Eltern können sich als echte „Entwicklungshelfer“ erweisen, wenn sie ihr Kind bei allen seinen Bemühungen unterstützen, ermutigen, loben und auch trösten, wenn etwas nicht auf Anhieb klappt.

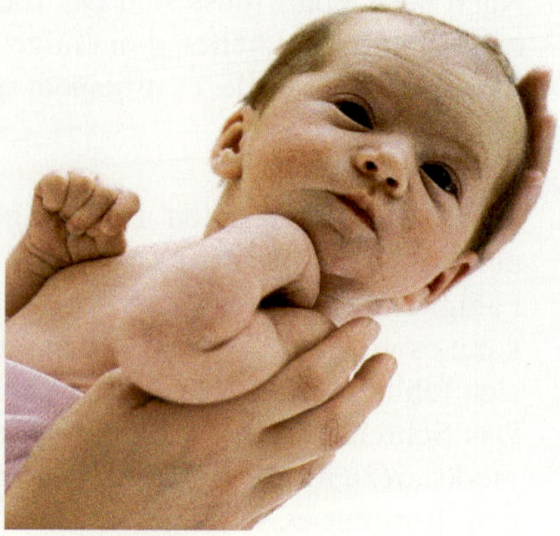
1 Neugeborenes

Allein erkunden Vor allem vom 2. Lebensjahr an möchte das Kind vieles selbst ausprobieren. Das Zusammenspiel von Muskeln und Sinnesorganen beim Hantieren mit „Werkzeugen“ gelingt immer besser und wird geübt, indem das Kind die Bewegungen häufig wiederholt.
Die Warum-Fragen, mit denen das Kind unermüdlich nach Gründen von Prozessen und Verhaltensweisen forscht, erfordern von den Eltern viel Geduld. Sie sollten auf alle Fragen aufmerksam eingehen und versuchen altersgemäße Antworten zu finden. So lernt das Kind Zusammenhänge in seiner Umwelt kennen und verstehen.

2 2 Monate alter Säugling

Sein Ich entdecken Die im 3. Lebensjahr beginnende Entdeckung des Ich ist ein weiterer Schritt zur Selbstständigkeit. Das Kind erkennt, dass es etwas wollen und zwischen verschiedenen Möglichkeiten entscheiden kann. Es versucht seinen Willen im Widerstand gegen die Eltern durchzusetzen. Die Eltern stehen vor einer schwierigen Erziehungsaufgabe: Einerseits sollen sie den Willen des Kindes respektieren und fördern, andererseits müssen sie aufzeigen, welche Regeln und Grenzen zu beachten sind. Denn völlige Freiheit würde das Kind orientierungslos und unglücklich machen.

Sprechen lernen Um sprechen zu können, sind eine ganze Reihe körperlicher Voraussetzungen notwendig: Zwerchfell, Mundraum, Zunge, Lippen müssen – koordiniert vom Gehirn – zusammenwirken. Aber auch das Ohr muss gesund sein. Denn nur wer Sprache hört, kann sie auch erlernen. Das Kind muss seine eigenen Laute hören können, um sie mit denen der Erwachsenen zu vergleichen. Sprechen lernt es, indem es viele Sprechvorbilder verarbeitet und aus diesen Beispielen Sprachregeln ableitet. Das Kind muss die Sprachregeln nicht mühsam erlernen – das Gehirn findet sie selbst heraus. Was Kinder also brauchen, sind sehr viele und möglichst klare und richtige Sprachäußerungen. Eltern sind dabei die wichtigsten Sprechvorbilder.

3 10 Monate alt: Spiel mit der Mutter

Wichtige Entwicklungsschritte eines durchschnittlichen Kindes

Alter	Motorische Entwicklung	Geistige Entwicklung
1 Monat	dreht den Kopf	verfolgt Licht mit den Augen, reagiert auf Ansprache
3 Monate	hält frei den Kopf	fixiert das Gegenüber, erkennt vertraute Personen, lächelt
6 Monate	dreht sich aus der Bauchlage auf den Rücken und umgekehrt, sitzt mit Unterstützung	greift nach vorgehaltenen Gegenständen
9 Monate	sitzt frei, krabbelt, steht mit Unterstützung	kann winken, sagt „da-da"
12 Monate	steht frei, läuft mit Unterstützung	versteht einzelne Worte und Sätze
18 Monate	läuft frei	spricht bis zu 10 Wörter, ist teilweise selbstständig
2 Jahre	rennt und steigt Treppen	spricht 3-Wort-Sätze, baut aus Würfeln einen Turm
3 Jahre	fährt Dreirad	sagt seinen Namen, isst selbstständig, hilft beim Anziehen
4 Jahre		benennt Farben, putzt sich die Zähne, spielt kooperativ mit anderen Kindern
5 Jahre		fragt nach Wortbedeutungen, zählt bis 10, zieht sich selbstständig an und aus

4 Mit einem Jahr: die ersten Schritte

5 Dreijähriger mit Laufrad

6 Beim Malen

7 Der erste Schultag

Aufgaben

1 Beschreibe mithilfe der Tabelle, welche Entwicklungsschritte die auf dieser Doppelseite abgebildeten Kinder bereits vollzogen haben.

2 Informiere Dich anhand von Literatur, was Eltern tun können, um die Entwicklung ihres Kindes in den ersten drei Lebensjahren zu fördern.

Ein Menschenleben

Auch für den Menschen ist die Individualentwicklung in den Grundzügen durch genetische Informationen in seinen Erbanlagen vorprogrammiert. Sie beginnt mit der Befruchtung einer Eizelle und der darauf folgenden Embryonalentwicklung.
Die Individualentwicklung wird lebenslang durch das Zusammenwirken von Erbanlagen und Umweltfaktoren bestimmt.
Im folgenden unterscheiden und vergleichen wir die aufeinander folgenden Entwicklungsphasen.

1 Porträts veranschaulichen die Individualentwicklung.

Beobachten Untersuchen Experimentieren

Lebenserwartung

Werte das Diagramm (Bild 2) aus:

a Vergleiche die für die durchschnittliche Lebenserwartung angegebenen Werte.

b Formuliere Vermutungen über die Ursachen des Anstiegs der Lebenserwartung.

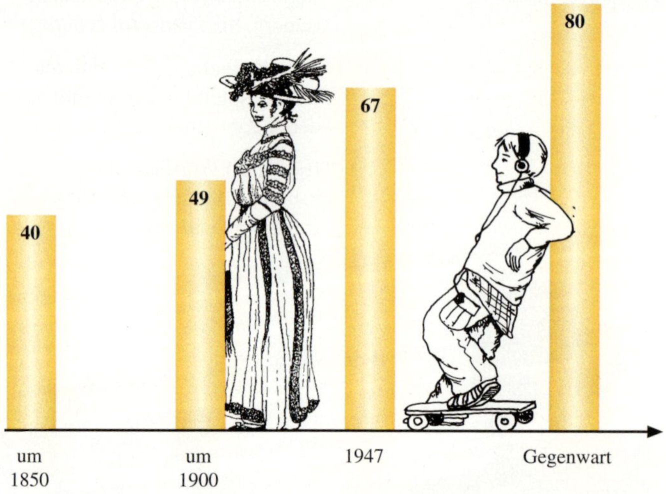

2 Durchschnittliche Lebenserwartung (Jahre) in Deutschland

Individualentwicklung des Menschen

Entwicklungsalter Das so genannte Entwicklungsalter beginnt mit der Geburt und endet mit dem Abschluss der Wachstumsvorgänge um das 20. Lebensjahr. Besonders stark wachsen die Röhrenknochen der Arme und Beine, wodurch sich die Größenverhältnisse aller Körperteile völlig verändern. Das Milchgebiss wird durch die bleibenden Zähne ersetzt. Das Gehirn wächst zu seiner endgültigen Größe heran. Die Entwicklung der Großhirnrinde befähigt uns zum lebenslangen Lernen. Besonders auffällig sind die enorme Lernfähigkeit in den ersten Lebensjahren sowie körperliche und seelische Veränderungen, die während der Pubertät mit der Reifung der Geschlechtsorgane verbunden sind.

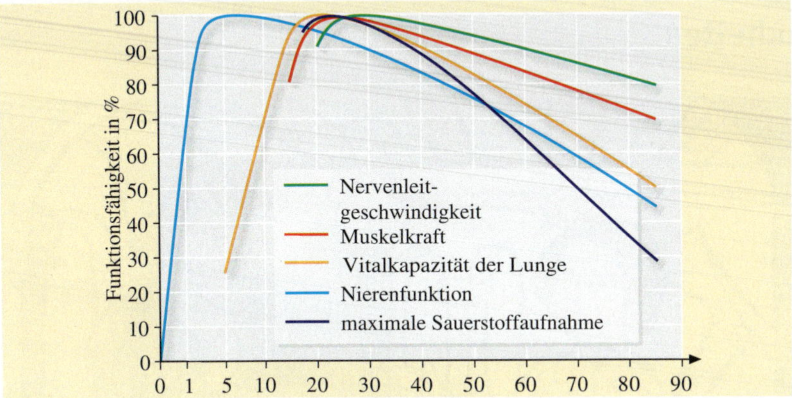

3 Körperfunktionen verändern sich mit dem Alter.

Leistungsalter Vom 20. Lebensjahr bis etwa zum 45. Lebensjahr, bei manchen Menschen auch bis zum 55. Lebensjahr, weisen viele Organe den höchsten Stand ihrer Leistungsfähigkeit auf.
Zum Beispiel erreichen Muskelkraft, Hörschärfe und Reaktionsgeschwindigkeit ihre besten Werte. Die äußerlich feststellbaren Veränderungen sind geringer als in allen anderen Lebensabschnitten, kennzeichnend ist der schließlich einsetzende Spannungsverlust der Haut mit der Bildung von Falten und Furchen im Gesicht.

Erfahrungsalter und Rückbildungsalter Zwischen dem 45. und 60. Lebensjahr erreichen die geistigen Fähigkeiten durch zunehmende Erfahrung, Einsicht und besseres Urteilsvermögen ihren Höhepunkt: Lebenserfahrungen älterer Menschen können von großem Wert für Jüngere sein. Bereits zwischen dem 45. und 60. Lebensjahr werden auch altersbedingte Abbauvorgänge beschleunigt. Körpergewebe verlieren an Substanz und die Anfälligkeit für Krankheiten nimmt zu. Bei Frauen endet in dieser Zeit die Fähigkeit zur Fortpflanzung (Beginn der so genannten Wechseljahre). Wenn körperlicher und geistiger Abbau besonders auffällig werden, beginnt zwischen dem 60. und 75. Lebensjahr das Greisenalter. Es lässt sich nur schwer abgrenzen. Körperlich beeinträchtigend wirken beispielsweise die Versteifung der Gelenke, Durchblutungsstörungen von Herz und Gehirn und die zunehmende Schwächung der Immunabwehr. Auch psychische Vorgänge spielen beim Altern eine Rolle. Versagen lebenswichtige Organe, sterben wir den Alterstod.

In der Individualentwicklung kann man die vorgeburtliche Entwicklung, das Entwicklungsalter, das Leistungsalter sowie das Erfahrungsalter und das Rückbildungsalter unterscheiden. Sie wird sowohl durch Erbanlagen als auch durch Umweltfaktoren bestimmt.

Schon gewusst?

Altern
Altern ist auch für den Menschen ein nicht umkehrbarer, zum Leben gehörender Prozess. Untersuchungen bei isoliert lebenden Volksgruppen in den Anden und im Himalaja ergaben, dass dort für viele Menschen ein Leben von mehr als 100 Jahren bei guter Gesundheit durchaus möglich ist. Wie weit dies von einer qualitativ besseren Umwelt bzw. Lebensweise abhängt oder erblich (genetisch) bedingt ist, lässt sich nicht mit Sicherheit sagen.

4 Aktivität erhält die körperliche sowie geistige Leistungsfähigkeit.

Aufgaben

1 Nenne die Phasen der nachgeburtlichen Entwicklung des Menschen. Beschreibe sie kurz.

2 Informiere dich (z. B. in Lexika) über Frauen und Männer, die bis ins hohe Alter schöpferisch tätig waren.

3 Leite aus dem Diagramm 3 und Bild 4 Schlussfolgerungen zur Gestaltung einer gesunden Lebensweise ab.

Sexuell übertragbare Krankheiten

Viele Jahrhunderte lang verbreitete die als „Lustseuche" bekannte Syphilis Angst und Schrecken. Diese Krankheit wurde vermutlich von Seeleuten, die Kolumbus begleiteten, 1492 aus dem neu entdeckten Amerika nach Europa eingeschleppt. Schon damals wussten die Menschen, dass man sich die Syphilis hauptsächlich über den Geschlechtsverkehr zuziehen konnte.
Welche sexuell übertragbaren Krankheiten gibt es? Welche sind heute von Bedeutung?

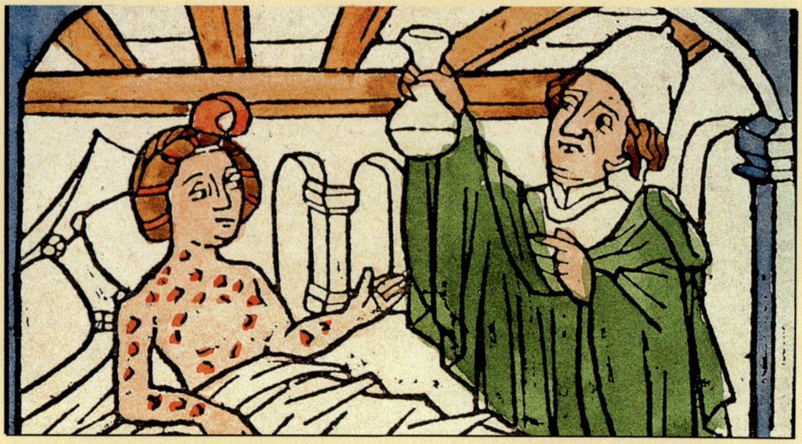

1 Behandlung von Syphiliskranken

Beobachten **Untersuchen** *Experimentieren*

Häufigkeit der Syphilis

Die Syphilis gehört zu den bekanntesten Geschlechtskrankheiten. Bild ↑2 zeigt, nach Bundesländern getrennt, die 2004 in Deutschland gemeldeten Syphilisfälle im Vergleich zu den Vorjahren 2001 bis 2003.

1 Vergleiche die Werte für die Jahre 2001 bis 2004. Erläutere dein Ergebnis.

2 Wie verhalten sich die Zahlen in Berlin und Hamburg im Vergleich zu den anderen Bundesländern? Suche und erläutere mögliche Erklärungen.

3 Leite Schlussfolgerungen für die Gestaltung deines Sexualverhaltens ab.

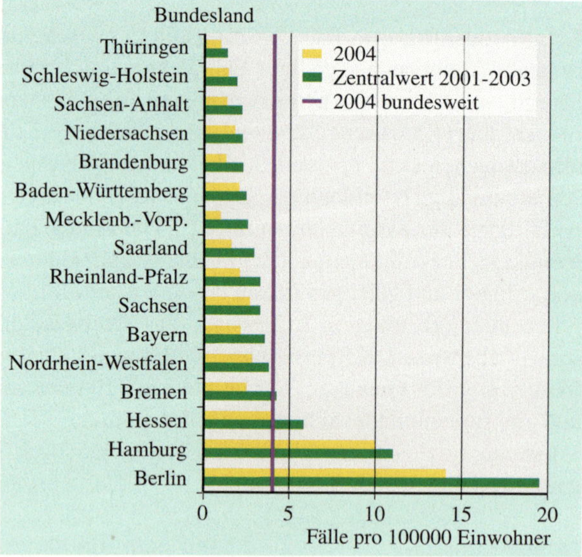

2 Gemeldete Syphilisfälle in Deutschland

Sexuell übertragbare Krankheiten

Sexuell übertragbare Krankheiten werden vor allem durch Geschlechtsverkehr und durch andere sexuelle Kontakte, zum Beispiel Petting, übertragen. Erreger dieser Krankheiten können Bakterien, Viren, Pilze oder Einzeller sein. In den letzten Jahren hat die Zahl der Erkrankungen weltweit wieder zugenommen. Neben den „klassischen" Geschlechtskrankheiten wie Syphilis oder Tripper sind heute vor allem Aids, Hepatitis-B oder Chlamydien-Infektionen von Bedeutung. ↑3 Die Benutzung von Kondomen bietet einen gewissen Schutz vor Ansteckung.

Syphilis Die Syphilis wird von Bakterien verursacht. Eine Übertragung erfolgt beim Geschlechtsverkehr bzw. bei Kontakt mit erkrankter Haut oder Schleimhaut.
Die Krankheit verläuft in drei Stadien. Die ersten Symptome, etwa drei Wochen nach der Infektion, sind ein Knoten oder ein Geschwür an Geschlechtsorganen, After oder Mund. Einige Wochen später kommt es zu grippeartigen Beschwerden. Außerdem treten großflächige Hautausschläge auf. ↑1 Die beiden ersten Stadien sind durch Antibiotika gut heilbar. Bleibt die Krankheit unbehandelt, können mehrere Jahre nach der Ansteckung auch die inneren Organe und das Nervensystem schwer geschädigt werden.

Gonorrhöe Auch die Gonorrhöe, umgangssprachlich Tripper genannt, ist eine bakterielle Infektion. Sie ist die weltweit häufigste Geschlechtskrankheit. Etwa 4 Tage nach der Ansteckung zeigen sich erste Krankheitssymptome: Brennen beim Wasserlassen, Juckreiz sowie eitriger Ausfluss. Wird die Krankheit nicht behandelt, können sowohl beim Mann als auch bei der Frau die inneren Geschlechtsorgane befallen werden, was häufig zu Unfruchtbarkeit führt. Wird der Infizierte rechtzeitig mit Antibiotika behandelt, kann er geheilt werden. Eine unbehandelte Gonorrhöe kann auch andere Organe befallen. Schwere Herz- und Gefäßschäden sind mögliche Folgen.

Chlamydien Chlamydien bilden eine Gattung der Bakterien. Eine Chlamydien-Infektion ist in Industrieländern die häufigste sexuell übertragene Erkrankung. Die Zahl der Infektionen in Deutschland wird auf etwa 1 Million jährlich geschätzt. Da die Symptome oft unauffällig sind, bleibt die Erkrankung häufig unerkannt und ansteckend. Man geht davon aus, dass in Deutschland jährlich etwa 80 000 Frauen durch Chlamydien unfruchtbar werden.

Aids Auch Aids, eine durch das HI-Virus verursachte Schwächung des körpereigenen Abwehrsystems, wird häufig durch den Geschlechtsverkehr übertragen. Das HI-Virus befindet sich in allen Körperflüssigkeiten, besonders hoch konzentriert in Blut, Sperma und Scheidenflüssigkeit. Während Syphilis, Tripper und Chlamydien-Infektionen heilbar sind, ist bei Aids bis heute eine Heilung unmöglich. ↑S.44

Sexuell übertragbare Krankheiten sind ansteckend und müssen ärztlich behandelt werden, um eine Ansteckung anderer zu vermeiden. Die Benutzung von Kondomen schützt relativ sicher vor einer Infektion.

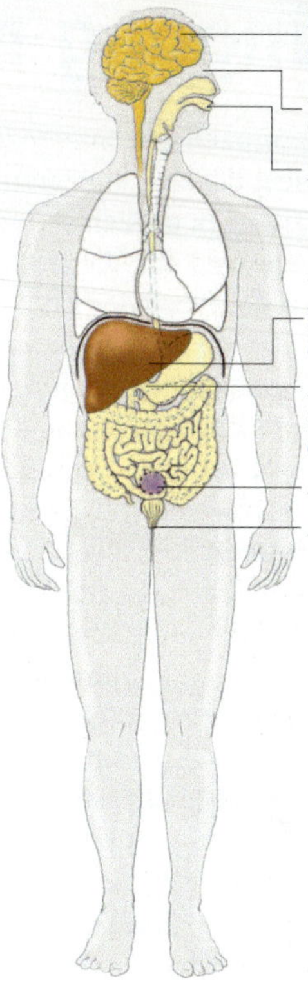

3 Mögliche Symptome (A.) und Folgen (B.) einer Hepatitis-B-Erkrankung

Schon gewusst?

Hepatitis B
Hepatitis B-Viren können beim Geschlechtsverkehr durch Körperflüssigkeiten (Sperma, Blut, Schleimhautabsonderungen) übertragen werden. Die Infektion kann sogar zu Leberkrebs führen. Fernreisenden wird deshalb eine Hepatitis B-Schutzimpfung empfohlen.

Aufgaben

1 Erläutere die „doppelte“ Schutzfunktion des Kondoms.

2 Beschreibe mögliche Symptome und Folgen einer Hepatitis-B-Erkrankung. ↑3

3 Informiere dich mithilfe des Internets oder anderer Nachschlagewerke über weitere Geschlechtskrankheiten, zum Beispiel Herpes genitalis oder Feigwarzen.

Ausblick

Verjüngung mit Stammzellen?

Was sind Stammzellen? Stammzellen sind undifferenzierte Zellen, die sich unbegrenzt teilen können. Bei diesen Teilungen entstehen jeweils zwei Zellen: eine Stammzelle und eine Zelle, die sich zu einem der verschiedenen Zelltypen der Körpergewebe entwickelt, also differenziert. Je nach Herkunft spricht man von embryonalen und adulten Stammzellen. ↑1 Bis zum Achtzellstadium kann jede Zelle des Embryos jede beliebige Körperzelle bilden. Aus jeder der acht Zellen kann sogar ein vollständiger Embryo entstehen. Je weiter sich der Embryo entwickelt, umso stärker wird die Entwicklungsfähigkeit der Stammzellen eingeschränkt. Denn die benachbarten Zellen beeinflussen ihren weiteren Entwicklungsweg. Stammzellen im erwachsenen Körper bilden daher nur noch bestimmte Zelltypen. Aus den Stammzellen im Knochenmark gehen zum Beispiel nur Blutzellen hervor. Adulte Stammzellen ersetzen beschädigte oder kurzlebige Zellen.

Stammzellen in der Medizin Man setzt heute bereits Stammzellen als Zellersatz ein, zum Beispiel bei der Knochenmarkstransplantation. Nach einer Chemotherapie, beispielsweise der medikamentösen Zerstörung von Blutkrebszellen, werden neue Stammzellen in das Knochenmark eingesetzt, die dann neue Blutzellen bilden. Von Verfahren, bei denen Stammzellen Ersatzgewebe bilden sollen, erhofft man sich zum Beispiel Hautersatz bei großflächigen Verbrennungen, Herzmuskelzellen für Herzinfarktgeschädigte und neue Nervenzellen für Alzheimer- und Parkinsonkranke. Bisher ist es aber nicht gelungen, die Differenzierung dieser Zellen zu steuern und gezielt Gewebe oder Organe zu züchten. ↑1; 4

Stammzellen in der Forschung Stammzellen sind wichtige Forschungsobjekte. Wissenschaftler untersuchen an ihnen zum Beispiel, wie das Wachstum von Zellen reguliert wird, wie sich Zellen differenzieren und wie Krebszellen entstehen. Bei all diesen Vorgängen werden Erbanlagen (Gene) wirksam. Könnte man diese Fragen beantworten, wäre es möglich, aus adulten Stammzellen alle Zell- und Gewebetypen zu gewinnen oder die Zelldifferenzierung sogar durch Medikamente zu beeinflussen.

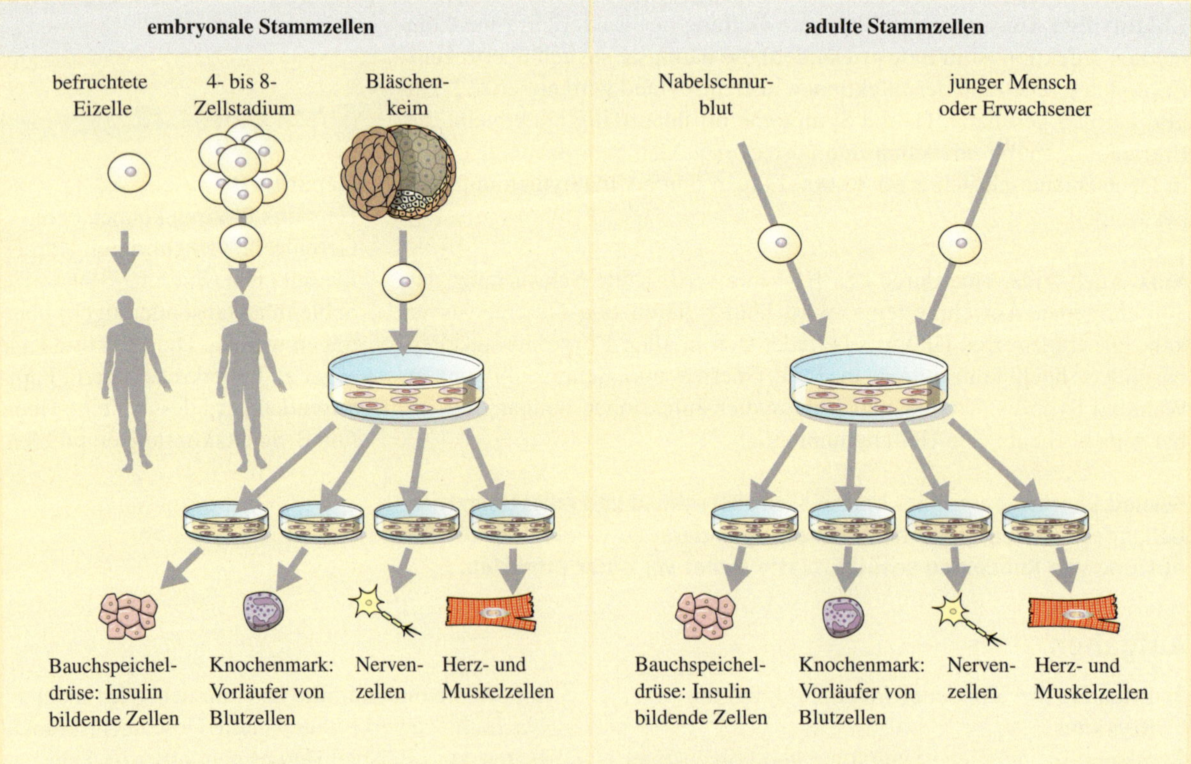

1 Die Entwicklungsmöglichkeiten von Stammzellen unterscheiden sich je nach ihrer Herkunft.

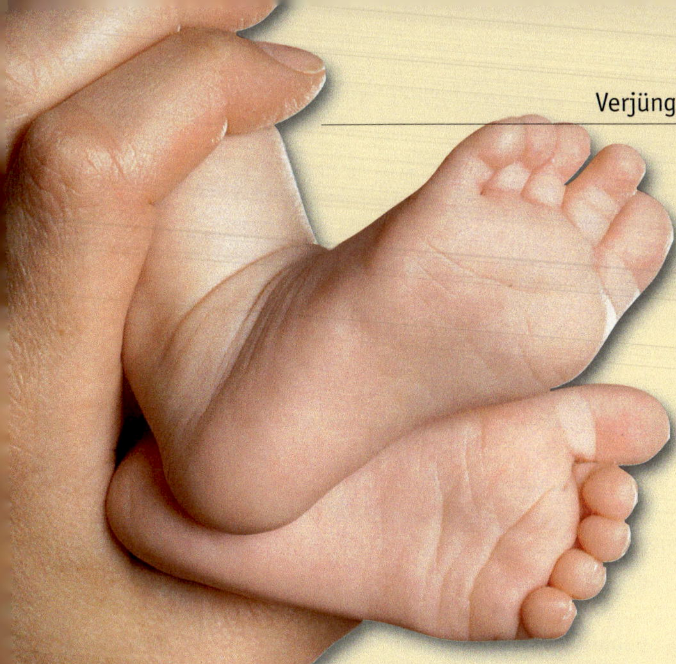

2 Unsere Haut wird durch Stammzellen in tiefen Hautschichten ständig erneuert.

Beim Einsetzen von körperfremden Stammzellen muss die Immunabwehr des Körpers blockiert werden. Dies lässt sich durch einen anderen Ansatz umgehen: das therapeutische Klonen. Dabei wird aus der Eizelle einer Spenderin der Zellkern entfernt und der Zellkern einer beliebigen Körperzelle des Patienten eingeführt. Aus dieser Zelle entwickeln sich dann embryonale Stammzellen, die das Immunsystem des Patienten als körpereigen erkennt. Diese Methode ist ebenfalls umstritten, da Eizellen einer Spenderin verbraucht werden.

Stammzellen aus Nabelschnurblut Ethisch weniger bedenklich ist ein neuer, bereits vermarkteter Trend. Direkt nach der Geburt können aus dem Blut der Nabelschnur adulte Stammzellen gewonnen und tiefgefroren in speziellen Blutbanken aufgehoben werden. ↑3 Diese Stammzellen sind noch wenig spezialisiert. Sie stehen dann für den Eigenbedarf oder auch für Fremdtransplantationen zur Verfügung.

Darf man das? – Ethische Bedenken Embryonale Stammzellen können aus Embryonen im Bläschenkeim-Stadium gewonnen werden. Aus ihnen lassen sich alle Typen von Körperzellen züchten. Embryonale Stammzellen sind daher besonders vielversprechende Forschungsobjekte. Allerdings werden bei ihrer Gewinnung Embryonen abgetötet. Daher gibt es in allen Ländern gesetzliche Regelungen für die Forschung mit Stammzellen.

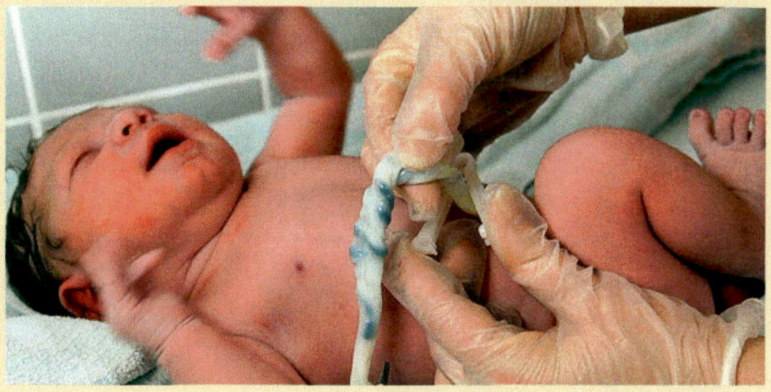

3 Aus Nabelschnurblut lassen sich Stammzellen gewinnen.

Aufgaben

1 Vermehren (Klonen) von Begonien:

a Trenne von einer Begonie ein großes Blatt ab.

b Ritze etwa 2 cm vom Blattstiel entfernt die Blattadern der Unterseite mit einer Lanzettnadel leicht an.

c Lege das Blatt nun mit der Unterseite auf die Erde eines Blumentopfs und beschwere es mit einigen Steinchen.

d Decke den Blumentopf mit durchsichtiger Folie weitgehend ab und halte die Versuchsanordnung hell und feucht.

e Beobachte und protokolliere die weitere Entwicklung des Blattes. Versuche eine Erklärung.

4 Pflanzenzellen, deren Zellwände entfernt wurden, verhalten sich ähnlich wie Stammzellen. Aus einer einzelnen Zelle kann eine vollständige Pflanze entstehen.

2 Ein Ehepaar erwartet Nachwuchs. In einer Zeitschrift liest es die Anzeige eines Unternehmens, das die Entnahme und Lagerung von Nabelschnurblut anbietet. Soll das Paar diese Möglichkeit nutzen? Erläutere und begründe deine Meinung dazu.

a Beschaffe im Internet Informationen über die Kosten und den medizinischen Aufwand. Stelle in einer Tabelle Vor- und Nachteile zusammen.

b Erstelle auch eine Liste der Einsatzmöglichkeiten für die gewonnenen Stammzellen.

c Wie würdest du für dich selbst entscheiden?Begründe deine Meinung.

Überblick

Befruchtung
Ungeschützter Geschlechtsverkehr kann zu einer Schwangerschaft führen. Trifft ein Spermium auf eine reife Eizelle, dringt es in die Eizelle ein und die Zellkerne der beiden Keimzellen verschmelzen. Diesen Vorgang bezeichnet man als Befruchtung. Aus der befruchteten Eizelle kann sich ein neuer Mensch entwickeln.

Schwangerschaft und vorgeburtliche Entwicklung
Eine Schwangerschaft dauert etwa 40 Wochen. Während dieser Zeit wächst in der Gebärmutter der Frau ein Kind heran. Es wird bis zum Ende des 3. Schwangerschaftsmonats als Embryo, danach als Fetus bezeichnet. Das sich entwickelnde Kind wird über die Plazenta und die Nabelschnur mit Nährstoffen und Sauerstoff versorgt. Auch seine Abbauprodukte werden auf diese Weise entsorgt. Da die wachsenden und sich teilenden Zellen des Kindes empfindlich auf alle störenden Einflüsse reagieren, ist eine gesunde Lebensführung der schwangeren Frau besonders wichtig.

Geburt
Die Geburt kündigt sich durch Wehen, durch Kontraktionen der Gebärmuttermuskulatur, an und kann mehrere Stunden dauern. Sie verläuft in drei Phasen: Eröffnungs-, Austreibungs- und Nachgeburtsphase. Durch den Druck der stärker werdenden Wehen wird das Kind durch die Scheide nach außen gepresst. Anschließend wird es abgenabelt: Es ist nun vom Blutkreislauf der Mutter unabhängig. Neugeborene zeigen überlebenswichtige, genetisch vorprogrammierte Verhaltensweisen (z. B. Klammerverhalten, Saugen, Schreien). Durch die Kontaktaufnahme wird das Kind auf seine Mutter und andere Bezugspersonen geprägt.
Menschenkinder können nicht ohne individuelle Betreuung, Zuwendung und Geborgenheit heranwachsen.

Verhütungsmittel- und Verhütungsmethoden
Es gibt verschiedene Mittel und Methoden, um eine ungewollte Schwangerschaft zu verhindern. ↑3
Für junge Paare besonders geeignet sind Kondome. Sie fangen das Sperma beim Samenerguss auf und schützen außerdem vor Aids und anderen sexuell übertragbaren Krankheiten.

Entwicklung nach der Geburt
Sie kann in die Phasen Entwicklungsalter, Leistungsalter und Erfahrungsalter bzw. Rückbildungsalter eingeteilt werden.
Ein Kind benötigt die liebevolle Zuwendung seiner Eltern, um Vertrauen zur Mitwelt aufbauen zu können. Erfahrungen aus den ersten Lebensjahren nehmen Kinder in ihre weitere Lebensgeschichte mit. Beim Menschen sind die Kindheit und das Jugendalter zeitlich besonders ausgedehnt. Die Pubertät vermittelt zwischen der Kindheit und dem frühen Erwachsenenalter. In dieser Phase sind Partnerwahl und der Einstieg ins Berufsleben sowie auch die Familiengründung wichtige Ereignisse.
Das mittlere Erwachsenenalter wird auch als Erfahrungsalter bezeichnet. Es ist besonders durch die berufliche Entwicklung sowie die Übernahme sozialer Verantwortung gekennzeichnet.
Das Altern ist ein nicht umkehrbarer, zur Individualentwicklung gehörender Vorgang. Sie endet mit dem Tod des Menschen.

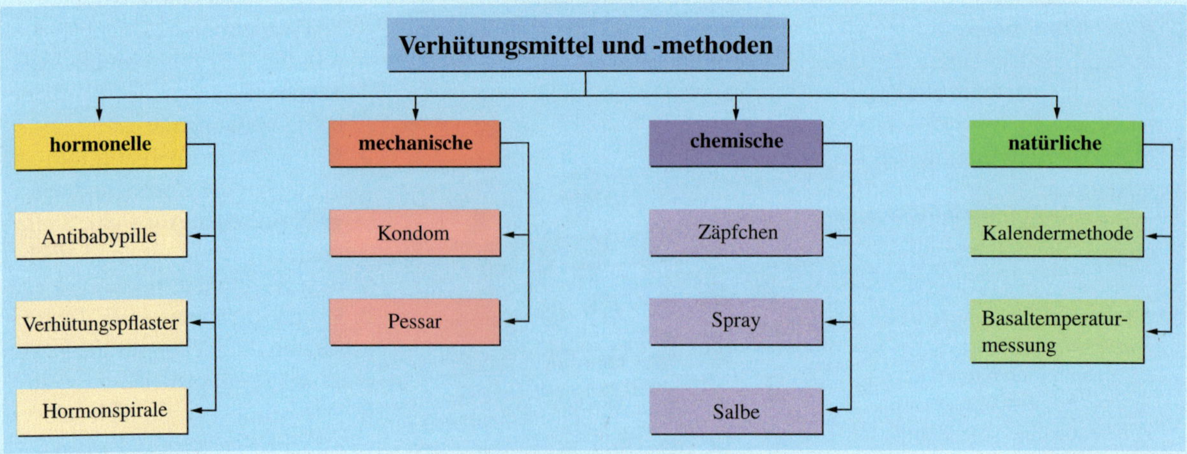

1 Gängige Verhütungsmittel und -methoden im Überblick

alles klar?

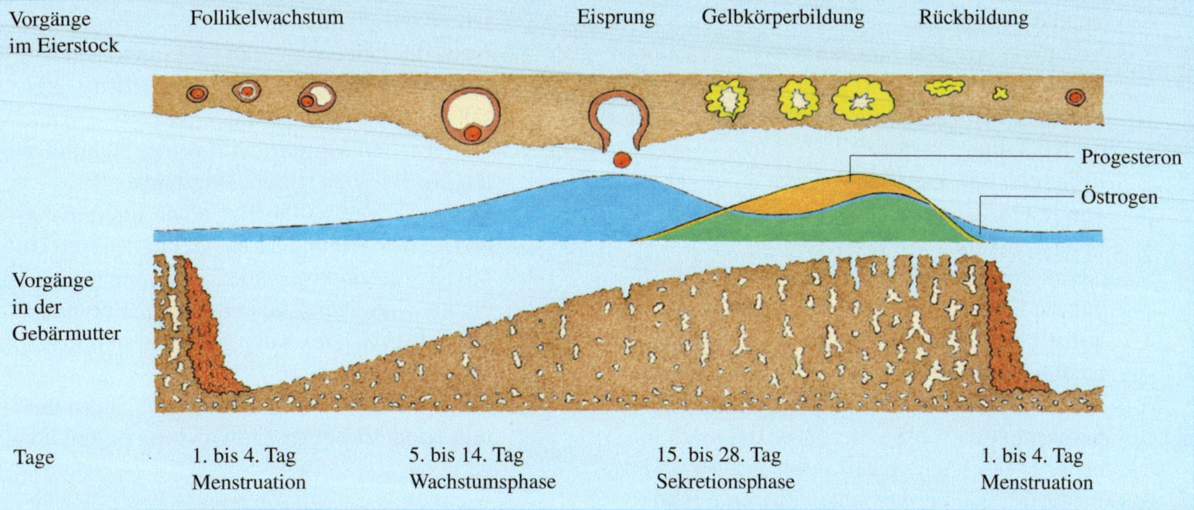

2 Der Menstruationszyklus wird hormonell gesteuert.

1 Erläutere mithilfe der Übersicht 1, an welchen Tagen im Zyklus einer Frau Geschlechtsverkehr zu einer Schwangerschaft führen kann.

2 Beschreibe anhand der Abbildung 3 den Entwicklungsverlauf von der Befruchtung bis zur Einnistung des Keims in der Gebärmutterschleimhaut.

3 Notiere folgende Begriffe in der entwicklungsgemäßen Reihenfolge: Geburt, Embryo, Schwangerschaft, Eizelle, Fetus , Plazenta, Befruchtung, Gebärmutter, Eierstock, Einnisten des Keimlings, Eileiter.

4 Alkohol und andere Drogen sind in den ersten drei Schwangerschaftsmonaten für das Kind besonders gefährlich. Begründe.

5 Welche Verhütungsmethode würdest du einem Freund oder einer Freundin empfehlen? Begründe deine Meinung.

6 Der Gesetzgeber lässt einen Schwangerschaftsabbruch nur bis zu 12 Wochen nach der Befruchtung zu. Nenne Gründe, die deiner Meinung nach dafür maßgeblich sind.

7 Nenne mögliche Ursachen für die Unfruchtbarkeit bei Männern und Frauen.

8 Neue Fortpflanzungstechniken bieten Paaren, die ungewollt kinderlos sind, die Chance, ein Kind zu bekommen.

a Vergleiche natürliche und künstliche Befruchtung.

b Nenne Probleme, die mit einer künstlichen Befruchtung verbunden sein können.

9 Vergleiche die Umwelt, die der Fetus im Mutterleib hatte, mit der Umwelt des Babys nach der Geburt. Welche Reize sind für den Säugling neu und wie ist er darauf vorbereitet? Erläutere.

10 Stelle den Verlauf der nachgeburtlichen Entwicklung eines Menschen in einem Kurzvortrag dar.

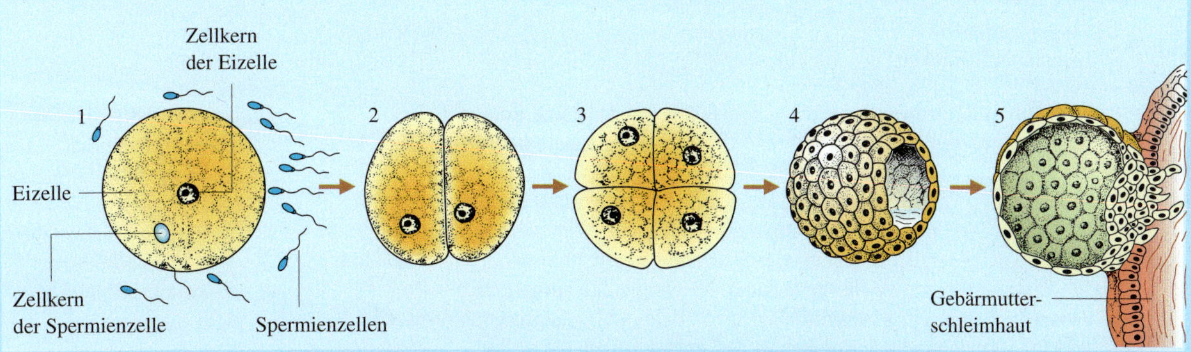

3 Entwicklungsetappen der Eizelle von der Befruchtung bis zum Einnisten des Keims

Teste dich!

1 Wer sich für ein Kind entscheidet, übernimmt elterliche Verantwortung auch für das ungeborene Leben.

a Erläutere, wie eine Schwangerschaft entsteht.

b Nenne und begründe Regeln, die eine schwangere Frau bei ihrer Lebensführung beachten sollte.

c Erläutere, wie auch der Vater zu einer gesunden Entwicklung des ungeborenen Kindes beitragen kann.

d Nenne schädigende und fördernde Einflüsse auf die Entwicklung des Kindes im Mutterleib.

e Erläutere die Bedeutung von Vorsorgeuntersuchungen für die Entwicklung des Kindes.

2 Schwanger zu werden bedeutet, dass sich ein neuer Mensch entwickelt.

a Erläutere, wie ein Mädchen oder eine Frau erfahren können, dass sie schwanger sind.

b Erläutere den Begriff „Befruchtung". Erörtere, wie sich begründen lässt, dass die Entwicklung eines Menschen mit der Befruchtung einer Eizelle beginnt.

c Erläutere, wie ein Paar sich vor einer ungewollten Schwangerschaft schützen kann.

d Wer einen Schwangerschaftsabbruch in Erwägung zieht, muss zur Begründung einer verantwortungsvollen Entscheidung verschiedene Aspekte bedenken.
Nenne diese Aspekte und gehe dabei besonders auf in Deutschland gültige gesetzliche Regelungen ein.

3 Die Beziehung zu den Eltern prägt die Entwicklung eines Kindes in den ersten Lebensjahren entscheidend.

a Nach der Geburt legt die Hebamme das neugeborene Kind der Mutter an die Brust. Begründe diese Maßnahme.

b Den meisten Müttern wird dringend empfohlen, ihr Baby zu stillen. Begründe.

c Erläutere, worauf das Baby vor allem in den ersten Wochen und Monaten angewiesen ist, um sich gesund entwickeln zu können.

d Nenne wichtige „Etappen" in der Entwicklung eines Kindes während der ersten Lebensjahre.

e Zeige an einem Beispiel auf, wie Eltern ihrem Kind bei seiner Entwicklung helfen können.

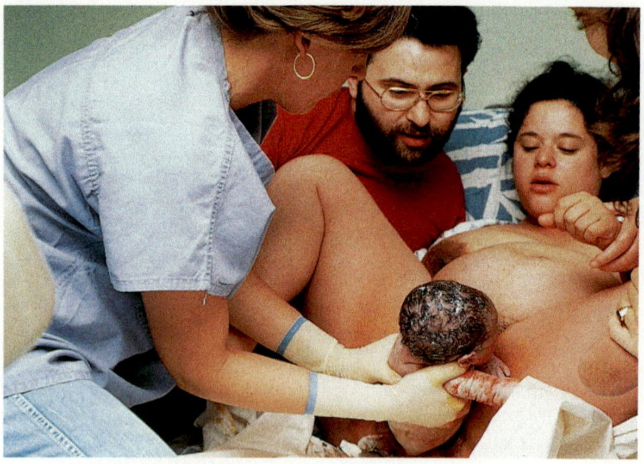
1 Ein Kind wird geboren.

Die Farben zeigen dir, wie schwierig eine Aufgabe ist:
■ Du kannst Sachverhalte wiedergeben. ■ Du kannst dein Wissen anwenden. ■ Du kannst komplexe Probleme lösen.

Die Lösungen findest du im Anhang.

Schätze deine Kenntnisse und Fähigkeiten ein.

Aufgabe	Lerngebiet/Fähigkeit	Lösungshilfe	Auswertung
1	Ich kann erläutern wie eine Schwangerschaft entsteht und Regeln für das Verhalten der Eltern während der Schwangerschaft begründen.	136, 137 150, 151	Ordne dazu deiner Lösung im Heft ein Smiley zu: ☺ Ich konnte die Aufgabe richtig lösen. 😐 Ich konnte die Aufgabe nicht komplett lösen. ☹ Ich konnte die Aufgabe nicht lösen.
2	Ich kann den Vorgang und die Bedeutung der Befruchtung beschreiben. Ich kenne Möglichkeiten der Schwangerschaftsverhütung sowie gesetzliche Regeln zum Schwangerschaftsabbruch.	137-141	
3	Ich kann erläutern, welche Bedeutung ein liebevolles Verhältnis zwischen Eltern und Kindern für die körperliche und geistige Entwicklung eines Kindes besonders in den ersten Lebensjahren hat.	154–157	

Lösungen der Teste-dich!-Aufgaben

Lebewesen bestehen aus Zellen

1a Alle Zellen sind von einer Zellmembran umgeben. Im Zellplasma liegt der Zellkern, der die Erbinformationen enthält. Alle Zellen gehen durch Zellteilung aus einer Mutterzelle hervor.

b Bakterienzellen haben keine Zellkerne. Das genetische Material (die Erbanlagen) ist nicht von einer Membran (Kernhülle) umgeben, es befindet sich frei im Zellplasma.
Bei tierischen und pflanzlichen Zellen sind die Erbanlagen im Zellkern eingehüllt.

c Der Zellkern ist der Träger der Erbanlagen. Diese steuern den Stoffwechsel und die Teilung der Zelle. In den Chloroplasten erfolgt die Fotosynthese. ↑S.13

2a Die Zellen im linken Bild sind unbehandelt, das Präparat rechts wurde mit einem Farbstoff behandelt. Farbstoffe lagern sich verschieden stark an unterschiedlichen Zellstrukturen an. Durch Anfärben des Präparats verstärken sich optische Unterschiede im lichtmikroskopischen Bild, sodass sich ein besserer Kontrast ergibt.

b Die Anleitung zur Präparation findest du auf den Seiten 14 und 15.

c Die einzelnen Schritte sind auf der Methodenseite „Mikroskopische Zeichnungen anfertigen" beschrieben. ↑S.14

3 Man erkennt es an den Chloroplasten, denn diese Zellorganellen kommen nur in Pflanzenzellen, nie in Tierzellen vor. Die Zellgrenzen sind aufgrund der Zellwände auch im ungefärbten Präparat gut zu erkennen. Tierzellen besitzen keine Zellwand.

4 Passive Immunisierung: ↑S.40
1. Mensch erkrankt (infiziert), Krankheitserreger im Körper;
2. Impfung („fertige" Antikörper werden in den Körper gespritzt);
3. Gesundung (Erreger werden durch Antikörper gebunden);
4. Neuinfektion (erneut Erreger im Körper, erneute Erkrankung möglich)

Stoffwechsel des Menschen – unsere Organe arbeiten im Team

1a Mundhöhle: Zerkleinerung, Durchmischung, Einspeicheln der Nahrung und Stärkespaltung; Speiseröhre: Transport des Nahrungsbreis in den Magen; Magen: Eiweißverdauung; Dünndarm: Kohlenhydrat- und Eiweißverdauung, Fettspaltung, Aufnahme der Nährstoffbausteine ins Blut; Dickdarm: Eindickung des Nahrungsbreis, Sammlung im Mastdarm und Ausscheidung über den After.

b Im Magen werden Eiweiße durch das Enzym Pepsin gespalten. Hier herrscht ein saures Milieu. Im Dünndarm spalten Enzyme Kohlenhydrate und Eiweiße in ihre Grundbausteine. Gallenflüssigkeit und Lipasen sorgen für die Zerlegung der Fette. Die zerkleinerten Nährstoffe werden über Darmzotten ins Blut aufgenommen.

c ↑1 S.60 und ↑2 S.61

d Falten und zahlreiche Ausstülpungen vergrößern die innere Oberfläche des Dünndarms auf ca. 200 m². Die große Fläche ermöglicht eine effektive Aufnahme der gespaltenen Nährstoffe über die Darmwand in Blut und Lymphe. Das Prinzip der Oberflächenvergrößerung ist z. B. auch beim Bau der Lunge mit ihren zahlreichen Lungenbläschen verwirklicht.

e Geschmackstest: Ein Stück Weißbrot kurz, ein anderes Stück mehrere Minuten lang kauen. Das länger gekaute Brot schmeckt süß, enthält also Einfachzucker und/oder Zweifachzucker.

2a Beim Einatmen hebt sich bei der Brustatmung der Brustkorb und das Zwerchfell spannt sich. Dadurch wird die Lunge nach unten ausgedehnt und Luft eingesaugt. Erschlaffen die Rippenmuskeln wieder, dann wölbt sich das Zwerchfall nach oben und mit dem Senken des Brustkorbs wird die Atemluft ausgepresst. Bei der Bauchatmung werden hauptsächlich die Muskeln des Zwerchfells angespannt, das Zwerchfell flacht sich ab und der Brustraum mit der Lunge wird dadurch erweitert.

b Bei der äußeren Atmung findet ein Gasaustausch durch die Wand der Lungenbläschen statt. Es diffundiert der eingeatmete Sauerstoff ins Blut, während in umgekehrter Richtung Kohlenstoffdioxid aus dem Blut in die Lungenbläschen diffundiert und ausgeatmet wird. In den Körperzellen findet die innere Atmung statt: Bei der Verbrennung von Nährstoffen wird der eingeatmete Sauerstoff benötigt und Kohlenstoffdioxid entsteht, das über die äußere Atmung den Körper verlässt.

c Wenn sich die Teerstoffe auf der dünnen Zellschicht der Lungenbläschen ablagern, ist die Diffusion von Sauerstoff ins Blut erschwert. Die Sauerstoffaufnahme ist unzureichend, die Organe können nicht ausreichend mit Sauerstoff versorgt werden.

3a Vergleiche Bild ↑3 S.73

b Ziehen sich die Herzkammern zusammen, öffnen sich die Taschenklappen; Blut wird in die Arterien gedrückt. Die Segelklappen schließen sich und verhindern so, dass Blut in die Vorhöfe zurückfließt. Erschlaffen die Herzkammern, öffnen sich die Segelklappen und Blut strömt aus den Vorhöfen ein. Die Taschenklappen sind dabei geschlossen.

c Da die Muskelpumpen im Stehen nicht aktiv sind, wird das Blut nur unzureichend aus den Beinen nach oben in Richtung Gehirn transportiert. ↑4 S.75

d Die Wand der Kapillaren muss so dünn sein, um den Stoffaustausch mit den Körperzellen zu ermöglichen. Dort werden Sauerstoff und Nährstoffe für den Bau- und Betriebsstoffwechsel benötigt.

Was ist gesund?

1a Viel Stress, wenig Bewegung, Zeitdruck, falsche Ernährung, Alkoholkonsum, Rauchen.

b Unsere Gesundheit wird auch von Schutzfaktoren bestimmt, relativ unabhängig davon, ob wir uns gesund ernähren, ausreichend bewegen, auf Alkohol und Zigaretten verzichten.

c Sie hängen entscheidend davon ab, ob wir regelmäßig positive Erfahrungen machen. ↑S.107

2a Das Herz schlägt schneller, der Blutdruck steigt, das Denken fällt schwerer, der Appetit bleibt aus.

b Stress ist eine Anpassungsreaktion des Körpers an Belastungen, bei der die Körperfunktionen, die nicht lebenswichtig sind, gedrosselt werden. Dadurch werden wir leistungsfähiger; bei ständiger Überforderung macht Stress uns langfristig krank. So ist z. B. die Gefahr eines Herzinfarkts erhöht.

c Es gibt drei Ansatzpunkte. ↑S.109

d Ja und nein! Manchmal muss man sich abreagieren. Aber in vielen Fällen wird der Stressauslöser dadurch nicht beseitigt. Die Stressreaktion wird nicht gedrosselt, sondern schaukelt sich weiter auf; die Belastung steigt.

3a Drogen greifen in den Haushalt der Botenstoffe im Belohnungssystem des Gehirns ein. Sie setzen Botenstoffe frei, die gute Gefühle erzeugen. Werden Drogen häufig und regelmäßig konsumiert, stellt sich das Gehirn auf die regelmäßige Zufuhr ein und kommt nicht mehr ohne die Droge aus.

b Drogen greifen in den Haushalt der Botenstoffe im Belohnungssystem ein und erzeugen gute Gefühle.

c Gehirne von Jugendlichen verändern sich schneller als die von Erwachsenen. Deshalb graben sich Erfahrungen mit Drogen sehr viel schneller und stabiler ins jugendliche Gehirn ein. Dabei entsteht ein „Suchtgedächtnis“, das der Drogenkonsument meist sein Leben lang nicht mehr loswird. Je früher und je mehr Alkohol, Nikotin und andere Drogen ein Mensch zu sich nimmt, desto abhängiger wird sein Belohnungssystem im Gehirn.

d Ob ein Mensch als süchtig anzusehen ist, hängt von fünf Kriterien ab. ↑S.113

e Ja, da ein wichtiges Suchtkriterium (äußerlich sichtbar) erfüllt ist: Der Spieler ist abstinenzunfähig.

4a Neben Nikotin verursachen viele Schadstoffe im Zigarettenrauch (u. a. Kohlenstoffmonooxid, Benzol) gesundheitsschädigende Folgen. ↑S.117

b Nikotin ist dafür verantwortlich. Zur Sucht kommt es durch die Beeinflussung von Botenstoffen im Belohnungssystem des Gehirns. Mit der regelmäßigen Zufuhr der Droge steigt die Zahl der Bindungsstellen für Nikotin schnell an und das Gehirn gewöhnt sich daran. Ausbleibende Nikotinzufuhr führt zu Entzugserscheinungen.

c Nichtraucher sind durch Schadstoffe im Nebenstromrauch gefährdet (Passivrauchen).

d Es macht Spaß und schmeckt. Nikotin macht süchtig, sodass es schwer fällt, das Rauchen aufzugeben.

5a Sprach-, Wahrnehmungs- und Koordinationsstörungen, Gereiztheit, Aggressivität, Kontrollverlust; dann stellen sich Benommenheit und Müdigkeit ein; sehr hoher Alkoholspiegel führt zum Koma.

b Reaktions- und Konzentrationsfähigkeit nehmen ab.

c Der Alkohol im Blut wird relativ rasch abgebaut. Der „Kater“ kommt von einem Zwischenprodukt des Alkoholabbaus, dem Acetaldehyd, das länger (mehrere Stunden) im Körper verbleibt.

6a Man kann zum Beispiel süchtig sein nach Spielen, Essen, Arbeiten, Sex, Sport, Einkaufen, Fernsehen, Computerspielen, Chatten, Telefonieren oder SMS-Schreiben.

b Verhaltensweisen, die süchtig machen können, führen im Belohnungssystem des Gehirns zur Freisetzung bestimmter Botenstoffe und lösen so gute Gefühle aus. Je öfter man sich so verhält, desto mehr Botenstoffe werden freigesetzt. Nach einiger Zeit gewöhnt sich das Gehirn an die erhöhte Botenstoffmenge und kommt nicht mehr ohne sie aus.

c Viele Verhaltensweisen, die süchtig machen können, gehören zum normalen Verhalten von Menschen. Auf Essen kann man überhaupt nicht verzichten, weil sonst keine Nährstoffe mehr zugeführt werden. Die meisten Menschen müssen arbeiten, da sie vom Lohn ihren Lebensunterhalt bestreiten. Auch auf Sport sollte man nicht verzichten, da er zu Gesundheit und Wohlbefinden beiträgt.

Entwicklung – von der Befruchtung bis zum Tod

1a Ist ein Spermium in die Eizelle eingedrungen, wandern die Zellkerne der Ei- und Spermienzelle aufeinander zu und verschmelzen miteinander (Befruchtung). Einen Tag danach beginnt die befruchtete Eizelle (Zygote), sich zu teilen. Es bildet sich eine Zellkugel, der „Maulbeerkeim“. Dieser wandelt sich in den „Blasenkeim“ um, der am 5. Tag nach der Befruchtung in der Gebärmutterhöhle ankommt und sich in der Gebärmutterschleimhaut einnistet.

b Ein regelmäßiger Tag-Nacht-Rhythmus sollte eingehalten werden, ebenso viel Bewegung an frischer Luft. Die Ernährung sollte ausgewogen und abwechslungsreich sein. Auf Genussmittel z. B. Alkohol, Nikotin, zu viel Kaffee (sowie auf andere Drogen) sollte man unbedingt verzichten, da sie zu Schädigungen des Kindes führen können. Medikamente sollten nur in Absprache mit der Ärztin/dem Arzt eingenommen werden. Das psychische Befinden der werdenden Mutter beeinflusst auch das im Mutterleib heranwachsende Baby. Hektik und Lärm sowie auch Angstzustände der Mutter beunruhigen es. Eine werdende Mutter sollte sich also auch Ruhe und Gelassenheit gönnen.

c Übermäßige psychische und körperliche Belastungen der Mutter wirken auf die kindliche Entwicklung zurück. Deshalb sollte ein Vater die Mutter unterstützen, um zur gesunden Entwicklung des Kindes beizutragen. Er kann ihr beispielsweise Belastungen abnehmen, die mit dem Heben von Lasten verbunden sind. Gleichermaßen wichtig ist, dass der werdende Vater der Mutter mit besonderer Zuneigung und Rücksichtnahme begegnet, damit sie sich wohlfühlen und auf die Schwangerschaft konzentrieren kann.

d Beispiele für schädigende bzw. riskante Einflüsse:
- Ungesunder Dauerstress (Disstress);
- Missbrauch von Drogen und Genussmitteln (z. B. Alkohol und Nikotin);
- Unter- und Fehlernährung der Mutter, Stoffwechselkrankheiten der Mutter, Alter der Mutter (problematisch: unter 18 Jahre, über 35 Jahre);
- Strahleneinwirkungen;
- Infektionskrankheiten.

Beispiele für fördernde Einflüsse:
- ausreichende Bewegung an frischer Luft;
- ausgewogene gesunde Ernährung.

e Mit der Schwangerschaftsvorsorge werden der allgemeine Gesundheitszustand überwacht und mögliche Risikofaktoren für Mutter und Kind rechtzeitig erkannt. ↑S. 152, 153

2a Ein relativ sicheres Anzeichen für das Vorliegen einer Schwangerschaft ist das Ausbleiben der monatlichen Regelblutung. Eine frauenärztliche Untersuchung bringt Aufschluss darüber, ob wirklich eine Schwangerschaft eingetreten ist.

b Die Befruchtung ist durch die Verschmelzung von Ei- und Spermienzelle bzw. die Vereinigung der beiden Zellkerne gekennzeichnet. Im Zellkern der befruchteten Eizelle sind sowohl väterliche als auch mütterliche Erbanlagen vorhanden. Erst dadurch kann die Individualentwicklung des Kindes beginnen.

c Es gibt verschiedene Möglichkeiten der Verhütung. Jedes Paar sollte für sich entscheiden, welche Mittel oder Methoden beiden Partnern geeignet erscheinen. Es können verschiedene Mittel und Methoden genannt und begründet werden, warum man sich dafür entscheiden würde. ↑S. 138–140

d Es könnten medizinische, ethische, soziale und gegebenenfalls auch religiöse Aspekte genannt werden. ↑S. 141

3a Die Zeit unmittelbar nach der Geburt ist für den Aufbau einer stabilen Beziehung zwischen Mutter und Kind wichtig. Enger Hautkontakt gibt dem Kind das Gefühl von Sicherheit und Geborgenheit. Die Nahrungsaufnahme und der dafür nötige Kontakt zur Mutter sind u. a. durch das Such- und Saugverhalten des Kindes gesichert.

b Das gesunde Neugeborene sollte möglichst bald, innerhalb der ersten Stunde nach der Geburt, gestillt werden. Muttermilch ist reich an biologischen Abwehrkörpern sowie leicht verdaulich und mengenmäßig genau an die Bedürfnisse eines Neugeborenen angepasst. Sie enthält mehr als 400 Stoffe, die nicht nur der Ernährung dienen. Sie unterstützen die Gehirnentwicklung, wehren Infektionen ab und stimulieren die weitere Entwicklung des Immunsystems. So erkranken gestillte Säuglinge seltener an Infektionen und neigen im späteren Leben weniger zu Allergien und zu Übergewicht. Gestillt zu werden, hat also vielfältige und auch langfristige positive Auswirkungen auf die Gesundheit der Kinder und auch auf die ihrer Mütter.

c Für ihre gesunde Entwicklung brauchen Kinder viel Liebe und Körperkontakt. Schon die Kleinsten verfügen über eine vielseitige Mimik. Eltern, die ihr Neugeborenes beobachten, wissen schnell, ob es vergnügt oder traurig, munter oder müde ist. Für die gesunde Entwicklung des Kindes ist vielseitiges Spielen sehr wichtig.

d Wichtige „Meilensteine“ der kindlichen Entwicklung können aus der Übersicht auf der Lehrbuchseite ↑S. 154 entnommen werden.

e Dabei kommt es vor allem darauf an, dass die Eltern sich möglichst intensiv und liebevoll mit dem Säugling beschäftigen, ihm in die Augen schauen, mit ihm sprechen, ihn streicheln, liebkosen, mit ihm lachen, singen, spielen (usw.). Vielfältige unterschiedliche Reize tragen dazu bei, dass die Sinne des Babys angeregt und entwickelt werden.

Glossar

Aids: von Viren übertragene Immunschwächekrankheit (engl.: acquired immune deficiency syndrome), bei der im Endstadium die Immunabwehr zusammenbricht und der Patient an sonst eigentlich harmlosen Infektionen stirbt.

aktive Immunisierung: Impfung mit abgetöteten oder abgeschwächten Krankheitserregern; führt zum Aufbau eines Immungedächtnisses; wird vorbeugend durchgeführt.

Allergie: krankhaft übersteigerte Reaktion des Immunsystems auf eigentlich harmlose Stoffe aus der Umwelt.

Amylase: Stärke spaltendes Enzym des Mundspeichels.

anorganische Stoffe: einfache chemische Verbindungen; meist ohne das Element Kohlenstoff; Gegensatz: organische Stoffe.

Antibiotikum (Pl. Antibiotika): natürlich vorkommendes oder künstlich hergestelltes Arzneimittel, das Bakterien hemmt oder abtötet (z. B. Penicillin).

Antigen: Fremdstoff bzw. Krankheitserreger, der beim Eindringen in den menschlichen Körper eine Abwehrreaktion auslöst.

Antikörper: nach einer Infektion gebildete Eiweißstoffe, die sich spezifisch mit Antigenen verbinden und sie dadurch unschädlich machen.

Aorta: Hauptschlagader, in der das Blut vom Herzen in die Körperarterien fließt.

Appetit: subjektives Verlangen nach Nahrung.

Arterien: Blutgefäße, in denen das Blut vom Herzen weg fließt.

Asthma: chronische Erkrankung, bei der anfallsweise die Schleimhaut der Bronchien anschwillt und sich die Atemwege verengen.

Atemfrequenz: Anzahl der Atemzüge in einer Minute.

Atemvolumen: Menge der bei einem Atemzug eingeatmeten bzw. ausgeatmeten Luft.

Atmung: Aufnahme von Sauerstoff und Abgabe von Kohlenstoffdioxid über die Lungen (äußere Atmung). Der Sauerstoff dient dazu, in den Mitochondrien der Körperzellen aus Nährstoffbausteinen, vor allem Traubenzucker, die für die Lebensvorgänge nötige Energie zu gewinnen (innere Atmung). Dabei entsteht neben Wasser Kohlenstoffdioxid, das vom Blut abtransportiert und über die Lungen ausgeatmet wird.

Arzneimittel: Stoffe oder Zubereitungen, die dazu dienen, Krankheiten zu heilen, zu lindern, zu erkennen oder zu verhüten.

Bakterien: aus kernlosen Zellen bestehende Mikroorganismen; nach der Form der Zellen unterscheidet man verschiedene Bakteriengruppen.

Ballaststoffe: Nahrungsbestandteile, die vom Körper nicht verwertet werden können, aber die Verdauung fördern, zum Beispiel das Kohlenhydrat Cellulose.

Bazillen: stäbchenförmige bakterielle Krankheitserreger. Umgangssprachlich werden manchmal alle Bakterien als B. bezeichnet.

Befruchtung: Eindringen einer Spermienzelle in die Eizelle und Verschmelzung der beiden Zellkerne miteinander.

Blutdruck: Druck, den das Blut auf die Gefäßwände ausübt; in den Arterien sehr viel größer als in den Venen.

Blutgerinnung: Mechanismus zur Blutstillung; durch eine Kettenreaktion wird aus dem im Blutplasma gelösten Fibrinogen ein festes Fibrinnetz als Wundverschluss gebildet; daran sind viele Gerinnungsfaktoren beteiligt.

Blutgruppen: Einteilung nach unterschiedlichen Oberflächeneigenschaften der roten Blutzellen (z. B. A, B, AB oder 0), die bei Bluttransfusionen zur Verklumpung der Blutzellen führen können.

Blutkreislauf: ständiger Blutstrom durch den Körper. Man unterscheidet Lungenkreislauf, bei dem das Blut vom Herzen durch die Lunge und zum Herzen zurückfließt, und Körperkreislauf, bei dem das Blut vom Herzen durch den Körper und zum Herzen zurückfließt.

Blutplasma: flüssiger Anteil des Blutes (55 % des Blutvolumens), in dem Stoffe wie Kohlenstoffdioxid, Nährstoffe, Abfallstoffe, Salze, Hormone und Gerinnungsfaktoren gelöst sind.

Blutplättchen: haben eine wichtige Funktion bei der Blutgerinnung und dem Wundverschluss.

Blutzellen: 45 % des Blutvolumens: rote und weiße Blutzellen sowie Blutplättchen.

Brennwert: Energiegehalt eines Nahrungsmittels; wird in Kilojoule (kJ) angegeben.

Bronchitis: Entzündung der Schleimhäute in den großen Atemwegen.

Bulimie: Ess-Brech-Sucht; Essstörung, bei der nach unkontrollierter übermäßiger Nahrungsaufnahme zwanghaft ein Erbrechen ausgelöst wird.

Chlorophyll: grüner Farbstoff der Chloroplasten, der einen Teil des Sonnenlichts in sich aufnimmt.

Chloroplasten: Bestandteile pflanzlicher Zellen, in denen die Fotosynthese abläuft.

Destruenten: Lebewesen, die in ihrem Lebensraum tote organische Stoffe (wie z. B. Herbstlaub) abbauen. Dazu gehören kleine wirbellose Tiere (z. B. Regenwürmer), Pilze und Bakterien.

Disstress: als schädigend empfundener Stress, der langfristig auch zu schweren Organerkrankungen führen kann.

Drogen: Stoffe, die im Gehirn auf das „Belohnungssystem“ einwirken und dadurch zeitweilig angenehme Empfindungen auslösen können (z. B. Alkohol, Nikotin, Haschisch). Bei Drogenmissbrauch besteht Suchtgefahr durch Gewöhnung.

Einnistung: Einlagerung des Keims in die Gebärmutterschleimhaut.

Eisprung: etwa alle 4 Wochen wird eine herangereifte Eizelle aus dem Follikel ausgestoßen und gelangt in den Eileiter.

Eizelle: weibliche Fortpflanzungszelle. Etwa alle vier Wochen reift eine Eizelle in einem der beiden Eierstöcke heran, in seltenen Fällen erfolgt in beiden Eierstöcken gleichzeitig eine Eireifung.

Einzeller: Lebewesen, die nur aus einer Zelle bestehen.
Eiweiße (Proteine): organische Stoffe, die aus Aminosäuren aufgebaut sind. Im Körper wirken sie vor allem als Baustoffe oder als Enzyme.
Ejakulation: Samenerguss beim Orgasmus des Mannes.
Embryo: menschlicher Keimling bis zum Ende des dritten Schwangerschaftsmonats.
Embryotransfer: Überführung von Eizellen, die im Reagenzglas befruchtet wurden, in die Gebärmutter.
Empfängnisverhütung: von Mann und Frau angewendete Methoden, mit denen die Befruchtung der Eizelle oder die Einnistung der befruchteten Eizelle verhindert wird.
Enzyme: Eiweißstoffe, die Stoffwechselvorgänge steuern. Jedes Enzym ist nur auf einen bestimmten Vorgang spezialisiert (z. B. das Enzym des Mundspeichels auf die Zerlegung von Stärke in Malzzucker).
Ergänzungsstoffe: lebensnotwendige, unentbehrliche Stoffe (Vitamine, Mineralstoffe, Wasser), die über die Nahrung aufgenommen werden müssen, da sie für vielfältige Körperfunktionen benötigt werden.
Eustress: geringer bis mäßiger Stress; kann die Widerstandskraft und Leistungsfähigkeit eines Lebewesens erhöhen.

Fehlernährung: unausgewogene Ernährung; einseitige Ernährung führt zu Mangelerscheinungen (z. B. Vitamin-A-Mangel); die Aufnahme von zu wenig bzw. zu viel Nährstoffen ist eine mögliche Ursache von Untergewicht bzw. Übergewicht.
Fette: Nährstoffe, die überwiegend als Energieträger (Betriebsstoff) dienen. Im Körper werden Fette zum Beispiel in manchen Hautzellen gespeichert.
Fetus: menschlicher Keimling nach Abschluss der Organentwicklung.
Fibrin: faserförmiges Eiweiß; bildet bei der Blutgerinnung ein festes Netz und ermöglicht so den Wundverschluss.
Follikel: Eibläschen; Einheit aus der Eizelle und der sie umgebenden Schicht.
Fotosynthese: Bildung energiereicher, organischer Stoffe in Chloroplasten bzw. in grünen Pflanzenteilen; dabei wird Strahlungsenergie der Sonne in Energie der Stoffe umgewandelt.
Fresszellen: Gruppe von weißen Blutzellen, die Fremdkörper durch Phagocytose („Zellfraß“) vernichtet.

Geburt: Ausstoßen der Frucht aus dem Mutterleib unter Wehentätigkeit.
Gedächtniszellen: aus bestimmten weißen Blutzellen bei einer Erstinfektion gebildete Zellen des Immunsystems; lösen bei einer erneuten Infektion mit dem gleichen Erreger eine rasche und wirkungsvolle Immunantwort aus.
Gewebe: Verband gleichartiger Zellen mit derselben Funktion im Körper (z. B. Hautgewebe, Nervengewebe, Muskelgewebe).
Grundumsatz: Energiemenge, die der Mensch in Ruhe zur Aufrechterhaltung lebenswichtiger Körperfunktionen, wie Herzschlag oder Atmung, pro Tag benötigt.

Hefepilze: einzellige Mikroorganismen; vermehren sich durch Knospung.
Heilserum: antikörperhaltiges Blutserum; dient als Arzneimittel für Menschen; wird gewonnen, indem ein Säugetier mit einem Antigen geimpft wird, sodass sein Immunsystem antigenspezifische Antikörper herstellt.
Herz: Hohlmuskel, der sich rhythmisch zusammenzieht und so das Blut in die Arterien pumpt. Besteht bei Säugetieren und Vögeln aus zwei Hälften, die jeweils in Vorkammer und Kammer unterteilt sind.
Herzinfarkt: Herzerkrankung, bei der Teile der Herzmuskulatur aufgrund mangelnder Durchblutung absterben.
Herzklappen: Ventile aus Bindewebe (Segel- und Taschenklappen); verhindern bei der Kontraktion des Herzens, dass das Blut zurückfließt.
HIV: Virus, das die Immunschwächekrankheit Aids auslöst (engl.: human immunodeficiency virus).
Homosexualität: Sexualität mit gleichgeschlechtlichen Partnern.
Hormone: biochemische Botenstoffe, die innerhalb eines Organismus Informationen übermitteln.
Hormonsystem: Gesamtheit aller im menschlichen und tierischen Körper befindlichen Hormondrüsen und der von ihnen ausgeschütteten Hormone.
Hunger: Verlangen nach Nahrung; Faktoren, die ein Hungergefühl auslösen, sind u. a. das „Knurren“ des Magens und ein erniedrigter Traubenzuckerspiegel im Blut; das Hungergefühl entsteht im Gehirn.
Hypothese: unbewiesene Annahme; erster Schritt bei der Durchführung eines Experiments: Formulierung einer zu prüfenden Vermutung.

Immungedächtnis: Fähigkeit des Immunsystems, durch die Ausbildung von Gedächtniszellen auf eine Zweitinfektion mit einem Erreger so schnell und heftig zu reagieren, dass die Krankheit nicht ausbricht.
Immunität: Fähigkeit zur erfolgreichen Abwehr von Antigenen (bei wiederholtem Kontakt) durch antigenspezifische Gedächtniszellen.
Immunsystem: alle an der körpereigenen Abwehr beteiligten Organe und Zellen.
Impfung (künstliche Immunisierung): künstliche Herstellung der Widerstandskraft gegenüber einem Krankheitserreger durch abgeschwächte Erreger (aktive Immunisierung) oder durch Zufuhr fremder Antikörper (passive Immunisierung).
Infektion: Eindringen von Krankheitserregern in einen Organismus und ihre anschließende Vermehrung.
Infektionskrankheiten: Krankheiten, die durch Krankheitserreger (z. B. Viren, Bakterien) ausgelöst werden; meist ansteckend.

Influenza: fachsprachlich für Grippe; wird durch Influenzaviren ausgelöst.
Joule: Einheit der Energie, 1 Joule (J) entspricht der Energiemenge, die benötigt wird, um 100 Gramm einen Meter hochzuheben.

Kalorie: früher übliche Einheit der Energie.
Kapillaren: Röhrchen mit sehr kleinem Innendurchmesser; feinste Verzweigungen der Blutgefäße (Haargefäße); über sie erfolgt der Stoffaustausch mit dem umliegenden Gewebe.
Kennzeichen des Lebens: die gemeinsamen Merkmale aller Lebewesen: Aufbau aus Zellen, Wachstum, Bewegung, Stoffwechsel, Reizbarkeit, Fortpflanzung und Vererbung.
Knospung: Form der ungeschlechlichen Fortpflanzung (z. B. bei Hefepilzen: am Zellkörper bildet sich eine Ausstülpung, aus der anschließend ein neuer Hefepilz entsteht).
Kohlenhydrate: Nährstoffe, die überwiegend als Energieträger (Betriebsstoff) dienen. Stärke und Zucker sind wichtige Kohlenhydrate. Im Dünndarm werden Kohlenydrate zu Traubenzucker abgebaut und in das Blut aufgenommen. Traubenzucker wird von allen Zellen im Körper zur Energiefreisetzung benötigt.
Konsumenten: die in den Nahrungsketten von den Produzenten (Pflanzen) als Nährstoffgrundlage direkt (Pflanzenfresser; z. B. Feldhase) oder indirekt (Fleischfresser; z. B. Rotfuchs) abhängigen Tiere.
Krebs: Bildung bösartiger Geschwülste (Tumoren) durch unkontrollierte Zellvermehrung im Körper; bösartige Tumoren können Tochtergeschwülste (Metastasen) bilden.

Leistungsumsatz: Energiemenge, die der Körper für Tätigkeiten zusätzlich zum Grundumsatz benötigt.
Lymphocyten: Gruppe von weißen Blutzellen; B-Lymphocyten bilden Antikörper, nachdem sie sich zu Plasmazellen entwickelt haben; T-Lymphocyten aktivieren die B-Lymphocyten und bekämpfen infizierte oder durch Krebs veränderte Körperzellen.
Lymphsystem: Teil der körpereigenen Abwehr; umfasst die Lymphgefäße sowie Knochenmark, Milz, Thymus, Mandeln und Lymphknoten.

Magersucht: Essstörung, bei der das Verlangen nach Essen unterdrückt wird.
Menstruationszyklus: periodische Follikelreifung in den Eierstöcken; ist mit einem Auf- und Abbau der Gebärmutterschleimhaut verbunden.
Muskeln: Organe (das „Fleisch“ des Körpers), die sich zusammenziehen können. Um sich wieder zu dehnen, brauchen sie als Gegenspieler einen anderen Muskel. Wenn sich ein Muskel zusammenzieht, arbeitet er und benötigt Energie.
Mikrobiologie: Teilgebiet der Biologie, das sich mit Mikroorganismen befasst.
Mikroorganismen (Mikroben): mikroskopisch kleine Lebewesen (z. B. Bakterien, Hefepilze); kommen überall vor und vermehren sich unter günstigen Lebensbedingungen (Wärme, Feuchtigkeit, organische Stoffe als Nahrung) sehr schnell.
Mineralisierer: Lebewesen, die organische Stoffe vollständig zu anorganischen Stoffen abbauen; meist Bakterien und Pilze.
Mineralstoffe: energiearme, anorganische chemische Verbindungen; notwendig für die Ernährung von Pflanzen und Tieren.

Nahrung: besteht aus Nährstoffen (Kohlenhydrate, Fette, Eiweiße) und Ergänzungsstoffen (Vitamine, Mineralstoffe, Wasser).
Nährstoffe: Kohlenhydrate, Fette und Eiweiße; liefern dem Körper Energie und Baustoffe für den Aufbau körpereigener Stoffe.

Oberflächenvergrößerung: Bauprinzip bei Lebewesen, das sich auch im menschlichen Körper überall dort findet, wo Stoffe (Teilchen) schnell und in großer Menge durch eine „Trennwand“ gelangen müssen (z. B.: Lungenbläschen, Falten und Zotten des Dünndarms).
Organ: aus verschiedenen Gewebetypen zusammengesetzter Körperteil mit einer bestimmten Funktion im Organismus (z. B. Magen, Herz; Laubblatt).
Organisationsebenen: Lebewesen bestehen aus Zellen, in denen einfachere Bestandteile (z. B. Zellkern, Zellmembran) zusammenwirken. Auf der untersten Ebene bestehen diese aus Atomen bzw. Molekülen bestimmter Stoffe. Bei höher entwickelten Vielzellern bilden Zellen Gewebe. Unterschiedliche Gewebe wirken in Organen zusammen. Das abgestimmte Zusammenspiel der Organe und ihrer Funktionen ermöglicht das Leben des ganzen Organismus (z. B. Pflanze, Tier, Mensch).
organische Stoffe: chemische Verbindungen, die in Lebewesen vorkommen (z. B. Zucker, Aminosäuren, Fettsäuren); enthalten immer die Elemente Kohlenstoff und Wasserstoff.
Organismus: aus den Organen bzw. Organsystemen des Körpers gebildetes lebendes System.
Organsystem: Einheit von unterschiedlich spezialisierten Organen mit einer gemeinsamen Grundfunktion im Organismus (z. B. Verdauungssystem).

passive Immunisierung: Impfung mit Antikörpern gegen einen Krankheitserreger, wenn die Krankheit schon ausgebrochen ist; Antikörper werden mithilfe von Tieren gewonnen und dem Kranken als Heilserum eingeimpft.
Pearl-Index: Maß für die Sicherheit einer Verhütungsmethode; gibt an, wie viele von 100 Frauen trotz Verhütung schwanger werden.
Penicillin: aus dem Schimmelpilz Penicillium notatum hergestelltes Antibiotikum.
Pepsin: Eiweiß spaltendes Enzym des Magensaftes.
Plazenta: Mutterkuchen; übernimmt bis zur Geburt die Versorgung des Embryos bzw. Fetus und die Entsorgung von Abfallstoffen.
primäre Geschlechtsorgane: Organe der Fortpflanzung, von Geburt an vorhanden.

Produzenten: So bezeichnet man die Pflanzen in einem Lebensraum. Nur sie können unter Nutzung von Licht energiereiche Nährstoffe selbst herstellen (Fotosynthese). Davon können sich auch Tiere als nachfolgende Glieder der Nahrungsketten ernähren. Beutegreifer, die sich von Pflanzenfressern ernähren, sind indirekt ebenfalls von den Pflanzen abhängig.
Pubertät: geschlechtliche Reifung; Veränderungen im körperlichen, seelischen und sozialen Bereich eines jungen Menschen; hormonell gesteuert.
Puls: tastbare Druckwelle in den Arterien, die vom rhythmischen Zusammenziehen der Herzmuskulatur ausgelöst wird.

Resorption: Aufnahme löslicher Nährstoffe durch die Darmwand in den Blutkreislauf.
rote Blutzellen: transportieren Sauerstoff, der an den roten Blutfarbstoff (Hämoglobin) gebunden wird.

Safer Sex („sicherer" Sex): sexuelle Praktiken, bei denen es nicht zum Austausch von Körperflüssigkeiten kommt, womit das Risiko einer HIV-Infektion minimiert wird.
Schlüssel-Schloss-Prinzip: entsprechend ihres Molekülaufbaus passen zwei Stoffe bzw. Stoffwechselpartner wie ein Schlüssel mit seinem Schloss zusammen.
sekundäre Geschlechtsmerkmale: bilden sich während der Pubertät heraus (z. B. die weibliche Brust und die männliche Körperbehaarung).
Seuche: Infektionskrankheit, die sich schnell und über weite Teile der Bevölkerung ausbreitet.
Sexualhormone: Geschlechtshormone; Hormone, die die Ausbildung der männlichen und weiblichen Geschlechtsmerkmale sowie die Fortpflanzungsfähigkeit auslösen und steuern.
Sexualität: Geschlechtlichkeit; Unterscheidung männlicher und weiblicher Individuen aufgrund ihrer Geschlechtsmerkmale; beim Menschen die Gesamtheit der geschlechtlich bedingten Lebensäußerungen.
Skelett: Organsystem, das unseren Körper bzw. den Körper aller Wirbeltiere stützt, zusammen mit den Muskeln die Grundlage für Bewegung bildet und die inneren Organe schützt. Die Knochen sind die Ansatzstellen für die Skelettmuskeln und über Gelenke beweglich miteinander verbunden.
spezifische Abwehr: im Lauf des Lebens erworbenes, körpereigenes Abwehrsystem; beteiligte Zellen und Eiweiße richten sich jeweils gegen bestimmte Erreger bzw. Fremdstoffe.
Spermienzelle: männliche Fortpflanzungszelle. Spermienzellen werden in den Hoden gebildet.
Stoffkreislauf: Neubildung und Wiederverwendung von Stoffen in den Lebensräumen.
Stoffwechsel: Aufnahme, Abbau, Umbau sowie Abgabe von Stoffen durch Lebewesen. Der Stoffwechsel ist mit Energieumwandlungen verbunden.
Stress: Druck, Anspannung; die durch äußere Reize verursachten körperlichen und seelischen Reaktionen des Körpers, die ihn befähigen, besondere Belastungen zu bewältigen.
Sucht: Abhängigkeit von einem Stoff oder einem bestimmten Verhalten; gekennzeichnet durch Kontrollverlust und Entzugserscheinungen des Süchtigen.
Symptome: Anzeichen, mit denen eine Erkrankung in Erscheinung tritt.

unspezifische Abwehr: angeborenes körpereigenes Abwehrsystem; richtet sich unspezifisch gegen alle körperfremden Stoffe und Strukturen.

Venen: Blutgefäße, in denen das Blut zum Herzen hin transportiert wird.
Verdauung: Vorgang, bei dem die Nährstoffe durch Verdauungsenzyme schrittweise in für Körperzellen aufnehmbare Stoffe zerlegt werden.
Verdauungsorgane: Magen, Leber, Bauchspeicheldrüse, Dünndarm und Dickdarm sind die wichtigsten Organe des Verdauungssystems.
Viren: bestehen aus einer die Erbsubstanz umgebenden Eiweißhülle; ohne eigenen Stoffwechsel; Vermehrung mithilfe von Wirtszellen; zu den Viren gehören wichtige Krankheitserreger.
Vitamine: Wirkstoffe aus Nahrungsmitteln pflanzlicher oder tierischer Herkunft, die der menschliche Körper nur in sehr kleinen Mengen zu seiner Gesunderhaltung benötigt, aber nicht selbst bilden kann.

Wasser: Hauptbestandteil des menschlichen Körpers, dient als Lösemittel (z. B. für Traubenzucker im Blut), Transportmittel (z. B. für rote Blutzellen) und zur Temperaturregulation (beim Schwitzen). Da der Körper mit Schweiß, Urin und Kot ständig Wasser verliert, muss der Verlust durch reichliches Trinken ausgeglichen werden.
weiße Blutzellen: als Abwehrzellen an der körpereigenen Abwehr beteiligt.

Zellatmung: Energiefreisetzung in den Mitochondrien der Zellen mithilfe von Sauerstoff.
Zelldifferenzierung: Entwicklung ursprünglich gleichartiger Zellen zu Zellen mit unterschiedlichem Bau bzw. unterschiedlicher Funktion.
Zelle: kleinste allein lebensfähige Einheit, „Baustein" aller Lebewesen. Sie besteht aus der Zellmembran, Zellplasma und dem Zellkern. Pflanzenzellen besitzen zusätzlich eine feste Zellwand und Chloroplasten, in denen die Fotosynthese abläuft. Ältere Pflanzenzellen enthalten oft Zellsaftvakuolen (Hohlräume, die als Wasserspeicher, Nährstoffspeicher oder Abfallstoffspeicher) dienen.
Zellkern: Träger der Erbinformation in pflanzlichen und tierischen Zellen, steuert den Zellstoffwechsel.
Zellteilung: dabei entstehen aus einer Zelle zwei neue Tochterzellen. Sie beginnt bei kernhaltigen Zellen mit einer Teilung (Verdopplung) des Zellkerns.
Zivilisationskrankheiten: Körperliche und psychische Schäden durch Zivilisationsfaktoren (z. B. Umweltverschmutzung, Bewegungsmangel, Disstress, Drogenmissbrauch). Beispiele: Herz-Kreislauf-Krankheiten; Zuckerkrankheit (Diabetes); viele Allergien; manche Krebsformen.

Register*

*(f. nach der Seitenzahl bedeutet „und folgende Seite", ff. „und folgende Seiten".)

Bildquellenverzeichnis

action press/Lehtikuva Oy: 138/1 | Agentur Focus: 26/3 (SPL), 29/4 B (SPL), 29/ 4 E (eye of science/Gelderblom), 42/1 (SPL/Ford), 65/5-6 (SPL), 77/3 (SPL/Zephyr), 137/4 (SPL) | akg-images: 29/5, 41/3, 74/1 li. u. r., 160/1 | Alimdi.net: 111/6 (Gerhard) | Archiv Cornelsen Verlag: 7/3, 10/2-4, 11/7-8, 28/2 (Corel), 39/3, 45/6, 82/3, 93/5, 95/5, 97/3 | Arteria Photography: 37/3-5, 132/3, 151/5 | Bildagentur online: 49 (Begsteiger) | Bilderbox: 104/1 (Wodicka) | Buff, W.: 9/5, 13/5, 47/1 | Bundeszentrale für gesundheitliche Aufklärung: 86/2, 116/1, 139/2 | Corbis: 25/4 (Morsch), 65/4 (Giardino), 80/1 (Bettmann), 103 (Morsch), 113/3 (zefa), 129/2 li. (St. Prezant), 157/4 (N. Schaefer) | Das Fotoarchiv: 64/2, 126/2 o. r. (Powell) | ddp: 163/3 (Lohnes) | Deutsches Hygienemuseum Dresden: 51/7 | die Bildstelle/Oredia Sarl: Titelfoto und Vorsatz (hinten) | digitalstock.de: 6/1, 8/1, 58/1, 82/1, 98/2, 126/1, 157/5 | Döring, V.: 5/1-2, 6/2, 8/2, 11/6, 14/1, 57/2-3, 68/2-3, 77/2, 79/5, 89/3, 97/4, 104/2, 106/1, 114/1, 116/2, 119/3-5, 120/2, 121/4 126/2 u. li., 129/3, 134/1, 139/3 | eye of science: 42/1 o. re. | f1 online: 129/2 r., 144/1 (Watson images), 157/6 (Schuster/Explorer) | Fotolia.com: 7/6 (Gabi Moisa), 66/1 (Dominique Vernier), 72/1 (Martina Berg), 88/1 (Kristian Sekulic), 98/1 (Jacek Chabraszewski), 99/4 r. (VRD), 155/4 (sframe), 159/4 (Dob`s Farm) | Fotostudio Mahler: 68/1 | Fresenius medical care: 85/6, Gelderblom, H.: 44/1, 44/3 | Getty images: 125/6 (B2M Productions), 126/2 u. r. (Taxi), 158/1 (B2M Productions) | Hausmann, K.: 29/4 D | Hollatz, J.: 9/6, 28/1, 51/5, 54/1-2, 55/3, 78/2, 127/4, 139/5 | http://ccat.sas.upenn.edu: 41/5 | Image Source: 110/1 | images.de/fotokurier.at: 105/6 | iStockphoto.com: 7/7 (Monika Wisniewska), 52/1 (Phil Date), 151/3 (Sylvain Lapensée-Ricard), 152/2 (Johnny Scriv) | IWF Wissen und Medien GmbH: 7/5 li., 8/3, 9/4, 21/5, 48/2 | Kage, M., Institut f. wissenschaftliche Fotografie: 11/4 C,18/1, 46/1 u. li.131/3 | ystone/Schulz, V.: 104/4, 118/1 | Kleinert, R.: 108/1 | Klepel, G.: 15/8, 30/1-2, 31/7, 34/1, 35/4 | Kulkafoto: 124/3 | Lieder, J.: 13/6, 20/2, 26/1-2, 26/4, 62/2, 132/2 | mauritius images: 17/4-5 (Science Source), 20/1, 24/1b (Science Source), 43/4 (Ripp), 46/1 re.(Kupka), 46/1 M. o.(Phototake), 50/2 (Rosenfels), 104/3 (Marka), 124/2 (Swan), 125/4 (Lacz), 126/2 o. li. (workbookstock.com), 133/7 (Phototake), 141/3 (Phototake), 143/3 o. (Reik), 154/1 (Photononstop), 156/1 (Raith), 156/2 (Pöhlmann), 156/3 (Reik), 157/7 (J. Müller) | mediacolors/dia: 112/1, 163/2 | National Medical Slide Bank, UK: 133/6 | Nilsson, L.: 141/4, 148/1-3, 150/1 | Okapia: 5/3 (Birke), 18/3 (Kage), 21/8 (BiophotoAss./Science Sou.), 22/2 (NAS/Walker), 24/1 c (Lange), 47/2-3 (Kage), 46/1 li. M. (NAS/Eagle), 46/1 M.(Singh-Roy), 109/4 (NAS), 124/1, 137/1, 146/1 (Bromhall/OSF), 148/4 (Bromhall/OSF), 163/u. (ZB), 166/1 | Panther Media GmbH/Claudio Divizia: 15/6, 48/1 re. | Peter Arnold/Reschke: 24/1 a | Philips Medizin Systeme: 125/5 | picture alliance: 7/4 (dpa), 38/1 (KPA), 63/6 (dpa), 99/4 li. (dpa), 105/5(ZB), 105/7 (dpa), 120/1 (picture press/Caspersen), 142/1 (dpa), 152/1 (dpa) | picture press: 107/3 (Wartenburg) | Project Photos: 32/1 li., 32/1 re., 50/1, 50/2 o. r., 50/2 u. li., 52/1, 55/6, 63/4, 121/3, 155/3 | Reinbacher, L.: 41/2 | Reinhard, H.: 22/1, 117/3 | Robert-Koch-Institut Berlin: 33/4 A (Wecke), 33/4 B (Özel), 33/4 C-D(Wecke), 36/1 (Özel) | Rühmkorf, C.: 45/7 | sciencephotolibrary: 20/3 (Edward Kinsman), 20/4 (VISUALS UNLIMITED /" CAROLINA BIOLOGICAL SUPPLY CO) | Seidel, J.: 151/4 | Silvestris: 46/1 li. o. (Robba) | SOMSO Modelle, Coburg: 70/1 r. o. | Spörhase, U.: 51/6 | Starckmann, Th.: 12/1 | Streble, H.: 78/1 | Superbild: 62/3, 90/1 (Phanie), 96/1, 115/3 (Marco Polo), 115/4 (Powell), 123 (BSIP), 130/1, 136/1 (Phanie) | The Female Health Company: 139/4 | Theuerkauf, H.: 7/5 r., 10/1, 15/5, 21/6, 23/4, 24/1 b, 27/6, 29/4 A, 31/5-6, 35/3, 48/1, 70/1 r. u., 90/3, 95/6 | ullstein bild: 10/5 (Granger Collection) | upsolut mv. GmbH: 51/4 (Wagner) | Voller Ernst/Hornback c/o Kienzle: 110/2 | von Hagens, G, Institut f. Plastination Heidelberg: 46/1, M.u., 70/1 o., 71/3 | Willer, K.-H.: 21/7 | Wirtz, P.: 117/4.

Lebewesen und Lebensvorgänge mithilfe von Basiskonzepten verstehen

Alle Lebewesen „funktionieren" ähnlich
Wir wissen, dass wir aus Zellen aufgebaut sind und dass diese auf bestimmte Aufgaben spezialisierte Gewebe und Organe bilden. Wir wissen, warum Menschen bei sportlicher Betätigung intensiver atmen müssen und danach Durst, oft auch Hunger haben. Wir wissen, dass wir wachsen, wie unsere Gliedmaßen bewegt werden, dass unser Körper Reize aufnimmt und dass wir Nachkommen erzeugen können.

Wegen der großen Ähnlichkeit zwischen uns und anderen Mitgliedern der Klasse der Säugetiere können wir dieses Wissen auch leicht auf andere Säugetierarten (z. B. Schimpansen oder Hunde) übertragen.

Vögel, Kriechtiere, Lurche und Fische „funktionieren" im Wesentlichen nach den gleichen Prinzipien wie Säugetiere. Sie haben einen Blutkreislauf, ein Skelett, ein Nervensystem ... – eben alles, was ein „richtiges" Tier kennzeichnet.

Auch bei mit uns weniger nah verwandten Tieren (z. B. Insekten) hilft uns das Wissen über Wirbeltiere weiter, weil wir es zum Vergleich heranziehen können. Schwieriger wird es bei uns fernstehenden Tieren wie Quallen, sehr schwierig bei Pflanzen, Pilzen oder Mikroorganismen (z. B. Bakterien). Aber zweifellos sind sie doch alle Lebewesen.

Basiskonzepte als grundlegende Prinzipien
Immer wenn wir im Biologieunterricht Lebewesen und Lebensvorgänge untersuchen, treffen wir auf grundlegende gemeinsame Prinzipien.

Zu den von der Biologie untersuchten Einheiten oder Systemen gehören Lebewesen (z. B. der Mensch), ihre Zellen und Organe sowie auch Ökosysteme. Jedes System ist durch das Zusammenwirken von Teilen mit unterschiedlichen Aufgaben gekennzeichnet:
System-Konzept; z. B.: S. 12 ff.

Bestimmte Teile (Strukturen) sind in einem Lebewesen auf die Erfüllung spezieller Aufgaben (Funktionen) „vorbereitet" (Beispiel: Der Bau des Herzens ermöglicht die Funktion als „Umwälzpumpe" im Blutkreislauf.):
Struktur-Funktions-Konzept; z. B.: S. 19, 26, 61, 69, 73, 94

Lebewesen verändern sich im Lauf ihres Lebens. Arten verändern sich im Lauf sehr langer Zeiträume:
Entwicklungskonzept; z. B.: S. 23, 123 ff., 146 ff., 154 ff., 158 ff.

Im Zusammenhang mit den grundlegenden Basiskonzepten finden wir bei allen Lebewesen folgende Prinzipien: Bewegung, Stoff- und Energieumwandlung, Variabilität und Angepasstheit, Wachstum, Regulation, Fortpflanzung, Organisationsebenen, Information und Kommunikation.

Bewe
Lebewesen könne
bewegen oder ihr
verändern

Stoff- und Energieumwandlung
Alle Lebewesen nehmen Stoffe und Energie auf und wandeln diese so ur dass der Stoffwechsel sowohl Energie die Lebensvorgänge als auch Körper baustoffe bereitstellen kann.
S. 34, 52 ff., 58, 83

Variabilität und Angepasstheit
Lebewesen sind in Bau, Funktion und Verhalten an das Überleben und die Fortpflanzung in ihrer Umwelt angepasst (z. B. Fische an das Leben im Wasser). Die Unterschiedlichkeit (Variabilität) der Lebewesen wird durch Veränderungen und Neukombinationen von Erbanlagen ermöglicht.
S. 137, 158 f.

Wachstum
Der Körper von Lebewesen
an Masse und Volumen zuneh
S. 22 f., 146 ff.